遗产保护译丛

主编 伍江

大自然的殖民地

新加坡植物园史话

Nature's Colony

Empire，Nation and Environment
in the Singapore Botanic Gardens

〔美〕蒂莫西·P.巴纳德（Timothy P. Barnard） 著

陈 静 译

同济大学 出版社
TONGJI UNIVERSITY PRESS

中国·上海

图书在版编目(CIP)数据

大自然的殖民地：新加坡植物园史话/(美)蒂莫西·P. 巴纳德(Timothy P. Barnard)著；陈静译. --
上海：同济大学出版社，2019
(遗产保护译丛 /伍江主编)
书名原文：Nature's Colony：Empire，Nation and Environment in the Singapore Botanic Gardens
ISBN 978-7-5608-8884-2

Ⅰ.①大… Ⅱ.①蒂…②陈… Ⅲ.①植物园－历史
－新加坡 Ⅳ.①Q94-339

中国版本图书馆 CIP 数据核字(2019)第 271669 号

大自然的殖民地：新加坡植物园史话

Nature's Colony：Empire，Nation and Environment in the Singapore Botanic Gardens

著者：[美]蒂莫西·P. 巴纳德(Timothy P. Barnard)
译者：陈　静

出　品　人：华春荣
责任编辑：孙　彬
责任校对：徐春莲
封面设计：钱如潺
版式设计：朱丹天

出版发行：同济大学出版社
地址：上海市杨浦区四平路 1239 号
电话：021-65985622
邮编：200092
网址：www. tongjipress. com. cn
经销：全国各地新华书店
印刷：上海安枫印务有限公司
开本：710mm×980mm　1/16
字数：300 000
印张：15
版次：2019 年第 1 版　2019 年第 1 次印刷
书号：ISBN 978-7-5608-8884-2
定价：78. 00 元

总　序

　　对于历史文化遗产的珍惜与主动保护是 20 世纪人类文化自觉与文明进步的重要标志。在历史文化遗产保护逐渐成为人类广泛道德准则的今天,历史文化遗产保护在当今中国也获得了越来越多的社会共识。

　　中国数千年连续不断的文明史为我们留下了极为丰富而灿烂的历史文化遗产。然而,在今日快速城市化进程中,大规模的城市建设活动使大量建筑文化遗产遭到毁灭性破坏。幸存的建筑文化遗产也面临着极为严峻的危险。全力保护好已经弥足珍贵的历史文化遗产是我们这一代人刻不容缓的历史责任。为此,我们不仅需要全社会的呼号与抗争,更需要专业界的研究与实践。相对其他学术领域,在建筑历史文化遗产保护领域,目前在中国还比较缺乏较为深入的学术理论研究和方法研究。因此在社会急需的工作实践中就往往显得力不从心。

　　在这样的背景下,同济大学出版社组织专家对一批在当今世界文化遗产保护领域具有一定学术影响的理论研究著作进行翻译,以"遗产保护译丛"的名义集中出版。这一具有远见卓识和颇具魄力的计划对于我国历史文化遗产保护工作无疑是雪中送炭,实在是功德无量。相信译丛的出版对于我国历史文化遗产保护的理论研究、专业教育和工作实践一定会起到积极的推动作用。衷心希望译丛能够尽可能多而全地翻译出版世界各国在遗产保护领域中最有影响的学术成果,使之成为我国历史文化遗产保护工作的重要思想理论源泉。更衷心希望由此能够推动我国专业界的理论研究和方法研究,从而产生更多的具有中国特色的研究成果。毕竟,历史文化遗产具有很强的地域文化特征,历史文化遗产的保护不仅需要普适性的理论,更需要更具地域针对性的方法。

伍江

2012 年 12 月

译者序

　　新加坡植物园始建于 1859 年,最初是英属殖民地的观赏性花园。经过一百多年的历史演进,新加坡植物园继意大利帕多瓦植物园和英国皇家植物园邱园之后,于 2015 年成为第三个被列入世界文化遗产名录的植物园。

　　新加坡植物园既是东南亚热带自然环境的缩影,亦见证了新加坡从英属殖民地转变为独立民族国家"花园城市"的全过程,它逐步从休闲公园、科学研究机构、热带种植园作物的试验场地发展成现代化多功能的植物园,而每种功能的背后都蕴藏着许多有趣的故事。

　　16 世纪初,西方殖民主义者开始逐步向东南亚地区扩张殖民势力范围以加速原始资本的积累。为了与荷兰殖民者争夺马六甲海峡及其周围地区的控制权,英国在亚洲的殖民机构东印度公司于 1818 年派遣莱佛士前往马六甲海峡以东地区进行新的殖民探索。1819 年 1 月 28 日,莱佛士发现了新加坡岛。1824 年 8 月 2 日,新加坡沦为英国殖民地。在英国吞并新加坡的过程中,荷兰因实力不断下降逐步失去自己在东南亚的殖民垄断地位,于 1824 年被迫同英国签订重新划分势力范围的条约,承认印度、锡兰(今斯里兰卡)、马来半岛、槟榔屿和新加坡属英势力范围。1826 年,英国把东西方航运咽喉地带的马六甲、槟榔屿、新加坡三地合并为海峡殖民地。19 世纪 60 年代,鼎盛时期的大英帝国(the British Empire)被称为"日不落帝国",它由英国领土、自治领、殖民地、托管地及其他由英国管理统治的地区组成,被国际社会以及历史学界视为世界历史上最大的殖民帝国。

　　大英帝国把新加坡作为其在东南亚地区掠夺自然资源的据点。为帮助帝国开发自然资源而创建的新加坡植物园,在政府管理者和科学家的博弈过程中成为极具争议的地方,反映了新加坡和大英帝国对权力、科学和自然的理解不断变化的历程。而且这种变化在新加坡独立之后依旧持续,直到新加坡植物园成为这个国家的"绿化"特色。

　　本书通过新加坡植物园讲述了大自然殖民地的故事——一个植物园通过收集、分类和培育植物,改变了人们对这一地区和世界的理解。科学家们努力使植物适应新的环境,并学会如何在东南亚热带地区利用它们,同时也在该地区探寻植物世界新的奇迹,所有这一切都是在为帝国服务。新加坡植物园扎根于英国殖民地结构和东南亚景观,成为帝国植物学研究的典范。

　　本书翻译和出版过程中得到同济大学建筑与城市规划学院赵双睿、汪方心怡、曾文靖、孙婧怡、那昕怡、高宇澄、王思儒、邹旻玥、梁妍、付博文、范怡萌、任荷灵、龙方舟、许敏慧、江卉卿、姜知言、熊晓晨等同学的倾情帮助,以及同济大学出版社孙彬编辑的大力支持,在此衷心地表示感谢。

　　由于时间和水平有限,翻译过程中难免会有疏漏之处,敬请各位读者批评指正。

陈静

2019 年 12 月

同济大学建筑与城市规划学院

目　录

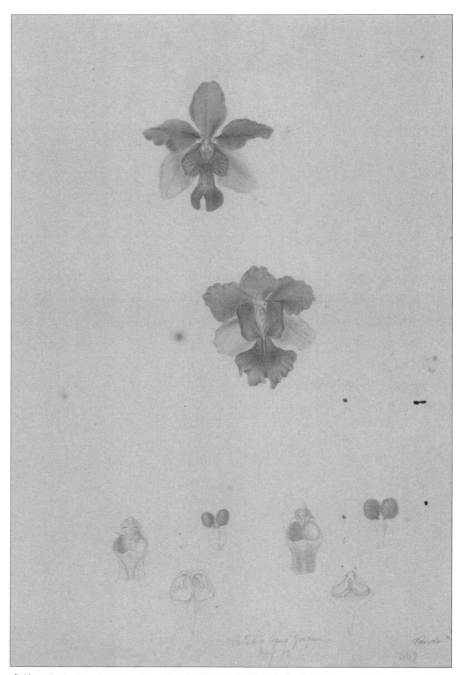

卓锦万代兰（Vanda Miss Joaquim）插图。这幅作品没有署名，但可以追溯到1893年。
来源：新加坡植物园图书馆和档案馆。

插图目录

查尔斯·德阿尔维斯画的植物插图（*Cyrtophyllum fragans*），更广为人知的名称是香灰莉树（Tembusu tree）。早在 1888 年亨利·里德利就认为该物种在新加坡的森林保护计划中具有巨大的潜力。来源：新加坡植物园图书馆和档案馆。

致　谢

　　单丝不线，孤掌难鸣。这本书在很多人与机构的帮助下著写完成，我深怀感激。

　　在许多图书馆和档案馆工作人员的协助下，我才得以收集资料，如果没有他们的帮助，这项工作便不可能完成。其中，给予我帮助最多的是新加坡植物园图书馆与档案馆的克里斯蒂娜·苏（Christina Soh）。在我一次又一次地麻烦她帮忙再找一份年度报告或者植物插图时，克里斯蒂娜和她的员工们，特别是扎基亚·宾特·阿吉（Zakiah binte Agil）总会给我帮助和建议，他们的帮助是无价的。同样地，世界各地许多图书馆、档案馆和植物标本馆的工作人员也给予我无私的帮助。其中，我要特别感谢那些做了许多分外工作的朋友：新加坡植物园标本馆的戴维·米德尔顿（David Middleton）和西蒂·努尔·巴齐拉·穆罕默德·易卜拉欣（Siti Nur Bazilah Mohamed Ibrahim）、邱园图书馆的米里亚姆·霍普金森（Miriam Hopkinson）和洛娜·卡希尔（Lorna Cahill）、大英图书馆的安娜贝尔·郑·盖洛普（Annabel Teh Gallop）、夏威夷大学图书馆的罗哈亚提·帕森（Rohayati Paseng）、伦敦动物学会的迈克尔·帕尔默（Michael Palmer）以及新加坡国立大学图书馆的蒂姆·叶·福安（Tim Yap Fuan）。①

　　许多人通过提供精神支持和参与讨论帮助我写作，使我更深入地了解和理解新加坡植物园的历史与文化以及它在区域和（大英）帝国社会中的作用。在走廊、图书馆和教室，我的朋友们和同事们，例如布雷特·本内特（Brett Bennett）、布赖恩·法雷尔（Brian Farrell）、伊恩·戈登（Ian Gordon）、安德鲁·戈斯（Andrew Goss）、何志丁（Ho Chi Tim）、桑德拉·曼尼卡姆（Sandra Manickam）、托尼·欧登普西（Tony O'Dempsey）、桑迪普·雷（Sandeep Ray）、菲奥娜·坦（Fiona Tan）、约翰·范维尔（John van Wyhe）、杨文昌（Yong Mun Cheong）和艾伦·齐格勒（Alan Ziegler），他们毫无保留地提出对当地历史、科学和文化的见解，以助我仔细思考并坚定自己的观点。此外，新加坡国立大学的学生们，特别是尤金妮亚·谢佳敏

----

　① 译者注：因新加坡等地亚洲人名对应的汉字译写方式较多，无法一一对应，故以下此类人名保留英文，以免混淆。

（Eugenia Chia Jiamin）、乔纳森·劳（Jonathan Lau）、罗培英（Loh Pei Ying）、克里丝贝尔·王（Christabelle Ong）、傅友辉（Poh Yu Hui）、孙佳敏（Suen Jiamin）和黄阳郎（Wong Yeang Cherang），他们基于自己的研究兴趣，向我介绍了新加坡植物园历史上各种尚未探索的课题。在欧洲和美国，瑞安·毕夏普（Ryan Bishop）、辛西娅·周（Cynthia Chou）、威尔·德克斯（Will Derks）、戴维·利哈尼（David Lihani）和简·范德皮滕（Jan van der Putten）为我提供了精神支持以及可以让我整理思路的休憩之处。菲利普·巴纳德（Philip Barnard）、谢里尔·莱斯特（Cheryl Lester）、朱莉娅·巴纳德（Julia Barnard）、乔丹·韦德（Jordan Wade），特别是莫琳·丹克（Maureen Danker）给予了我家人般的鼓励。最后，马丁·巴济列维奇（Martin Bazylewich）、米歇尔·戴利（Micheal Daly）、帕特里克·戴利（Patrick Daly）、马克·伊曼纽尔（Mark Emmanuel）、伯特兰·格朗乔治（Bertrand Grandgeorge）、乔恩·哈蒙德（Jon Hammond）、阿尔文·休（Alvin Hew）和克里斯·扬（Chris Yong）这些挚友使我在新加坡的生活十分愉悦。或许他们自己都难以想象，他们的督促和建议对本书的诞生有多么重要。

还有不少为本书的编撰作出极大努力并且影响深刻的人。首先是奈杰尔·泰勒（Nigel Taylor）。作为新加坡植物园园长，他一直是新加坡科学和文化遗产的宣传大使，尽己之力培养大众对园中奇观的好奇心。他对本书的持续支持使书的著写能够尽快地进行下去，如果没有他在每个阶段的参与，本书就不可能成形。我要感谢约翰·埃利奥特（John Elliott）和陈伟杰（Tan Wee Kiat），他们对兰科植物和现代民族国家在新加坡植物园历史上的作用提出了独到见解，也要感谢劳伦斯·伍德（Lawrence Wood）和克里斯托弗·扬（Christopher Yong）在全书插图上提供的帮助。

最后，特别感谢我的至亲。我的父母哈里·巴纳德（Harry Barnard）和万达·巴纳德（Wanda Barnard）是我生命中的精神支柱，为我树立了保持好奇心和求知欲的榜样。我的妻子克劳迪娅·陈（Claudia Ting）在整个项目过程中给予我无尽的爱和鼓励。这本书献给他们，因为克劳迪娅总是喜欢在花园里散步，而哈里和万达也一直喜爱阅读花园书籍。

第一章　大自然的殖民地

　　花园是人工建造并能自给自足的一个有机体。园中的动植物经过悉心培育、管理和操控，可以满足园艺者的乐趣。花园反映了人们试图影响自然并最终改造自然的各种努力，而建成的花园为土地所有者服务。花园的建造包含了园艺者多方面的意图：花园可以用来消遣，供访客漫步、锻炼或放松以逃离日常生活的压力。此外，花园也可以是一个教育中心，游客通过接触植物的生长、动物的畜养以及自然生态系统的保护能够更加了解自然世界；与此同时，可以把养护花园动植物所付出的这些努力推广到更大的社会范围内，从而在整个城市、国家或区域创造出更加宜人的环境；最后，花园可以是一个发展科学知识至关重要的研究中心，因为科学知识的发展往往能影响国家和社会的经济、政治和文化环境。以上论述表明，花园是人为创造的，它们的产生反映了社会和园艺者的需求与渴望。

　　东南亚的一座岛屿上就坐落着这样一个花园。从 19 世纪中期开始，新加坡植物园（the Singapore Botanic Gardens）作为一个休闲公园开始运营，在环境、政治、社会方面产生了远超其边界的广泛影响。从根本上来说，新加坡植物园创建了一个知识体系，并成为园艺者扩散影响力的场所。由于对自然的深入掌握，园艺者在众多领域渗透他们的影响力，从而扩大了英国殖民者对该地区的控制，并在后来影响了一个小的、独立的民族国家的运作。

　　植物园起源于欧洲，作为文艺复兴时期科学机构化的一部分，其在现代世界的创建中起着至关重要的作用。在 18 世纪之前，花园主要作为天堂的象征，或者隐喻那些赞助花园兴建和维护的统治者们控制已知宇宙的能力。如今，这些曾在整个欧洲宫殿及皇家寓所盛行了数个世纪的休闲场地已被归类为"权力花园"①。梵蒂冈望景楼庭院（The Belvedere Courtyard, *Cortile del Belvedere*）就是"权力花园"一个很好的例子，它是 16 世纪早期教皇朱利叶斯二世（Pope Julius II）（因委托

---

① 　译者注：这里的"权力花园"（power gardens）应该是作者用来指代文艺复兴时期的欧洲园林。

米开朗琪罗为新建的西斯廷教堂（Sistine Chapel）天花板绘画而更为人熟知）组织或安排修建的[①]。

现代植物园是伴随"权力花园"同期出现的。这些新机构最初是与医学相关，因为在那个时期，植物研究对药理学的发展以及医师的培养至关重要。随着欧洲人向外探险活动的增多，位于帕多瓦（Padua）、莱顿（Leiden）和哥德堡（Gothenburg）等城市的花园迅速转型，用以帮助人们理解在新世界和亚洲发现的植物群。随着商业贸易的发展逐渐以自然界知识为基础，植物成为前工业化时期全球经济关键的贸易产品（从胡椒到丁香和肉豆蔻），植物园成了早期现代社会以及贸易帝国发展的一个基本组成部分，这也使得植物学成为殖民扩张最重要的工具之一。掌握植物知识成为权力的基础，而把这种知识转化为对遥远殖民地[②]的土地和经济的控制，就是在植物园中发生的[③]。

位于英国伦敦郊区的邱园（Kew Gardens），见证了 18—19 世纪大英帝国（the British Empire）[④]的崛起，并在这个过程中成为世界上最重要的植物园。它最初是 18 世纪中期乔治三世国王（King George III）的母亲奥古斯塔公主（Princess Augusta）的私家花园。尽管几十年来一直是私家花园，它仍然吸引了当时英国一些顶尖的植物学家和园艺师。约瑟夫·班克斯（Joseph Banks，1743—1820）即是其中之一，他曾跟随詹姆斯·库克船长（Captain James Cook）首次出航太平洋。1773 年，班克斯成为乔治三世国王在植物事务方面的顾问。他充分利用自己在邱园的职位以及在皇家学会（the Royal Society）和林奈学会（the Linnaean Society）的突出地位，制定了一项将科学研究与国家利益相结合的政策。这使得植物学成为行政结构发展的关键组成部分，促进了帝国植物学的发展，为了帝国的利益拓展了植物学知识。这项政策支持那些愿意在官方航行中收集样本的青年植物学家们。这

---

① Andrew Cunningham,"The Culture of Gardens," in Cultures of Natural History,ed. N. Jardine,J. A. Secord and E. C. Spary(Cambridge：Cambridge University Press,1996),pp. 39-47；Lucile H. Brockway, Science and Colonial Expansion：The Role of the British Royal Botanic Gardens(New York：Academic Press,1979),pp. 72-75.

② 译者注：殖民地在资本主义时期特别是帝国主义阶段，专指领土被侵占、丧失了主权和独立，在政治上和经济上完全由资本主义强国统治、支配的国家或地区。

③ Paula Findlen,"Anatomy Theaters,Botanical Gardens,and Natural History Collections," in The Cambridge History of Science,Volume 3：Early Modern Science,ed. Katharine Park and Lorraine Daston (Cambridge：Cambridge University Press,2005),pp. 280-282.

④ 译者注：大英帝国是对鼎盛时期英国的称呼，用于形容英国本土加上其海外殖民地这个整体。

些标本被带回英国皇家植物园邱园进行编目和研究,然后转移到帝国新的殖民地,植物在那里支持着大英帝国势力的持续扩张,同时也是潜在的贸易商品,例如从太平洋转移到西印度群岛的面包果树①。

　　到了19世纪早期,大量的植物园在各殖民地建立,它们在维护和扩大欧洲的海外势力方面发挥了重要作用。有些植物园建立得相当早,成为大英帝国植物学日后不断发展的典范。17世纪50年代,荷兰联合东印度公司(VOC,United East India Company)在开普敦(Cape Town)建立了第一个这样的植物园,命名为"公司花园"(The Company's Garden),它成为东南亚东印度群岛和欧洲之间植物运输的中转站,也是一个可以种植新鲜水果和蔬菜并供应联合东印度公司船队的基地。1735年,法国帝国部队在毛里求斯(Mauritius)建立了庞普勒穆斯植物园(Pamplemousses Gardens),通过种植甘蔗和木薯等经过驯化的外来植物来支持种植园的发展,这对改变岛屿的经济和景观至关重要。18世纪中期,英国的管理者和探险家们开始在西印度群岛建立植物园,紧随其后,英国东印度公司于1821年遵循班克斯在邱园提倡的政策和目标也加入了这股潮流,在锡兰(Ceylon,斯里兰卡的旧称)成立了佩勒代尼耶植物园(the Peradeniya Gardens)。1817年,荷兰在东南亚茂物(Bogor,荷兰语 *Buitenzorg*)巴达维亚(Batavia)郊区建立了第一个现代植物园②。

　　大英帝国的殖民地植物园遍布世界各地,是帝国的重要组成部分,并逐渐成为收

---

①　Ray Desmond,Kew: The History of the Royal Botanic Gardens(London: The Harvill Press,1995),pp. 85-103; John Gascoigne,Science in the Service of Empire: Joseph Banks,the British State and the Uses of Science in the Age of Revolution(Cambridge: Cambridge University Press,1998),pp. 16-23; John Gascoigne,Joseph Banks and the English Enlightenment: Useful Knowledge and Polite Culture(Cambridge: Cambridge University Press,1995); Timothy P. Barnard,"The Rafflesia in the Natural and Imperial Imagination of the East India Company in Southeast Asia," in The East India Company and the Natural World,ed. Vinita Damoradaran,Anna Winterbottom and Alan Lester(Basingstoke: Palgrave Macmillan,2014),pp. 147-166; Lewis Pyenson and Susan Sheets-Pyenson,Servants of Nature: A History of Scientific Institutions,Enterprises and Sensibilities(New York: W. W. Norton and Company,1999),pp. 150-163.

②　18世纪80年代末,胡安·德·奎尔拉(Juan de Cuéllar)前往菲律宾进行皇家植物探险的时候,在东南亚马尼拉建立了第一个殖民地植物园,作为种植靛蓝、肉桂和其他农作物的场地。然而,这个植物园很快就被遗弃,最终在1858年通过西班牙皇家法令被取代。根据埃尔默·D. 美林(Elmer D. Merrill)在美国占领岛屿初期对菲律宾植物进行的调查,该园在19世纪末"几乎不值一提"。Elmer D. Merrill,Botanical Work in the Philippines(Manila: Bureau of Public Printing,1903). Brockway,Science and Colonial Expansion,pp. 75-76.

集新土地和新植物信息的知识库。在植物园中，大自然可以被培育和塑造，为医学院校、贸易公司和政府提供服务。作为全球网络的中心，欧洲植物园的作用是不言而喻的：这些海外科研机构的发展促进了对遥远殖民地的新认知。此外，虽然它们的设立是为了直接服务于某一特定的贸易公司或帝国政府，但是随着科学和植物学跨越国界的知识不断拓展，它们之间通常会互相合作并相互影响。这方面的早期努力成为理查德·格罗夫（Richard Grove）所著《绿色帝国主义》（*Green Imperialism*）的基础，这本影响深远的书讨论了帝国扩张时期环境思想的起源以及对理想化环境景观的渴望①。然而，在这种乌托邦理想的背后，隐藏着利用自然和科学满足社会需求的目的。就此而言，植物园是帝国时代实验、殖民和开发的主要工具之一。

　　殖民地植物园的特点通常是拥有实验场地，可以用来测试植物适应新环境以及提供食物或利润的能力。从理论上来说，欧洲各国首都的植物学家在这些殖民地植物园的实验过程中发挥了重要的咨询和监督作用，这也是露西尔·布若克韦（Lucille Brockway）1979 年出版的《科学和殖民扩张》（*Science and Colonial Expansion*）讨论的主题②。20 年后，考虑到植物园网络对自然、帝国主义和现代世界发展的影响，理查德·德雷顿（Richard Drayton）在一本更广为流传的《自然的政府》（*Nature's Government*）书中阐述了相关概念，并扩展了论点。通过考察大英帝国及其殖民地的植物学发展所涉及的政策和行动者，德雷顿认为，现代世界的基础在于科学和帝国主义的相互作用，而植物学知识正是理解这个世界并征服它的关键组成部分。他认为"掌握大自然的知识将会让资源得到最好的利用。"③

　　德雷顿著作中提到的历史上的中央机构是皇家植物园邱园。在全球植物园的庞大网络中，位于伦敦郊区的这座花园从 19 世纪 40 年代开始由一个皇家植物园逐渐转变为一个国家机构。这些植物园的第一任园长是威廉·杰克逊·胡克（William Jackson Hooker），他主导了 19 世纪的植物学知识。在邱园，胡克管理着

① Richard Grove, Green Imperialism: Colonial Expansion, Tropical Edens, and the Origins of Environmentalism, 1600-1860(New York: Cambridge University Press,1995).

② Brockway, Science and Colonial Expansion.

③ Richard Drayton, Nature's Government: Science, Imperial Britain, and the "Improvement" of the World (New Haven, CT: Yale University Press,2000), p. xv; Emma Reisz, "City as a Garden: Shared Space in the Urban Botanic Gardens of Singapore and Malaysia,1786-2000," in Postcolonial Urbanism: Southeast Asian Cities and Global Processes, ed. Ryan Bishop, John Phillips and Wei-Wei Yeo(New York: Routledge,2003), pp. 128-129.

一个不断扩大的植物学家网络,所有人都要为帝国和科学服务。作为著名的植物学家以及负责监督皇家植物园向国家机构转变的议会委员会主席,约翰·林德利(John Lindley)宣布把植物园建为国家机构的主要动机之一是为了协调"英国殖民地与附属地的许多花园……由于缺乏统一目标和中心方向而未被有效利用……但是它们能够给商业带来非常重要的利益,并在本质上给殖民地带来繁荣"。① 虽然要花上几十年的时间才能使邱园及其工作人员在东南亚发挥作用,但是这些方法和概念已经建立起来了。

班克斯和胡克等人引领的植物学界精英,为英国提供了塑造和影响经济与贸易的工具,从而在更广阔的世界范围内形成了与权力相对应的对自然世界的理解。邱园成为帝国植物学的中心,在这里植物知识和经济应用对于帝国权力的扩张和维持至关重要。胡克以及邱园后来的园长们是运用这种方法的先驱,通过他们的引领,英国才能够在 19 世纪通过植物园网络扩大其全球影响力。帝国主义最终不仅由宗主国②各部门掌控,而且也通过欧洲各国首都郊区花园中的办公室、植物标本馆和实验室进行协调。在大英帝国,邱园就是这些努力的基石。

当帝国植物学在推动全球植物和生态系统知识发展方面发挥重要作用时,所有科学领域都出现了类似的发展,这已成为 20 世纪后期历史研究和兴趣的焦点,并在过去的几十年里取得了相当大的发展。③ 研究大多集中于自治问题,以及分布在欧洲以外的机构在这个过程中可能发挥的作用。虽然指导和监督都来自欧洲,但随着时间的推移,每个殖民地植物园都呈现出各自的特征,反映了与它们相关的个别人员以及不同的殖民地背景和环境景观。

新加坡是这些发展最重要的节点之一,科学家和管理者在此监督着世界上最重要的热带植物园之一。如果邱园是这个植物权力网络中"大自然政府"的首都,那么

① Joseph Dalton Hooker, "A Sketch of the Life and Labours of Sir William Jackson Hooker," Annals of Botany 16(1902):xlv; Brockway, Science and Colonial Expansion, p. 80; David Arnold, The Tropics and the Traveling Gaze: India, Landscape and Science, 1800-1856 (Seattle, WA: University of Washington Press, 2006).
② 译者注:宗主国指对殖民地、半殖民地等附属国家进行统治、剥削和压迫的国家。
③ Brett M. Bennett and Joseph M. Hodge(eds.), Science and Empire: Knowledge and Networks of Science across the British Empire, 1800-1970 (London: Palgrave Macmillan, 2011); Mark Harrison, "Science and the British Empire," ISIS: A Journal of the History of Science 96(2005):80-87; Roy MacLeod(ed.), Nature and Empire: Science and the Colonial Enterprise, Special Edition of Osiris,15(2000):i-323.

在德雷顿描述中，新加坡植物园就是"大自然的殖民地"王冠上的宝石。在位于纳皮尔路(Napier Road)和克卢尼路(Cluny Road)交会处的这个场地上，科学家们努力使植物适应新的环境，并学会如何在东南亚热带地区利用它们，同时也在该地区探寻植物世界新的奇迹，而所有这一切的努力都是在为帝国服务。在此过程中，新加坡植物园成为帝国植物学的典范，同时也扎根于英国的殖民地结构和东南亚景观。

殖民地植物园最初的重心放在驯化外国植物上，随着相关人员开始记录植物群的范围，并着手研究如何帮助改善当地、区域、社会及全球植物学，它们的影响很快就扩展到周边地区。尽管新加坡植物园和其他的殖民地植物园一样，是在欧洲精英们的远程监督下运作，但它在 20 世纪初开始变得更加独立自主，开始成为世界上最重要的科学机构之一。对于当地研究人员来说，自主性带来了复杂的自治性，因为他们要从为欧洲指导者收集材料转变为开发设施和研究关于农业、园艺以及理解当地环境的议题，同时也要就机构与当前社会和政治力量的关系进行博弈。①

这种日益增长的自主性明显体现在档案记载的变化以及邱园和新加坡之间的关系上。在新加坡植物园历史的早期阶段，绝大多数的通信都直接发送给邱园。然而，在几十年之后，新加坡植物园的英国园长们频繁地接待世界各地的科学家和学者们并分享他们的研究成果。例如，新加坡植物园与荷兰植物学家合作尝试利用古塔胶(gutta-percha)的同时也借鉴了他们在访问爪哇(Java)期间收集的兰花培育技术。与此同时，新加坡植物园接待了多国访客，例如罗伯特·科赫(Robert Koch)——曾发现霍乱、肺结核和炭疽病原体的微生物学先驱，他分别于 1899 年和 1900 年来到植物园，寻找与疟疾相关的研究线索。此时，来自美国的威廉·路易斯·阿博特(William Louis Abbott)与植物园园长亨利·尼古拉斯·里德利(Henry Nicholas Ridley)一起为史密森学会(Smithsonian Institution)收集标本。② 因此，新加坡植物园作为帝国科

---

① 关于这个话题的长期辩论，起源于乔治·巴卡拉(George Basalla)和唐纳德·弗莱明(Donald Fleming)的作品。George Basalla, "The Spread of Western Science," Science 156(1967):611-622; Donald Fleming, "Science in Australia, Canada, and the United States: Some Comparative Remarks," in Proceedings of the Tenth International Congress of the History of Science, Ithaca 26 VIII-21X 1962(Paris: Hermann, 1964), pp. 179-196; Paolo Palladino and Michael Worboys, "Science and Imperialism," ISIS 84,1(1993):91-102.

② Anonymous, "Professor Koch," The Straits Times(hereafter ST), 13 Sep. 1899, p. 2; Paul Michael Taylor, "A Collector and His Museum: William Louis Abbott(1860-1936) and the Smithsonian," Treasure Hunting?: Collectors and Collections of Indonesian Artefacts, ed. Reimer Schefold and Han F. Vermeulen (Leiden: Research School CNWS/National Museum of Ethnology, 2002), pp. 221-240.

学的前沿,除了对"英国"帝国植物学做出了贡献之外,还发挥了其他重要的作用。新加坡植物园是"多中心网络"的一个节点——戴维·韦德·钱伯斯(David Wade Chambers)和理查德·吉莱斯皮(Richard Gillespie)曾经提出这样的描述。这个节点在英国殖民地花园网络中发挥了重要作用,同时也为国际科学做出了贡献,当时其他位于锡兰(今斯里兰卡)、印度、毛里求斯、南非和荷属东印度群岛(今印度尼西亚)的类似机构也同样如此。[1] 这具有全球性的意义,因为它意味着一种充满活力的研究文化得到了发展,以及摆脱了欧洲中央集权的影响。[2]

新加坡植物园对社会、文化、经济和地理的影响常常被忽视。在大多数的历史叙述中,该区域经济和商业历史悠久,新加坡只是一个贸易港口,货物交换自由。但是,交易的产品通常源于那些最初在新加坡植物园进行的试验,在那里科学家们学会了如何利用植物来获取更多的利益。帝国植物学在新加坡植物园创造的知识成为扩大和支配该地区的一个工具。最终,大英帝国在东南亚的势力不仅建立在帝国海军对海洋的控制上,而且还建立在来自不同社会阶层的科学家、行政管理人员、商人和农学家利用自然满足需求的能力上。新加坡植物园始建于1859年,它是一个体现殖民权力的地方,反映了大英帝国势力范围的扩大。在19世纪,大英帝国主宰了世界上的广大地区,同时也理解并允许其他国家和社会改变他们的景观。欧洲向东南亚腹地的扩张,只有在理解了这片土地的植物群之后才能产生,然后才能为殖民权力带来利益。这个科学机构与当地行政人员以及英国远程指导者之间关系的不断变化,为其成为新加坡、海峡殖民地甚至更大区域社会的一部分创造了机会。在新加坡独立之后,即使权力转移给了新政府,植物学也转而向这个新国家服务,尽管他们曾经努力维护自己的自治权。植物学一直以来都是为国家服务的,而科学的影响力超出了植物园的地域范围。

[1] David Wade Chambers and Richard Gillespie,"Locality in the History of Science:Colonial Science,Technoscience,and Indigenous Knowledge," in Nature and Empire:Science and the Colonial Enterprise,ed. Roy MacLeod,Special Edition of Osiris,15(2000):223; Bennett and Hodge(eds.),Science and Empire.
[2] 然而,这些网络不能自由流动,并且不平等的情况依然存在,例如大型机构控制着问题和态度。Joseph M. Hodge,"Science and Empire:An Overview of the Historical Scholarship," in Brett M. Bennett and Joseph M. Hodge(eds.),Science and Empire:Knowledge and Networks of Science across the British Empire,1800-1970(London:Palgrave Macmillan,2011),pp. 19-21.

* * *

　　尽管植物学一直是帝国政府和新加坡独立统治的一个重要组成部分，但是新加坡植物园及其社会作用却随着时间的推移而不断改变。本书考察了新加坡植物园与新加坡、帝国和东南亚社会和科学的关系以及关系的转变。为了理解这些变化，本书的第二章讨论了在殖民地港口郊区建立休闲公园的问题，以及早期在邱园与新加坡植物园之间建立的联系如何导致后者成为一个重要的殖民势力场所，殖民影响直接从大英帝国传入东南亚的一个岛屿，并且随着对港口的殖民控制扩大而影响到槟榔屿（Penang）和马六甲（Melaka）其他海峡殖民地。1875 年后，殖民政府开始直接控制新加坡植物园，他们向英国官员寻求管理经营方面的建议和帮助，而植物园的主管和园长们通常直接为邱园而不是东南亚殖民当局工作，于是植物园开始了它作为帝国控制的一种扩张方式的历史。

　　在 19 世纪余下的时间里，新加坡植物园是英国在东南亚领地上的环境政策中心。在最初的几十年里，该机构面临的重要挑战之一是平衡当地社会的需求和遥远的植物网络需求。有时，这些需求会趋同，例如要求新加坡植物园的人员为遭到破坏的景观提出解决方案，这些景观破坏是由于农业政策鼓励种植园耕种，导致土壤和木材资源枯竭而造成的。出于对森林砍伐如何影响港口气候和健康的担忧，纳撒尼尔·坎特利（Nathaniel Cantley）在 19 世纪 80 年代启动了恢复新加坡森林的保护计划，这将影响马来半岛自然保护区和林业的发展，这正是本书第三章的主题。坎特利的继任者，亨利·尼古拉斯·里德利继续执行这些项目，直到因预算限制和行政冲突导致整个项目转移到吉隆坡（Kuala Lumpur）的新办事处和权力机构，这就反映了 19 世纪末新加坡地方政府与国际科学之间的艰难关系。

　　从根本上说，尽管新加坡植物园的科学家和官员们致力于研究和发展该地区的植物学知识，但他们必须满足提供资助的政府的愿望和需求。在森林保护计划里，植物园中还安置了一个动物园。笼子、圈棚和围栏主要围绕着音乐台山（Bandstand Hill）布置，圈养着许多动物，包括大象、貘、猴子和鸟类以及偶尔会有的老虎和美洲豹，这是 19 世纪后期植物园对公众的主要吸引点。这些动物并没有为帝国体系带来任何经济利益，而是象征着英国在该地区影响力的传播以及对自然的控制，大自然在这里被征服并展示给游客消遣。从 1875 年到 1905 年这个动物园的存在状况是本书第四章的主题，并揭示了自然及对其的统治是如何成为该地区扩大殖民力量和发展科学知识的基石。

在邱园受训过的植物学家的指导下,尽管经过 20 年的发展,新加坡植物园在支持帝国方面效果甚微,尤其是在经济方面。这导致政府官员试图限制对其的资金投入,并建议放弃其所有的科学研究。新加坡植物园在 19 世纪后期被认为是一个在许多方面失败的实验。此时,具有讽刺意味的是,植物园的北部(即经济花园)开始改变该地区的社会和经济,这是本书第五章的重点。这与约瑟夫·张伯伦(Joseph Chamberlain)的任期相一致,他在 1895 年至 1903 年期间担任殖民大臣,促进了利用科学发展帝国领土,特别是在农业方面。[①] 在此期间,新加坡植物园输出了最重要的植物产品橡胶,同时也培育了数百种其他植物,由里德利带领科学家们试验如何在热带地区最好地利用大自然的恩赐,为整个帝国的农业发展做贡献。到 20 世纪初,橡胶的种植范围主导了该地区的大部分地区,并影响到基础设施、经济和社会民族构成的发展。正是在此期间,新加坡植物园对该地区做出了最重要的长期贡献,同时它也超越自身在经济植物学和帝国植物学方面发挥作用,成为热带植物园的典范。

里德利于 1912 年离开新加坡。他的个性使得他在政府中疏远了许多人,促使官员们在马来半岛建立了许多林业和农业中心,远远超出了他的影响力。艾萨克·亨利·伯基尔(Isaac Henry Burkill)取代里德利成为新加坡植物园园长,并把这个机构带向一个新的方向。本书第六章研究了新加坡的研究人员如何在该地区植物资源的收集和鉴定中发挥重要作用。这些科学家们以植物标本馆为中心,发展了对景观和自然的认识,使新加坡植物园成为产生殖民地知识的关键场地之一,这份遗产一直延续到 21 世纪。虽然许多植物的复制品都送达了皇家植物园——邱园,但是科学家们仍然开始独立扩展自己的收集,创建了一个植物标本馆,它代表了 20 世纪早期一个独立并充满活力的研究机构的发展。

除了植物标本馆之外,新加坡植物园的实验室也为重要的植物研究提供了环境,并持续反映着新加坡的植物学家越来越有信心建立一个独立于大型帝国植物学的研究议题。聚集在植物园的植物学家们成为跨国研究网络的重要参与者,并

---

① Joseph Morgan Hodge, Triumph of the Expert: Agrarian Doctrines of Development and the Legacies of British Colonialism(Athens, OH: Ohio University Press, 2007); Michael Worboys, "Science and British Colonial Imperialism, 1895-1940," unpublished PhD dissertation, Brighton: University of Sussex, 1979.

形成一个独立于邱园指导之外的身份。这些科学家专注于培育杂交兰花，为了创造出新加坡的象征，他们的努力超越了植物园和实验室，也促进了切花和农业技术行业的发展，反映出殖民地港口以及后来的民族国家为利用和创造一个新环境早期所付出的努力，同时增加了整个地区植物园的无形之美。在这个过程中，新加坡成为一个影响岛屿外观的园艺和都市美景的中心。这些实验室的发展以及科学家、商人和业余园艺师们对兰花的迷恋，会是本书第七章的重点。

兰花在新加坡植物园的重要性及其带来的美感，对第八章即本书的最后一章也是非常重要的。第八章主要介绍一个以帝国植物学为基础的殖民机构是如何转型为发展植物学，植物学和园艺学的知识在这里可以作为一个迷恋经济工业化和现代化的新兴独立国家的一种工具。这个国家公众形象的基石是它强调建造和修剪绿地。新加坡植物园在众多"绿化计划"（Greening Programs）的执行过程中发挥了重要作用，这些计划最终使这个国家将自己定位为一座"花园城市"（Garden City）。然而，向这个新地位的转变并不顺利。植物园及其工作人员不得不在管理部门工作，不仅要监督社会的非殖民化，而且还要关注那些通常由非专业人士指导的计划，这些计划很少考虑植物学专业人士的意见或建议。与现代化政府的角力导致新加坡植物园从一个研究机构降级到一个休闲公园将近 20 年。只有当新加坡植物园成为新加坡身份的重要组成部分，支持植物学研究和园艺多样性时，才能跨越它在社会上影响力和地位的最低点。

纵观整个历史，新加坡植物园影响并反映了港口和更大区域范围内的社会和政府的状况。虽然它只是一个更大规模植物网络中的节点，但它建立了自己的影响力和权力网络。它本身就是一个殖民者，传播着一种对大自然的耕耘和操纵，不断地影响着整个地区人们的生活。这是一个大自然的殖民地，在这里培植植物是为了改变我们对民族、区域和世界的理解。

第二章　植物园的创建

19 世纪 50 年代后期,作为东南亚殖民统治的基地和贸易港口,新加坡对大英帝国日益重要。然而,从 1819 年英国东印度公司官员到来起的 40 年时间里,由于大力推行种植出口产品,利用土地营利,该岛的生态系统遭到了严重的破坏。这项努力的先驱是农学家,他们系统地将生产推进到内陆,把茂密的丛林改造成众多的小种植园,主要种植胡椒和甘蜜(gambier,别名:儿茶)。这两种植物的生产需要消耗大量的木材,用作木柴协助收获。由于这些种植园的生命周期大约是 20 年,这导致新加坡内陆大部分地区变成了土壤贫瘠的砍伐荒地,到了 19 世纪中叶,白茅草(lalang grass,*Imperata cylindrica*)至少占据了岛屿 1/3 的土地面积(45 000 英亩或 182 平方公里)。[1]

在港口外的灌木林内,靠近克卢尼路和纳皮尔路的交会处有几处废弃了的种植园。这片土地后来成为新加坡植物园的所在地,它最初是一个休闲公园,为社会精英们在繁忙的港口外提供一个可以休息放松的场所。在 15 年的时间里,负责监管植物园的成员使这里深陷债务危机,这让新成立的海峡殖民地政府得以控制这片场地,并利用其为帝国服务。这个植物园的创建代表了尝试利用新加坡的自然环境满足社会需求的顶峰。在这些努力过程中,新加坡的城市居民已经开发了另外两个植物园,这在许多方面产生了再开发一个植物园的需求,这个植物园后来存在了 150 多年。新加坡植物园是在尝试利用岛上植物获利的过程中创建的,而这一动机曾铸成大错。

试验性的植物园

1819 年 2 月,托马斯·斯坦福德·莱佛士爵士(Sir Thomas Stamford Raffles)登陆新加坡时,他希望为东印度公司建造一个港口。莱佛士认为建造这个港口的目的

---

[1]　Tony O'Dempsey,"Singapore's Changing Landscape since c. 1800," in Nature Contained:Environmental Histories of Singapore,ed. Timothy P. Barnard(Singapore:NUS Press,2014),pp. 20-28; I. H. Burkill, "The Establishment of the Botanic Gardens, Singapore," Gardens' Bulletin, Straits Settlements 2, 2 (1918):55.

"不是领土，而是贸易"。他希望它能成为"一个巨大的商业中心和一个支点"，英国可以在此对抗荷兰的影响。[①] 贸易和政治推动了新加坡殖民地的建立，植物学也发挥了核心作用。当时莱佛士认为新加坡"贸易是一切，农业仅处于起步阶段"。[②] 为解决这个问题，早在 1819 年 6 月莱佛士就联系了加尔各答植物园的丹麦负责人纳撒尼尔·沃利克(Nathaniel Wallich)，征求他对新港口建设试验性植物园的意见。

1822 年底，沃利克终于能够前来参观港口。这将是新加坡发生巨大变化的时期，因为莱佛士建立了大量的殖民机构以巩固英国对该岛的控制。当年的 11 月份，莱佛士与沃利克会面，并在接下来的几个月里，他们写信讨论了植物园在英国长期殖民期间可能发挥的作用。[③] 在造访后不久写给莱佛士的一封信中，沃利克把新加坡描述为植物园项目的理想建造点：

> 为了实现建立这种机构的目标，也许很难考虑得面面俱到，因为新加坡实际上代表着最有利于本土和外来植被的环境，并成为世界上最富有群岛的一部分，它的土壤十分肥沃，气候稳定、温和、有益健康。这里植物种类繁多，吸引着植物学家、农学家和园艺家，也拥有无与伦比的设施和机会传播并交换这些珍宝。[④]

随后，沃利克和莱佛士向孟加拉(Bengal)有关部门写信，寻求批准建造一座植物园。[⑤]

在给孟加拉的信中，沃利克热情洋溢地描绘了新加坡在植物界的潜力以及植物园对于协助欧洲势力在该地区扩张的重要性。他认为，新加坡位于中国、印度和东南亚岛屿之间，为更好地了解该区域的植物群提供了一个独特的机会，而这些知识将对东印度公司大有裨益。沃利克注意到，由莱佛士 1819 年从槟榔屿进口并由威廉·法夸尔(William Farquhar)养护的肉豆蔻(nutmeg)和丁香树(clove trees)，在坎宁堡山

---

① Lady Sophia Raffles, Memoir of the Life and Public Service of Sir Thomas Stamford Raffles (Singapore: Oxford University Press, 1991), p. 379.

② Sophia Raffles, Memoir of the Life and Public Services of Sir Thomas Stamford Raffles, p. 526.

③ Gilbert E. Brooke, "Botanic Gardens and Economic Notes," in One Hundred Years of Singapore, Being an Account of the Capital of the Straits Settlements from Its Foundation by Sir Stamford Raffles on the 6th February 1819 to the 6th February 1919, vol. II, ed. Walter Makepeace, Gilbert E. Brooke and Roland St. J. Braddell (London: John Murray, 1921), pp. 65-67.

④ R. Hanitsch, "Letters of Nathaniel Wallich Relating to the Establishment of Botanical Gardens in Singapore," Journal of the Straits Branch of the Royal Asiatic Society 65 (1913): 43-44.

⑤ India Office Records [hereafter, IOR]/F/4/760/20668: Board's Collection (Apr. 1823).

(Fort Canning Hill)上的一个小型试验花园中生长得很好。除了港口之外,沃利克认为新加坡的森林"完全值得进行广泛的种植试验",因为它们可以为船舶和房屋建造提供木材。"总而言之,无论目光注视何处,我们都会看到大自然最迷人的景象,它几乎是无与伦比的慷慨,对每一个可能选择利用它财富的人都给予了无尽的回报"。莱佛士在另一封信中表示,这些好处显而易见,"没有必要"反复重申。①

在得到加尔各答对提案的支持后,莱佛士迅速开始负责扩建这座他在近 4 年前就批准的小花园。莱佛士在给东印度公司的一封信中宣布,"我正在规划一座植物试验园",他还在信中寻求维护预算。这座新的"植物试验园"来源于沃利克为莱佛士起草的提案。它占地 48 英亩(19 公顷),从坎宁堡山的东北坡延伸到实里基山(Bukit Selegi,今埃米莉山)。该地区靠近城镇,满足了对土壤和海拔的要求,而附近的斯坦福德溪流(Stamford Stream)提供了稳定的水源(图 2-1)。莱佛士认为:"在这样的空间里建造植物园,将拥有山谷、平地、沼泽以及常年丰沛水流的优势。"一直到 1823 年 2 月,植物园的建造进展顺利,许多石头被收集起来修建道路。莱佛士希望这座植物试验园能够"在短短几年之内"为东印度公司在新加坡"提供足够的资金支付所有费用"。②

莱佛士于 1823 年 4 月离开新加坡,此后再也没有回来。尽管如此,他的植物园一直维系到 19 世纪 20 年代后期,其间由港口的首席外科医生 J.威廉·蒙哥马利(J. William Montgomerie)负责维护,东印度公司批准每年 60 元的预算用于"支付工具、建造和修缮工人棚屋的临时费用"。③蒙哥马利带领由 11 名工人和

---

① IOR/F/4/760/20668;Board's Collection(Apr. 1823),pp. 1,76,117;Hanitsch,"Letters of Nathaniel Wallich," p. 45; IOR/F/4/760/20668;Board's Collection(Apr. 1823),pp. 86-90;J. W. Purseglove, "History and Functions of Botanic Gardens with Special Reference to Singapore," Gardens' Bulletin,Singapore 17,2(1959):129; Nigel P. Taylor,"The Environmental Relevance of the Singapore Botanic Gardens," in Nature Contained:Environmental Histories of Singapore,ed. Timothy P. Barnard(Singapore:NUS Press,2014),p. 116; Reisz,"City as a Garden," p. 129.

② IOR/F/4/760/20668;Board's Collection(Apr. 1823),pp. 76-78,101-107. Sophia Raffles,Memoir of the Life and Public Services of Sir Thomas Stamford Raffles,p. 535; IOR/G/34/153;Report on the Present State of the Singapore Botanical Gardens(Feb. 1827),pp. 106-108;Hanitsch,"Letters of Nathaniel Wallich," pp. 47-48; Arnold,The Tropics and the Traveling Gaze,pp. 144-145.

③ 1867 年以前新加坡使用的是西班牙元。虽然印度卢比从 1837 年到 1867 年成为官方货币,但在 1898 年之前西班牙元一直是主要的兑换货币。西班牙元兑英镑的汇率是 4.7＝1。IOR/G/34/153;Report on the Present State of the Singapore Botanical Gardens(Feb. 1827),p. 107.

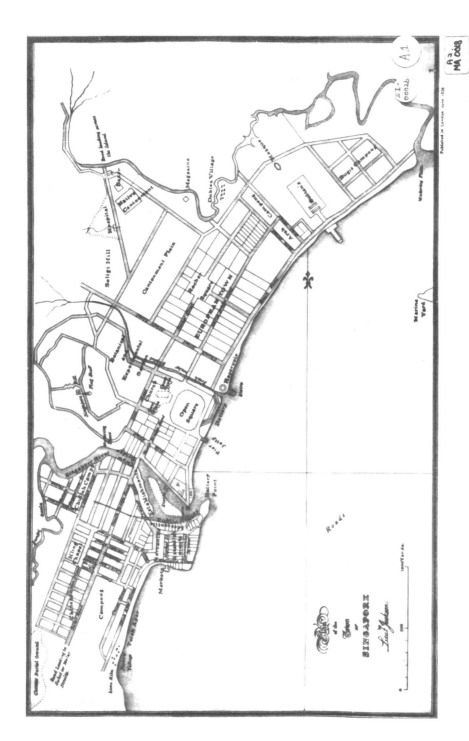

图 2-1：1828 年新加坡城镇规划基于六年前（1822 年）菲利普·杰克逊（Philip Jackson）的勘测，布局了莱佛士所设想的新加坡城市规划。注意其中包含了"植物试验园"。来源：测量部门的收藏，由新加坡国家档案馆提供。

3 名囚犯组成的工作团队继续完善植物园,首先在坎宁堡山陡坡上建造了 18 英尺(5.5 米)高的梯田。这些梯田有助于水土保持以防止土壤受到侵蚀,解决了最初几年困扰植物园的问题。他还让工人们结合柱子和木制品建造砖墙来划定植物园的边界,而山坡则采用竹篱笆来限定范围。此外,他还排干低地并在整个场地上修建了道路和小径。在 4 年之内,植物园里种植了 600 多棵肉豆蔻树和 300 多株丁香,利用这些植物所生产的原始香料使这个群岛在欧洲闻名遐迩。尽管做出了这些努力,但位于印度的大英帝国殖民政府并没有表现出多少耐心,很快就认定植物园是失败的,由于第一次英缅战争(First Anglo-Burmese War)之后预算紧张,殖民政府下令任何用于管理和维护植物园的资金都于 1829 年停止使用。到了 19 世纪30 年代,新加坡的第一座植物园变成了"废地",这片土地被授予亚美尼亚社区(Armenian community)建造一座教堂,以及被授予天主教教会发展一所教育机构,这个机构后来成为了圣婴耶稣女修道院和圣约瑟学校(the Convent of the Holy Infant Jesus and St Joseph's School)。①

　　尽管在 19 世纪 20 年代后期,新加坡没有一个运作良好的植物园,但包括蒙哥马利在内的很多新加坡精英人士认为社会的未来在于土地的耕种。1836 年,他们创立了农业和园艺学会(the Agricultural and Horticultural Society),目的是促进"殖民地各农业部门的改善"。这是非常必要的,根据《新加坡纪事和商业注册》(*Singapore Chronicle and Commercial Register*)的编者描述,新加坡是一个"全面追求""完全专注于商业事务"的社会。② 随后,农业和园艺学会召开每月例会,讨论围绕着"丛林土地清理相关的有趣数据"以及排水和费用,学会成员们也开始与南非、印度和澳大利亚的其他农业学会进行通信。此外,他们还试图通过主动将他们的问题和答案翻译成中文或马来文,从而与"在新加坡的中国农学家和其他本地农学家"接触。成员们认为这样做是必要的,因为欧洲人主要着眼于肉豆蔻、糖和

---

① IOR/G/34/153:Report on the Present State of the Singapore Botanical Gardens(Feb. 1827),pp. 108-109; IOR/E/4/746:Resumed Grant of Land from Botanic Gardens to Armenians for Ecclesiastical Establishment,Churches and Chapels at Singapore,pp. 1099-1104; Brooke,"Botanic Gardens and Economic Notes," pp. 67-68; Hanitsch,"Letters of Nathaniel Wallich," pp. 47-48; Reisz,"City as a Garden," pp. 129-130.

② Anonymous,"Agricultural Society," The Singapore Free Press and Mercantile Advertiser [hereafter SFP],26 May 1836,p. 3; Anonymous,"Singapore," Singapore Chronicle and Commercial Register,28 May 1836,p. 2.

棉花的生产，而中国农学家是胡椒、甘蜜以及市场上几乎所有蔬菜的主要栽培者。只有团结所有力量共同努力，才能清理和耕种新加坡所有的土地，这样它才能如学会成员所愿成为一个"大花园"。①

作为新加坡向"大花园"转变的第一步，学会提议重建植物园，成员们可以在这里进行试验。1836 年 11 月，一个合适的场地被确定下来，学会得到允许可以接管原植物园 5 英亩（2.8 公顷）的土地。托马斯·奥克斯利（Thomas Oxley）被任命为管理者，他是 19 世纪三四十年代新加坡农业的主要推动者之一。②

在 1837 年 8 月的学会会议上，奥克斯利描述了园艺园的布局和前景。当时他已经雇了两名马来人和两名中国居民（月薪 2 元）清理土地以及在场地两侧种植竹篱。这块场地的另外两侧分别是一条正在施工的道路和一条排水沟。在道路和植物园之间有一个宽 12 英尺（3.5 米）的空间，奥克斯利在这个空间里种植了观赏树木、灌木和花卉，"使步行变得既惬意又有趣"。奥克斯利还要求学会成员捐献矮竹品种，以便将场地划分成多个部分来种植不同种类的植物。在地势较低的部分种植蔬菜，因为开垦过的沼泽地提供了丰富的"黑色腐殖质土"。在场地的其他部分，奥克斯利计划种植当地果树，既给其他耕种者作示范，也吸引新来港人士的兴趣。在第三部分，他希望种植"有木材、医学或艺术价值的树木、花卉和灌木"。尽管奥克斯利作出了巨大的努力，但他并不确定植物园的前景，除非聘请一位"完全胜任园艺业务的常驻园艺师"，因为这些植物不仅是贪吃山羊的目标，而且新加坡的居民们还热衷于私挖幼嫩的竹笋。③

然而，在 19 世纪 30 年代后期，园艺园只是农业和园艺学会大多数成员的次要关注点。他们的主要目标仍然是把新加坡变成一个"大花园"，这将是他们在岛上留下的不朽遗产。解决这个问题的努力始于 1836 年 6 月的第一次正式会议，当时学会成员们呼吁延长以年为单位批准的土地租赁期（当时最长为 20 年）。他们在

---

① Anonymous, "Singapore Agricultural and Horticultural Society," SFP, 6 Apr. 1837, p. 2; Anonymous, "Extracts from an Unpublished Journal of a Resident of Singapore," SFP, 2 Dec. 1841, p. 2; Anonymous, "Untitled," SFP, 8 June 1837, p. 3; Anonymous, "Untitled," Singapore Chronicle and Commercial Register, 9 July 1836, p. 2; Anonymous, "Agricultural and Horticultural Society," SFP, 7 July 1836, p. 2; Taylor, "The Environmental Relevance of the Singapore Botanic Gardens," p. 116; Brooke, "Botanic Gardens and Economic Notes," p. 70.

② Anonymous, "Singapore Agricultural and Horticultural Society," SFP, 6 Apr. 1837.

③ Anonymous, "Rice Mill," SFP, 10 Aug. 1837, p. 2.

首次公开声明中宣称："整个岛屿被认为是一片荒芜之地,完全不适合耕种的时代已经过去了",如果租期得到延长,"那么这个岛将不再是负担和眼中钉……它将成为财富的源泉"。他们认为,如果土地租赁得不到延期,"这个岛的大部分很可能就像目前这样,仍然是一片毫无起色的丛林"。①

1837 年 6 月,加尔各答做出了回应。加尔各答是东印度公司政府的总部所在地,也是当时一个技术强大的植物园所在地。政府同意将 20 年的租赁期限再延长 30 年,条件是土地上要种植一定的作物,例如香料、榴梿或椰子。在新加坡,许多人发现这个提议并不理想,于是继续呼吁延长租期,这个问题成为海峡地区的农学家和远在加尔各答的政府之间争论的焦点。最终,在 1843 年英国当局同意永久出售租契,前提是土地用于农业目的。② 政策的改变导致了大片土地被开发,也使农业和园艺学会的许多成员从中获益。例如,约瑟夫·巴莱斯蒂尔(Joseph Balestier)获得了市区北部的整个平原用于开发糖料种植园;年轻的中国商人胡亚基(Hoo Ah Kay),他在新加坡更广为人知的名字是黄埔(Whampoa),则转而投入了肉豆蔻、甘蜜和胡椒的生产。在接下来的 10 年里,新加坡的森林被砍伐得一干二净,几乎没有土地不受干扰。因为有大量的土地可以用于农业生产,园艺园逐渐被废弃。到了 19 世纪 50 年代,这些政策导致了新加坡的森林被砍伐殆尽,种植园也全部用完,因为岛上的大部分土地被过度种植了甘蜜和胡椒。因此,寻找利用自然环境潜力的新方法迫在眉睫。

农业园艺学会

19 世纪 40 年代和 50 年代,由于受到农业和园艺学会的政策以及种植园主的共同影响,新加坡的景观遭到了毁灭性的破坏,这导致了 1859 年底在新加坡建造植物园的第三次尝试。同年 10 月,一群志趣相投的居民成立了一个花卉园艺学会

---

① R. F. Wingrove, "Special Meeting," SFP, 13 Oct. 1836, p. 3; Agricola, "To the Editor of the Singapore Free Press," SFP, 9 June 1836, p. 1; Anonymous, "Singapore," Singapore Chronicle and Commercial Register, 8 Oct. 1836, p. 2.

② 政府很快就试图将租约缩短至 999 年,但这仍然是新加坡和加尔各答之间多年的争论点。Anonymous, "Agricultural Society"; Anonymous, "Land Regulations," SFP, 7 Sep. 1837, p. 1; Anonymous, "Land Regulations for the Straits," SFP, 29 June 1837, p. 2; Anonymous, "Land Regulations," SFP, 11 Oct. 1838, p. 1; Anonymous, "Correspondence," SFP, 13 Jan. 1842, p. 3; Halbert Restalrig, "Notes in the Straits," SFP, 21 Sep. 1843, p. 3; Arnold, The Tropics and the Traveling Gaze, p. 145; J. T. Thomson, "General Report on the Residency of Singapore, Drawn Principally with a View of Illustrating Its Agricultural Statistics," Journal of the Indian Archipelago and Eastern Asia 5(1850):216-219.

(Floricultural and Horticultural Society)，并很快改名为农业园艺学会(the Agri-Horticultural Society)。学会最初有 77 名成员，他们通过收缴会费筹集到了 1900 多元资金，而每月的费用至少要到 1861 年才能再增加 74 元。①

　　为了监督农业园艺学会，一个规模很大的委员会成立了。最初的委员会由 14 名成员组成，总督威廉·奥费尔·卡夫诺(William Orfeur Cavenaugh)担任主席，一年之内规模扩大到 21 名成员，其中包括著名的种植园主和政府官员，他们都是新加坡社会的精英。在最初的委员会成员中，黄埔和陈明水(Tan Beng Swee)是仅有的非欧洲成员，反映了这两位中国企业家与殖民社会和谐融洽的关系。在欧洲精英看来，黄埔和陈明水是委员会的成员，希望他们能够提供"宝贵的帮助，引导他们在新加坡的同胞加入学会"。最终，由于委员会人数众多，一组轮换的成员组成了一个小组委员会，直接监督植物园及其预算。例如，在 1863 年，这个被称为"委员会"的小组委员会由新加坡殖民地社会的领导人组成，包括 J. F. A. 麦克奈尔(J. F. A. McNair)、赛义德·阿卜杜拉(Syed Abdulla)和陈金钟(Tan Kim Ching)。②

　　先前的园艺学会把重点放在新加坡农业用地的开发上，希望为这个岛屿创造出高产的种植园作物。虽然这可能是新成立的学会中部分成员的理想，但现在他们专注于私人植物园的开发，以提高花卉和蔬菜的产量。这将是一个令人愉悦的植物园，人们可以在这里散步，远离港口的喧闹和混乱以及全岛森林被砍伐的景观。为了实现这个目标，成员们向政府申请一块土地，政府最初提议的正是 1836 年农业和园艺学会开发花园的那块小场地。在遭到反对之后，政府在东陵地区(Tanglin area)提供了 56 英亩(23 公顷)的土地作为替代方案。③

　　在农业园艺学会成立之前的 10 年间，那片将要用来建造新加坡植物园的土地曾无数次地变更所有权，这使得它在 19 世纪 50 年代末的所有权归属相当模糊。正如 1859 年《海峡时报》(The Straits Times)一篇文章所报道，这片土地通常被认为属于黄埔，为了确保土地的归属，政府与黄埔达成协议，用"新加坡河畔大量的沼泽地"交换它的所有权。④ 与这种说法相反的是，其他的报道称这片最初于 1859 年

①　Anonymous,"Singapore," ST, 12 Nov. 1859, p. 2; Anonymous, "Agri-Horticultural Society," ST, 24 Dec. 1859, p. 2; Burkill, "The Establishment of the Botanic Gardens," p. 55.
②　Burkill, "The Establishment of the Botanic Gardens," pp. 57, 62-66.
③　Anonymous, "Agri-Horticultural Society."
④　Anonymous, "Agri-Horticultural Society."

征用的土地,在 19 世纪 40 年代末和 19 世纪 50 年代初归属于威廉·格雷厄姆·克尔(William Graham Kerr)、吉尔伯特·安格斯(Gilbert Angus)和威廉·纳皮尔(William Napier)。虽然在他们获得这片土地控制权之前,甘蜜和胡椒很可能就已经在此生长了,但这三位英国人对建造乡村住宅更感兴趣,这在当时东陵地区的投机性房地产市场很常见。此外,黄埔可能在纳皮尔路(荷兰路)的另一侧拥有地产,并且可能与政府达成协议,把那片土地——后来变成了东陵兵营(Tanglin Barracks)——作为交换转送给植物园。关键是政府或者黄埔获得这些土地控制权的方式尚不清楚。然而,当这块地提交给农业园艺学会时,众所周知这里几乎长满了贝鲁卡(belukar,矮灌木林),这是种植甘蜜之后常见的次生植物。在过去的 10 年里,这些土地可能没有得到积极的耕种。①

为了监督将这些地块改造成植物园,农业园艺学会聘请了劳伦斯·尼文(Lawrence Niven),他是苏格兰人,在勿拉士巴沙(Bras Basah)地区为 C. R. 普林塞普(C. R. Prinsep)管理一个肉豆蔻种植园,直到肉豆蔻甲虫(*Scolytus destructor*,小蠹属害虫)开始侵袭整个新加坡的作物。② 尼文在苏格兰洛赫戈伊尔黑德(Lochgoilhead)的一处庄园长大,他的父亲是那里的园丁。他家族的其他成员在整个英国的植物园都有职位。在英国当时森严的阶级结构中,尼文被视为一名园丁,这意味着他精通园艺,但缺乏科学训练,被认为缺乏贡献能力。他在新加坡的主要任务是在热带地区建立一个英式花园。③

这段时期,对英国园林影响最大的是"英式景观"设计,它通过起伏的山丘来表现自然,避免凡尔赛宫和梵蒂冈望景楼庭院等"权力花园"式的对称和拘谨形式。这种方法反映了兰斯洛特·"无所不能的"·布朗(Lancelot "Capability" Brown)的持续影响,他是 18 世纪景观设计的关键人物。尽管受雇于英国精英阶层,布朗在提高庄园农业潜力的同时也做出了美学选择。在他出现在园艺界之前,野生的、蛮荒的森林被认为是丑陋的;它们的设计和管理要符合"数学原理"和"直线"原则。与当时流行的做法相反,布朗提倡开放小型封闭式花园,这样对那些强调土地自然

---

① Burkill, "The Establishment of the Botanic Gardens, Singapore," pp. 56-57.

② Nigel P. Taylor, "What Do We Know about Lawrence Niven, the Man Who First Developed SBG?," Gardenwise 41 (Aug. 2013): 2-3; H. N. Ridley, "Spices," The Agricultural Bulletin 6 (1897): 106-107.

③ Anonymous, "Untitled," The Straits Times Overland Journal, 6 Nov. 1873, p. 9; Taylor, "What Do We Know about Lawrence Niven."

轮廓和特征的花园有利。这种做法越来越流行，致使英国园林发生了转变，田园耕作风光成了典范，代表着生产力和进步以及大自然浪漫的可能性。布朗把这种方法推广到英格兰各地的众多庄园，包括布莱尼姆公园（Blenheim Park）和里士满公园（Richmond Gardens）。①

　　采用英式景观设计之后，并在最初两年里花掉了学会 1900 元资金中的 1400 多元，尼文开始塑造和改造位于新加坡市镇郊区的次生林景观。他监督并计划清理这片所得土地的南部地区，全体工作人员包括：1 名工头（mandor，即 supervisor，监工）、10 名苦力（coolies）和 10 名囚犯。清理完土地之后，他们开始在植物园的最高点附近建造一个大型平台——高达 109 英尺（33.5 米），平台上面覆盖着森林，这是现存植物园丛林的一部分。工人们还在园内修建了第一批道路，即通向办公室大门的路（the Office Gate Road）和环形道路。② 1861 年，一位来自槟榔屿的游客瞥见了这个转变，他写道："就我所看到的而言，这部分打算用常见的英式梯田风格布置围绕场地。"他接着补充道："一旦完工，这里将是一个很棒的地方。"③

　　19 世纪 60 年代早期，新加坡植物园还在建设中，农业园艺学会举办了一场花卉展览，以突出其成员的努力。这样的展览活动成了学会的支柱，它是该组织最明显的表现形式之一。在这些活动中，成员们会展示他们私人花园的作品，尽管几年之后植物园也提供产品以创造收入。为了吸引成员参与，奖金和彩带将颁发给最令人印象深刻的展品。

　　由于植物园仍在建造中，因此最早的花卉展览在滨海艺术中心（Esplanade）举办，例如 1861 年中旬的水果和花卉展。在 19 世纪后期，滨海艺术中心是一条海滨大道，漫步的人们可以呼吸到新鲜的空气。与城镇边缘的私人花园相比，它的功能

① 具有讽刺意味的是，兰斯洛特·布朗在邱园附近最初影响力有限，因为设计邱园的威廉·钱伯斯支持的是"东方园林"的流行趋势，而不是英国景观设计。另外，钱伯斯本人显然不喜欢布朗。Desmond，Kew，pp. 44-47，64-67；Roger Turner，Capability Brown and the Eighteenth-Century English Landscape（London：Weidenfeld and Nicolson，1985）；Taylor，"What Do We Know about Lawrence Niven."

② Burkill，"The Establishment of the Botanic Gardens," pp. 58，65；I. H. Burkill，The Botanic Gardens，Singapore：An Illustrated Guide（London：Waterlow and Sons，1925），p. 31.

③ Burkill，"The Establishment of the Botanic Gardens，"p. 58. Charles Burton Buckley，An Anecdotal History of Old Times in Singapore：From the Foundation of the Settlement under the Honourable East India Company on February 6th，1819 to the Transfer to the Colonial Office as Part of the Colonial Possessions of the Crown on April 1st，1867，vol. II（Singapore：Fraser and Neave，1902），p. 732；Taylor，"What Do We Know about Lawrence Niven."

是可达性更高的公共空间。然而,对于精英人士来说,那年在滨海艺术中心举办的展览还有许多有待改进之处,因为工人们搭建的帐篷太小,无法进行"任何有品位的展示"。① 1861 年 12 月市政厅举办了一场以鲜花、水果和蔬菜为特色的展览,尽管没有军乐队演奏,但大家却认为很成功。正是由于展品的多样性,特别是"英国"新鲜蔬菜的展示,例如芦笋,证明欧洲居民可以享用的食材是"新鲜的而不是腌制的"。②

欧洲精英人士对这类公开展览的积极回应,说明植物园在农业园艺学会作用下反映了西方态度和文化习俗的程度。在此期间,新加坡植物园是一个私人休闲公园,而不是一个旨在发现当地植物区系丰富性的研究中心。1865 年 1 月,《海峡时报》的一篇文章谴责了聚集在滨海艺术中心公共空间的"马来人、克林族、中国人和其他土著种族的混杂人群",这篇文章使植物园在殖民地权力结构中的作用更加清晰。编辑提倡把市政厅作为每年花展的举办地,因为可以管制场地的可达性,并且可以预留一个小时,在此期间"本地人不允许进入,这样女士们可以有机会欣赏花朵,愉悦自我"。③ 尽管农业园艺学会中有亚洲人,例如黄埔和赛义德·阿卜杜拉,但殖民地的风俗以及与种族和阶级有关的态度主导了学会的成员身份。

到了 1862 年初,新加坡植物园的"很大一部分""已经被布置得非常有品位",并且已经准备好迎接游客。④ 在那年一月的月圆之夜,一个军乐队演奏了植物园的第一场音乐会,由此开始了一个延续了数十年的传统。植物园举办的第一批重大活动发生在 1862 年 7 月,当时"T. 戈尔斯(T. Gors)教授"用"盛大的烟火表演"点亮了夜空,展示了"两只火红鸽子的比赛"以及重现了一座巨大的英国山峰,伴随着其他各种各样的展示,包括一只冉冉升空的发光气球。第 40 团的军乐队也为观众带来了欢乐。当然,这个展览并不是免费的,因为它是在私人花园举办的。每张门票 2 元,3 张 5 元。⑤

军乐队在新加坡植物园演奏的这种形式迅速成为这个港口城市殖民时期娱乐的基石。在运营的第一年,音乐会偶尔会在滨海艺术中心举行,但到了 1863 年中

---

① Anonymous,"Untitled," ST,11 May 1861,p. 2.

② Anonymous,"Untitled," ST,7 Dec. 1861,p. 1; Anonymous,"The Flower Show," ST,28 Dec. 1861,p. 2.

③ Anonymous,"Overland Summary," ST,14 Jan. 1865,p. 1.

④ Anonymous,"Untitled," ST,11 Jan. 1862,p. 2; Anonymous,"Agriculture," ST,9 Aug. 1862,p. 9.

⑤ Anonymous,"Advertisement," ST,19 July 1862,p. 3; Anonymous,"Untitled," ST,19 July 1862,p. 2.

期,音乐会永久性地转移到了植物园。最初,每月的第一个和第三个星期五举行音乐会,到了1864年,则是在每月的第四个星期五傍晚举行。最终,音乐会成为每周一次的活动。在19世纪60年代,军乐队基本上是植物园对游客的主要吸引点,这也是社区中一些人加入农业园艺学会的唯一原因。新加坡的精英居民们更加期待这些演出,他们骑马或者驾着马车前往植物园去享受一个远离港口的喧嚣、炎热和灰尘的夜晚。①

　　尽管努力通过举办公众音乐会、花展甚至烟火表演与社区接触,但是新加坡植物园和农业园艺学会在其存在的早期阶段还是遭到了批评,因为它只吸引了社会中非常小的一部分人。在19世纪60年代初,可以凭借会员资格进入植物园,这个资格可以通过首付25元以后月付1元来购买。会员的主要特权是可以进入新加坡植物园,也可以使用专属私人花园会员的种子、植物和花卉。二等会员的月付是1.25元,对只想参观植物园的新加坡居民开放。在1863年之前,非会员可以在周二、周四和周六进入植物园。从1863年开始,委员会决定将二等会员的月会费减少到50分,但不再对非会员的公众开放植物园。所有给植物园的会费和捐赠都可以在约翰小商店(John Little Store)支付。1863年《海峡时报》一位匿名作者表示,尽管会费有所下降,但是“无论是花园本身,还是它里面的植物和花卉,似乎都没有对社区形成吸引力”。②

　　新加坡居民对植物园缺乏支持的另一个原因是大多数住宅都有私人花园。新加坡的精英阶层认为没有什么理由去支持“一个花卉和植物茂盛的花园”,还要缴纳会费才能参观,而且新加坡的大部分人根本无法负担这笔费用。有人认为,解决方案是让农业园艺学会引入“一些新元素”,“使植物园更有吸引力或者更实用”。当然,这并不意味着要向公众开放植物园。其中有一条建议是以低于公共市场的价格出售欧洲蔬菜,或者每天给会员送鲜花。③

　　尽管在吸引游客方面遇到困难,但新加坡植物园的扩建仍在继续。尼文在“坚

① Anonymous,"Untitled," ST,30 Aug. 1862,p. 2;"Notice," ST,4 July 1863,p. 3;"Advertisements," ST,17 Sep. 1864,p. 3;Burkill,"The Establishment of the Botanic Gardens," pp. 64-65;F. W. Burbidge, The Gardens of the Sun:Or,a Naturalist's Journal on the Mountains and in the Forests and Swamps of Borneo and the Sulu Archipelago(London:J. Murray,1880),p. 20.

② Anonymous,"Our Agri-Horticultural Society," ST,23 May 1863,p. 1;Anonymous,"Agri-Horticultural Society";Burkill,"The Establishment of the Botanic Gardens," pp. 55,66.

③ Anonymous,"Our Agri-Horticultural Society."

图 2-2：1877 年的音乐台山。来源：新加坡植物园图书馆和档案馆。

持不懈的关注和监督下"，最终于 1862 年末或 1863 年初见证了植物园音乐台山（Bandstand Hill）的竣工（图 2-2）。然后，他把注意力转移到"距离城镇最近的"主门（Main Gate）的建造上。为了回应外界对其相关性的批评，农业园艺学会还雇了两名中国园丁来协助种植蔬菜，希望可以把种子和植物分发给感兴趣的会员。[①]专注于种植欧洲蔬果以及音乐台山的竣工，反映了当时农业园艺学会的目标。这是一个精英的殖民社会，热衷于在殖民港口的人造欧式景观中发展和维持西方的生活方式。

　　为维持这种生活方式付出的努力导致赤字不断增长，这往往与持续的劳动力需求以及仍在建设中的植物园扩张有关。更糟糕的是，收入的增长跟不上支出的速度。例如，会费和"门票"在 1864 年筹集到 2 140 多元，而在 1860 年却只有 624

① Anonymous，"Agri-horticultural Society，" ST，12 Nov. 1864，p. 2；Burkill，"The Establishment of the Botanic Gardens，" p. 65；Thereis Choo，"Uncovering the History of the Bandstand …" Gardenwise 39，2 （2012）：7-8.

元。然而,成本增长更为迅速。① 财政赤字成了常事,因为购买工具、材料以及种子、植物的额外支出是植物园的发展所需。为了弥补这些赤字,委员会决定于1864 年 12 月在东陵兵营的食堂举办一场"园艺盛宴和精美集市",并由此筹集到1800 多元,用于"现在正在进行或计划中的大量改进"。② 这次短暂的收入增加使委员会幻想进一步扩张,这最终将导致农业园艺学会的垮台。

随着新加坡植物园的建造,园内的道路也相应地扩张,此外还增加了一系列条状的小地块,虽然这些土地属于私人所有,但它们位于植物园属地和边界大道之间,例如克卢尼路。在 19 世纪 60 年代中期,这些条状土地大多数被转让给农业园艺学会,从而巩固了植物园的边界。③ 1866 年有 10 英亩(4 公顷)的土地被转让给了农业园艺学会,这是当时最重要也是规模最大的一次面积增加。这次土地面积增加来自亚当·威尔逊(Adam Wilson)的"捐赠",威尔逊是殖民社会的一个游手好闲的无赖,他从黄埔手中买下了这块地。这块地有一片沼泽,形成了植物园的西部边界。通过在溪流上筑坝作为沼泽的出口,尼文将这片地开发成一个湖,即现在的天鹅湖(Swan Lake)。购买这块地花费了 1700 元,加上将沼泽转变成湖泊的费用,最终耗尽了学会的资金。委员会决定贷款 1500 元用于支付建设费用,其中还包括为尼文建造一所房子。此外,还对平分场地的道路进行了改造。为了促进这个项目的建设,总督同意派遣 60 余名犯人到植物园挖掘沼泽和湖泊,而委员会安排了 25 名苦力进行"常规工作"。甚至连尼文的薪水也被提高到每月 80 元。他们计划于 1866 年 5 月再办一场盛宴,用以支付部分费用。④

1866 年新加坡植物园扩建发生的这段时期,第二年新加坡、槟榔屿和马六甲海峡殖民地成为英国直辖殖民地。这意味着,新加坡的英国官员必须直接效力于伦敦而不是加尔各答,从而给日益繁荣的港口带来了更高的地位,并给当地政府带

---

① 一个次要的原因是学会决定将尼文的月薪提高到每月 50 元。当时工资总开支为每月 144 元,支付给尼文、1 名工头和 17 名苦力。在此期间,政府还提供 15 名罪犯协助尼文。与此同时,只有 100 元定期产生。Anonymous,"Agri-Horticultural Society," ST,12 Nov. 1864,p. 2; Burkill,"The Establishment of the Botanic Gardens," p. 59.

② Anonymous,"Agri-Horticultural Society," ST, 12 Nov. 1864, p. 2; Anonymous, "Untitled," ST, 14 Nov. 1865,p. 2; Anonymous,"Notice," ST,27 Dec. 1865,p. 2.

③ Anonymous,"Agri-Horticultural Society," ST,12 Nov. 1864,p. 2; Burkill,"The Establishment of the Botanic Gardens," p. 59.

④ Anonymous,"Untitled," ST,14 Nov. 1865,p. 2; Taylor,"The Ecological Relevance of the Singapore Botanic Gardens," p. 118; Burkill,"The Establishment of the Botanic Gardens," pp. 69-71.

来了更大的自治权。鉴于这样的变化,新加坡基础机构之间的关系和地位被重新审议和重新协调,包括新加坡植物园的关系和地位。在此期间,政府开始提供补贴支持植物园,以换取对其运作的更多监管,但这并没有缓解预算的混乱局面。此外,在 1866 年 10 月,政府把植物园所在的土地"授予"了农业园艺学会,尽管他们从 1859 年底以来就一直在使用这片土地。授予条款规定,土地将用于"公共目的",否则就会被政府收回。然而,授予条款只涵盖了最初授予学会的 56 英亩(23 公顷)土地。当年早些时候增加的 24 英亩(9.71 公顷)土地是学会直接跟亚当·威尔逊购买,超出了政府的管辖范围。①

　　作为新加坡在帝国内部地位变化的一部分,卡夫诺总督(Governor Cavenaugh)于 1867 年离开了新加坡。他一直是植物园的热心支持者,监督了委员会的会议,并确保为这片土地的开发提供充足的资金和因犯劳动力。委员会接由 C. H. H. 威尔森(C. H. H. Wilsone)领导,他最终获得了一笔贷款,用于在新购置的那片土地上建造一所房子,作为对尼文辛勤工作的回报,在那里"可以一直监视苦力和因犯"。然而,这笔 2400 元的贷款使学会和植物园负债累累,以致不得不向政府寻求额外的援助。1869 年,新总督哈里·奥德(Harry Ord)同意将政府对植物园的支持从之前的每年 600 元提高到 1200 元,前提是植物园能把部分场地变得"更普遍实用"。这将需要展示潜在的种植园作物,当时被称为"经济作物",并考虑可能建立一个动物园,一般说来这将吸引更多的游客并提高人们对学会的兴趣。不过,当时这两项建议都没有被采纳。②

　　到了 19 世纪 70 年代初,新加坡植物园的发展停滞。农业园艺学会负债累累,管理不善。会议很少举行,而委员会则成为自我膨胀的例子。在其为数不多的会议上,讨论通常集中在乐队之夜和批评植物园的布局上,而不是反思它在农业和社会中所能发挥的积极作用或他们所欠下的债务。在一次会议之后,又成立了一个小组委员会针对植物园的改进建议"与尼文先生协商",尤其是那些允许他们的马车和马匹进入音乐台区域的建议,阻碍了该区域作为一个漫步场所的作用。很少有人来植物园,只有没完没了故作姿态地争论乐队出场的夜晚是否向公众开放植

---

① Burkill,"The Establishment of the Botanic Gardens," pp. 69-70;Reisz,"City as a Garden," p. 134.

② 基于 1 英镑兑 4.7 西班牙元的汇率,政府在 1869 年向植物园提供了 255 英镑。Burkill,"The Establishment of the Botanic Gardens," pp. 61,71-72.

物园以提高出席率。①

19世纪70年代中期，一位游客用笔名"昆士兰人"在《海峡观察者》(*The Straits Observer*)对第一阶段发展接近尾声时的新加坡植物园进行了精彩的描述。根据这个澳大利亚人的描述，植物园已经成为西方精英们批评的焦点，而绝大多数的抱怨都集中在"建设的维护"上。他反驳了这样的批评，指出在新加坡维持一个整洁的植物园是很困难的，因为"植被生长得极快"，所以"几乎不可能""高度整洁"。昆士兰人认为，尽管面临这样的批评和困难的条件，尼文还是把植物园布置得很好，使它富有吸引力，因为它展现出"广阔的空间以及热带花卉和其他乔灌木的美妙之处。许多花开放得盛大而华丽。丛林里有兰花、猪笼草和其他有趣的植物标本。"这位作者认为，植物园主要的问题是预算"资金不足"。②

在农业园艺学会的管理下，植物园花费金额的不确定以及会计账簿的"保存不良"是19世纪70年代新加坡植物园的特征。例如，威尔逊似乎以1700元的价格向学会"捐赠"了这块土地，尼文名下土地的抵押贷款1500元被预付，此外另有2500元被用于建造房屋。但另一本账目却说房子的抵押贷款是4000元。"或者可能是尼文先生借出1000元用于支付土地购买和房屋建造的全部费用。"当时的政府官员和会计账簿并不清楚发生的事情和债务，留给我们的是零散的记录和疑惑。从报告看来，关键是农业园艺学会运营不善，而"公众对植物园和学会的支持""似乎已经减少"。③

新加坡植物园处境严峻。在这样的情况下，它可能很容易就像它的前身一样消失在港口生活的背景之中。然而，它得以保留并最终繁荣起来。这发生在政府接管植物园的时期，它在社会中的目标和地位被重新调整，以便更好地服务于帝国和皇家植物园邱园。

邱园的一个分支

1874年11月，海峡殖民地政府从农业园艺学会手中接管了新加坡植物园，并于次月向所有游客免费开放。农业园艺学会的成员们现在只有权接受植物园生产

---

① Anonymous，"Untitled，" The Straits Times Overland Journal，25 Apr. 1872，p. 7.

② Queenslander，"Life at Singapore，" The Straits Observer，31 May 1875，p. 3.

③ Anonymous，"Papers Laid before Council，" The Straits Times Overland Journal，28 Nov. 1878，p. 2.

的切花和蔬菜①。政府对植物园的接管是在学会成员们的请求下完成的,因为政府同意承担 584 元的债务,并付清在亚当·威尔逊"捐赠"之后学会购置土地和房屋的抵押贷款。与此同时,政府还接管了同样面临预算困境的莱佛士图书馆(the Raffles Library)。来自大英博物馆的官员詹姆斯·科林斯(James Collins)此前便在新加坡负责将莱佛士图书馆发展成博物馆,并为一场殖民展览会收集材料。他被要求将新加坡植物园纳入他的职权范围。因此,新加坡植物园进入"莱佛士图书馆、植物园和博物馆委员会"管理下的短暂时期。这个委员会共有 16 名成员,其中 6 名代表图书馆,6 名代表莱佛士学院,4 名来自总督的指派,总督还任命了委员会的主席。②

由于政府现在接管了新加坡植物园,克拉克总督(Governor Clarke)致函邱园的官员,要求"找一位合适的人接替尼文先生"。根据要求,新主管必须是"一位工作出色的园艺家,熟悉地面布局,了解花卉、乔木和灌木的种植和栽培"。更重要的是,这位合适的候选人应该"对植物学有很完善的知识储备,以便能够对他可能遇到的植物进行分类"。此外:

> 希望他能够布置植物园的一部分向询问者们展示植物的自然科、纲、属、种;还希望他去游访爪哇岛、苏门答腊岛、婆罗洲岛(Borneo,即今加里曼丹岛)、马来半岛、菲律宾群岛和缅甸等邻国,寻找他们的珍宝。希望他还能够通过施肥、杂交和嫁接来指导他的下属科学地处理果树和蔬菜。③

成功入选的候选人将获得一份可续签的五年期合同以及 250 英镑的年薪。④

为新加坡植物园寻找新主管的信件强调了成功的候选人应该具备的多种特征。"科学植物学家"这个短语多次出现,表明了新加坡植物园在殖民时代的新作用。⑤ 虽然位于港口附近的早期植物园促进了种植园作物的发展和土地政策的转变,但位于东陵的植物园主要是作为精英人士的公园和园艺爱好场所。用莱佛士博物馆第一任馆长罗伯特·利特尔(Robert Little)的话来说,虽然这些植物园"布置得非常漂亮",

---

① Burkill,"The Establishment of the Botanic Gardens," p. 63.

② Anonymous,"Papers Laid before Council," The Straits Times Overland Journal,28 Nov. 1878,p. 2.

③ Royal Botanic Gardens,Kew Archives(hereafter RBGK):MR/345:Miscellaneous Reports,Singapore Botanic Gardens,1874-1917,pp. 397-398.

④ RBGK:MR/345:Miscellaneous Reports,Singapore Botanic Gardens,1874-1917,pp. 356v,397v,393-397.

⑤ For example,see RBGK:MR/345:Miscellaneous Reports,p. 393v.

而且"种植很有品位",但它主要起到了"时尚的休息室"的作用。也有少部分人认为尼文应该承担部分责任,因为他在试图取悦农业园艺学会成员的同时,"忘记了自己几乎不懂植物学以及花卉和水果的科学栽培"。① 而这一切将会改变。

新的新加坡植物园将把重点放在科学上,更重要的是,它将关注如何支持大英帝国的经济利益。正如克拉克总督给伦敦的信中所写的那样,这里需要一位科学植物学家,因为"我们的商业利益可能会得到相当大的发展,如果调研结果表明热带世界的任何蔬菜生产可带动或改善经济"。利特尔进一步支持了克拉克的立场,他哀叹道,植物园里"甚至连为我们提供许多商业用品的植物标本都没有"。新主管不能简单地在新加坡城市的边缘维持一个公园的运转,他应该直接为海峡殖民地的经济作贡献。②

对植物园的这种要求符合皇家植物学模式,这种模式是威廉·胡克和他的儿子约瑟夫(Joseph)(他于 1865 年接替了父亲的职位)在皇家植物园邱园担任园长期间开始提倡的。在这些努力中,约瑟夫·胡克最伟大的盟友是威廉·西塞尔顿-戴尔(William Thiselton-Dyer)。西塞尔顿-戴尔是皇家园艺学会的教授,他在 1875 年被任命为邱园的助理园长,主要负责基于植物学的经济情报网络。到 20 世纪初,英国至少拥有 22 座植物园。虽然它们形式上没有关联,但它们彼此共享植物学家和知识,而皇家植物园则是这个网络的核心。借用历史学家露西尔·布罗克韦(Lucile Brockway)的话来说,邱园"是信息交流、规划、研究和实际交换植物材料的场所"。19 世纪,随着大英帝国在全球扩张,所有殖民地中心植物园的任命都由邱园的官员决定,尤其是胡克和西塞尔顿-戴尔。③

为了监督植物学网络新增加的部分,1875 年初约瑟夫·胡克将亨利·默顿(Henry Murton)推荐为新加坡植物园的主管。胡克认为默顿具有"良好的道德品质"和"乐于助人的性格"。默顿只有 22 岁。两年前他来到皇家植物园邱园,在这里他的事业"非常成功"。根据胡克的说法,他曾是"图书馆勤奋的服务员",并且"在给园艺家们的讲座中获得了第一名"。④ 默顿将在政府直接控制下的植物园里

---

① RBGK:MR/345:Miscellaneous Reports,Singapore Botanic Gardens,1874-1917,ff.396-401.

② RBGK:MR/345:Miscellaneous Reports,ff.393v-396v.

③ Brockway,Science and Colonial Expansion,p.76;HNR/3/3/1:Life of a Naturalist,p.146.

④ Anonymous,"In Memoriam:Henry J. Murton,"The Journal of the Kew Guild 1,7(1899):32;Anonymous,"Friday,2nd April,"ST,3 Apr. 1875,p.3.

成为皇家植物学的倡导者。

由于他年轻又缺乏管理植物园的经验,在前往新加坡之前,默顿被要求到锡兰(现斯里兰卡)的佩勒代尼耶(Peradeniya)待三个月,跟随 G. K. 思韦茨(G. K. Thwaites)积累经验。在实习之后,默顿于 1875 年 10 月抵达了海峡殖民地。他带来了许多在锡兰收集的植物,并开始将新加坡植物园从花园改造成帝国科学植物学的基地。他希望将它变成邱园的一个分支。①

作为新加坡植物园主管,这位年轻植物学家的到来可能会带来困扰,因为默顿将负责监督尼文的后续工作,尼文既是管理者又比他年长。然而,随着尼文去苏格兰休假,这种不舒服的工作状况(尤其是考虑到殖民地对阶层和身份地位的理解)得以避免。尼文在这次旅行中去世了。1876 年 11 月,殖民地办公室收到进一步的请求,要求邱园的官员们推荐一位园艺家作为尼文的继任者去新加坡植物园就职。这位园艺家将服从默顿,并且需要十分精通“园艺的实际细节,这将是他的工作”。乔治·史密斯(George Smith)接受了这份工作,他将享有年薪 960 元以及植物园一所房屋的使用权。② 然而,史密斯于 1878 年初去世。他的继任者是沃尔特·福克斯(Walter Fox),福克斯将在接下来的 30 年里成为植物园各任主管和园长的重要下属。③

默顿监督了新加坡植物园从娱乐场所向科研机构转型的早期阶段。他的目标是让它不仅仅是“社区中富有阶层的散步场所”,正如他在一本著名园艺学杂志上的一篇文章中所描述的那样。④ 当他到达时,这块地已经布局成殖民社会精英阶层的私人花园。植物园里仅有的建筑是主管之家(the Superintendent's House)、一间兰花房、一间鸟舍和工人们居住的“苦力线”(coolie lines)。此时,植物园的重心是音乐台山,游客们在这里打槌球,军乐队也继续在这里演奏。有道路可以进入这个音乐台山和附近的丛林。但是,这些道路“狭窄”且“不够平坦”,虽然它们符合作为骑马者训练道路的最初目的。⑤ 所有这些设施都不足以支持一个向公众开放的植物园。默顿启

---

① Anonymous,"Friday,2nd April,"ST,3 Apr. 1875:3; I. H. Burkill,"The Second Phase in the History of the Botanic Gardens,"Gardens' Bulletin,Straits Settlements 2,3(1918):93.

② 信中解释说,这相当于每年 204 英镑。作为对比,苦力每月大约挣 5 元。RBGK;MR/345;Miscellaneous Reports,Singapore Botanic Gardens,1874-1917,pp. 357,358,355-359;Burkill,"The Second Phase in the History of the Botanic Gardens,"p. 101.

③ Burkill,"The Second Phase in the History of the Botanic Gardens,"p. 93.

④ H. J. Murton,"Colonial Gardens,"The Gardeners' Chronicle 14,2(1880):140.

⑤ Burkill,"The Second Phase in the History of the Botanic Gardens," pp. 93-94.

动了一系列工程,不仅帮助进一步改造新加坡植物园的土地,还包括它的运营。

　　默顿做的第一件事就是联系殖民网络内的其他植物园,从香港到毛里求斯,当然还有邱园,寻求植物、种子和信息的交换。植物开始流向新加坡植物园,在默顿的任职期间,估计进口了 2200 批种子和植物。默顿通常会赠送兰花作为交换。[①] 随着新物种进入植物园,由于种植区域不断扩大,空间成为一个问题,尤其是默顿和助手必须监督园内各处大量的畜舍建造,这些畜舍是为了急剧增加的动物所建,政府坚持要把它们安置在植物园。默顿还定制了"大量的"胡克从英国推荐的石制标签。当这些标签送达时,树木、灌木和花卉的标记分类工作开始了。[②] 此外,默顿开始系统地记录园内的植物,建立了一个基本的植物标本馆,为寻找独特的植物还访问了马来亚[③](今马来西亚半岛)的部分地区,这正是当时训练有素的植物学家所能做的。[④]

　　在努力尝试把新加坡植物园带入服务大英帝国的全球科学家网络的同时,默顿仍然不得不迎合当时依然强大的农业园艺学会的突发奇想。他继续开放植物园,所以它仍然是"一个早晨和夜晚可以令人愉快散步"的地方,正如自然学家 F. W. 伯比奇(F. W. Burbidge)在 19 世纪 70 年代末所描述的那样。[⑤] 随着 1875 年植物园控制权的转移,续约会员的主要好处是可以获得免费的花篮,而新加坡社会的精英阶层继续充分利用这些权利。在默顿接管的前五个月,即 1875 年 7 月至 11 月,植物园向会员供应了 700 多个花篮,而在 1876 年供应了 2188 多个花篮。虽然默顿建议重新考虑这种做法,因为这些花是从植物园的公共花圃摘取的,这么做会损坏场地的外观,但当时没有对此采取任何行动。[⑥] 为了解决这个问题,默顿在 1878 年建立了一个独立的花圃,并继续每月为会员提供大约 100 个花篮。[⑦]

---

① Anonymous,"Plants and Seeds Inwards' of the Botanic Gardens, Singapore," The Gardens' Bulletin, Straits Settlements 2,4(1919):137.

② 然而,在新加坡的气候条件下,这些标签被证明是有问题的。H. J. Murton,"Report on Government Botanic Gardens," 9 Mar. 1876,Singapore Botanic Gardens Library,p. 2; H. J. Murton,"Report on the Botanic and Zoo-logical Gardens,Singapore,28th February,1878," Singapore Botanic Gardens Library,pp. 3-4.

③ 译者注:英属马来亚,简称"马来亚"(Malaya),大英帝国殖民地之一,包含了海峡殖民地(1826 年成立)、马来联邦(1896 年成立)及五个马来属邦。现译名"马来西亚半岛"。

④ Burkill,"The Second Phase in the History of the Botanic Gardens,"p. 94.

⑤ Burbidge,The Gardens of the Sun,p. 20.

⑥ H. J. Murton,"Report on Government Botanic Gardens," 9 Mar. 1876,Singapore Botanic Gardens Library,p. 2; H. J. Murton,Report of the Government Botanic Gardens for 1878(Singapore:Government Printing Office,1879),p. 4.

⑦ H. J. Murton,"Report on Government Botanic Gardens," 7 Apr. 1879,Singapore Botanic Gardens Library,p. 2.

在此期间,植物园委员会(The Gardens Committee)也经常把前农业园艺学会成员的个人需求放在新加坡植物园的发展之前。例如,默顿被要求投入时间、精力和空间来种植市场上常见的蔬菜,这样委员会成员就可以用他们收到的优惠券福利以折扣价获得蔬菜。然而,通常所有这些蔬菜都没有被拿走甚至腐烂了。最终,在市场上"建起了一个货摊","一个人被雇来守摊和贩卖。他连一粒豌豆都没卖出去,当天结束的时候所有的东西都被扔掉了"。① 这种做法,包括向会员赠送鲜花,在默顿离开植物园后才结束。

尽管对于邱园的导师们来说,默顿具有许多品质可以成为一个理想的植物学家,但他却不是一个好监工(图 2-3)。这可能不仅是因为他的年龄,还因为他的性格偏执。例如,他开始汇编一份关于新加坡植物群的手稿,后来因专注于编纂而无法履行其他职责。一旦开始饮酒,他的性格弱点就会进一步恶化。② 这种情况恶化到苦力和其他下属开始无视他的指令的程度。这些苦力对默顿的无礼最终在1877 年 9 月演化成对抗,当时默顿拒绝支付苦力们的工资(根据苦力们的说法),或者他们从默顿的办公室偷走了一些主管的财物(根据默顿的说法)。当监督苦力的工头找默顿商议他们的工资时,这两个男人互扇了几下耳光,最后工头挥舞着一把帕兰刀(parang 即 machete,弯刀)追赶默顿。默顿最终脱身离开,事情似乎平静了下来。但是一个小时之后,这个工头带着 30 个苦力前往默顿的住处讨薪。默顿在家里抓起一把左轮手枪,然后把自己锁在浴室里,"不让他们进入。一些(苦力)试图从他身后的窗户进入浴室,在这个关键时刻,门倒塌了,默顿倒在了地上。"随后手枪走火,子弹嵌在了墙上,这颗子弹在墙上存留了几十年。最终,"有人"前来"赶走了这些流氓",解救了默顿。③

---

① HNR/3/2/2:Notebooks,vol. 2,p.138.

② BUR/1/1:Correspondence,Letter from H. N. Ridley,10 Nov. 1918,f. 228.

③ 还有其他关于默顿与他的工作人员发生冲突的报告。1878 年,在沃尔特·福克斯到来之前,默顿雇用了一位名叫斯文松(Swenson)的瑞典园丁担任首席园丁。然而,当他闯入默顿的房子并用刀加以威胁时被逮捕,因此两周后结束了他在新加坡植物园首席园丁的职业生涯。在此期间,斯文松还试图与植物园笼养的蟒蛇搏斗。"Friday,14th September," ST,15 Sep. 1877,p. 3; Murton,"Report Written on 28 Feb. 1878,Presented to Legislative Council on 16 Apr. 1878," p. 4; Krohn,"Report on the Zoological Department for 1875"; HNR/4/11:Malay Peninsula. Gardens and Agriculture,p. 46; Anonymous,"Tuesday ,9th July," The Straits Overland Journal,13 July 1878:7; Burkill,"The Second Phase in the History of the Botanic Gardens," p. 94.

图 2-3:新加坡植物园的首任主管亨利·默顿和苦力的合影。这些苦力付出了大量体力劳动塑造了这片场地。来源:新加坡植物园图书馆和档案馆。

　　这些丑闻发生在政府谈判前夕,1878 年随着"莱佛士学会条例"(The Raffles Societies Ordinance)的通过,政府要从农业园艺学会手中完全接管新加坡植物园。当时,政府每年提供 1200 元的补贴,而学会成员只贡献了几百元,主要还是通过花展产生的收益。鉴于这种情况,政府"有必要对管理实施更直接的控制"来取代 1875 年的条例。一个由殖民地大臣、殖民地工程师和非官方成员组成的委员会现在将担任政府和植物园之间的顾问。这个自吹自擂的植物园委员会(the vaunted Gardens Committee),在接下来的几十年里开始监督新加坡植物园的管理。在 19 世纪 70 年代末,委员会开始向默顿提出如何经营植物园的建议。①

　　随着植物园委员会权力和影响力的提高,默顿在新加坡的地位变得越来越低,因为他对委员会的监督感到不满。从他的角度来看,他根本无法与非专业人士一

————————————

① Anonymous,"Papers Laid before Council," The Straits Times Overland Journal, 28 Nov. 1878, p. 2; Burkill,"The Second Phase in the History of the Botanic Gardens," p. 93.

起工作,他们审查他的所有活动并提供一些缺乏科学知识的建议。默顿原本的聘用合同为期五年,如果双方都同意他继续工作,这份合同可以续约。根据委员会的建议,政府没有续签他的合同,理由是这位年轻的植物学家行为古怪。另外一个原因可能是默顿的年龄让许多在新加坡的英国精英感到不适。在谈到这个问题时,克拉克总督写道:"我听说(默顿)既聪明又充满活力,但就他目前所处的半独立地位而言,他有点太年轻了。"①另外一份报告称默顿"易喜易怒"因而"不可靠而且很不适合担任此职"。槟榔屿的副总督 A. E. H. 安森(A. E. H. Anson)提议"如果默顿被安排在一位年长而高效的督导手下",他会做得很好。②

　　1880 年 3 月,在植物园委员会通知默顿不推荐他担任永久职位之后,他辞职了。然而,除了关于他的脾气和成熟的一般性声明之外,亨利·默顿离开新加坡植物园的原因以及导致这种情形的各种违规行为和压力的细节都是含糊不清的。委员会和年轻的英国人之间显然关系紧张。他的性格和工作习惯——甚至连他的继任者也给他贴上"不可靠"的标签——并没有给殖民地社会的其他人带来多少好感。在新加坡这个阶级等级森严的英国社会里,曾经戒酒的默顿"在与一群比他更富有的人一起生活"之后,开始酗酒,事态可能已经恶化。在这种情况下,默顿在婆罗洲安排了一个新职位。③

　　然而,在他离开之前,还有最后的羞辱等待着亨利·默顿。新加坡当局以盗用植物园资金为由逮捕了这位年轻的植物学家,这似乎是因为他糟糕的记账技能。虽然有关此案的细节很少,但是默顿被控侵吞 187 元——很可能是由于混淆个人账户和工作账户以及丢失了一些代金券——他被规劝认罪以换取从轻判决。法官认为默顿认罪不真诚,判处他 12 个月的监禁。然而,他并没有服刑,因为他卖掉了"所有的财产,甚至靴子"来赔偿损失。④

　　在默顿辞职和离开新加坡期间,他写了一篇很长的文章,宣称监督殖民地植物

---

①　Anonymous,"Papers Laid before Council," p. 2.

②　Kew Botanic Gardens Archives:MR/345:Miscellaneous Reports,Singapore Botanic Gardens,1874-1917, pp. 433-433v;Anonymous,"In Memoriam:Henry J. Murton."

③　根据 H. N. 里德利的说法,"默顿事件的一个奇怪的结果是,植物园主管或助手再也没有被要求去总督府担任高级职务,因为担心扰乱他们的社会平衡。"HNR/4/11:Malay Peninsula. Gardens and Agriculture,pp. 47-51;HNR/3/2/2:Notebooks,vol. 2,pp. 134-136.

④　Colonial Office(hereafter CO) 273/104/15378:Mr Murton's Defalcations(Botanical Gardens);RBGK: MR/345:Miscellaneous Reports,Singapore Botanic Gardens,1874-1917,pp. 427-427v,433.

园的委员会是"恶魔"，特别是当委员会主席公开希望植物园能够实现经常相互矛盾的目标——同时作为公园和科学机构来运营。被推着朝不同的方向发展，这伤害了默顿，他对这种外界的干涉感到愤怒，这也让我们理解了殖民地官员与帝国科学家之间的紧张关系。默顿认为"殖民地的植物学家往往与那些对自己的研究不感兴趣的人完全隔绝。"他提出的解决方案是剔除那些爱管闲事和愚昧无知的委员会委员，并允许邱园的官员，尤其是威廉·西塞尔顿-戴尔直接监督殖民地植物园的网络并协调它们的活动。[①] 植物园委员会绝对不会允许这样做；默顿在新加坡的职业生涯结束了。免于承担法律责任后，他搬去了暹罗（Siam，今泰国），并担任曼谷皇家植物园（Royal Botanic Gardens in Bangkok）园长亨利·阿拉巴斯特（Henry Alabaster）的助手。两年之后，默顿去世。他从皇家宫殿的窗户坠落或者跳下，受伤并于1882年9月死亡。[②]

1880年11月，纳撒尼尔·坎特利作为亨利·默顿的替任者来到这里。他将继续在海峡殖民地的经济、社会和文化中心担任邱园的代表。伦敦的官员在收到新加坡要求为植物园推荐一位新主管的信件之后，于当年早些时候联系了坎特利。考虑到新加坡植物园委员会面对不成熟的默顿所遇到的问题，他们要求候选人"不应小于35岁，如果已婚将更佳"。[③] 虽然还是单身，而且比优先考虑的年龄小两岁，但是坎特利以前在皇家植物园邱园的植物标本馆工作过，自1872年以来，他一直担任毛里求斯植物园庞普慕斯（Pamplemousses）的助理园长，在那里他逐渐精通热带园艺学、农学和林学。他在热带植物园的工作经历，参与19世纪后期的植物网络，以及对帝国林业政策的熟悉，使他成为这个职位的理想人选。尽管如此，对委员会来说最重要的是一份推荐信的评价。据他的同事所说，坎特利"对所结交朋友的品性很谨慎"。[④]

纳撒尼尔·坎特利不仅使新加坡植物园的特征更加完善，而且带来了大量的知识和指导。这项遗产最明显的例子就是建造了许多后来成为植物园标志的建筑物。这些建造的灵感直接来源于英国大都会的创意和设计，代表着邱园在这里的

---

① Murton,"Colonial Gardens," p. 140.

② Anonymous,"In Memoriam：Henry J. Murton"；HNR/4/11；Malay Peninsula. Gardens and Agriculture,pp. 49-51；H. J. Murton,"Colonial Gardens,"p. 140.

③ RBGK：MR/345；Miscellaneous Reports,Singapore Botanic Gardens,1874-1917,p. 433v. 显然在1881年休假期间，坎特利的确已婚。1883年6月，他的妻子在新加坡植物园生下了孩子，但孩子却是死胎。Anonymous,"Births," ST,20 Sep. 1883,p. 1.

④ RBGK：MR/345；Miscellaneous Reports,Singapore Botanic Gardens,1874-1917,pp. 441-442,434.

重要性。尽管默顿已经开发了一个非常基础的植物标本馆,用来保存植物鉴定物种,但随着默顿遭到解雇以后那里就被毁坏了。坎特利建议建造一座新建筑,以"同样的原则,但规模要小"模仿邱园新落成的图书馆和植物标本馆,重点关注"半岛及邻近岛屿的本土植物群或植物"。为了建立档案系统,他按照"邱园模式"安装了橱柜,并订购了"与邱园植物标本馆中尺寸相同"的纸张进行安装。① 从 1882 年开始,他监督了这座新植物标本馆和图书馆的建造,该项目位于现在霍尔特姆大厅(Holttum Hall)的原址。

坎特利还监督了一系列其他建设项目,这些项目稳定了植物世界的外观,也稳定了园内的劳工(图 2-4)。例如,他计划建造一个大型植物房(Plant House),用于幼苗的培育,以及作为植物园创收的花展举办和植物销售地点。他还加固了工人们在园内居住的"苦力线",确保工作人员有一个集中的住宿设施。这方面曾经出过问题,在默顿负责监管时期,苦力们常常晚上在园内闲逛,看望住在不同营地的朋友,这导致沃尔特·福克斯公开抱怨难以监督如此多的工人。最后,坎特利监督了主门门柱的建造,这成为植物园的标志性入口。②

除了帮助工人和游客在园内建造建筑物之外,坎特利同时还将新加坡植物园的活动与整个帝国更大的科学植物学网络连接起来,为植物界带来了更大的秩序。一般说来,这些活动是相互关联的。例如,他建立了一个树木园(arboretum)——一个专门用于种植特定标本的区域,通常是树木,主要用于科学研究——采用约瑟夫·胡克和乔治·边沁(George Bentham)理想化的方式,这进一步反映了英国科学界精英推崇科学方法。坎特利还通过在整个植物园标记各种物种的方式,扩大了从默顿开始的观赏植物的公共分类。最后,这种变化仍在继续,坎特利监督种植大量长势良好的棕榈树,并确保按照具有影响力的《植物属志》(Genera Planta-rum)的分类方法布置,《植物属志》是建立起通用的标准化生物命名法的一部关键著作。③

---

① N. Cantley,"Annual Report on the Botanic Gardens,Singapore,for the Year 1882," Singapore Botanic Gardens Library,pp. 2-3.

② Taylor,"The Environmental Relevance of the Singapore Botanic Gardens," p. 121; N. Cantley,"Annual Report on the Botanic Gardens [1882]," pp. 2-4.

③ Burkill,"The Second Phase in the History of the Botanic Gardens," p. 102; N. Cantley,Straits Settlements Report on the Forest Department,for the Year 1886(Singapore:Government Printing Office,Straits Settlements,1887),p. 5.

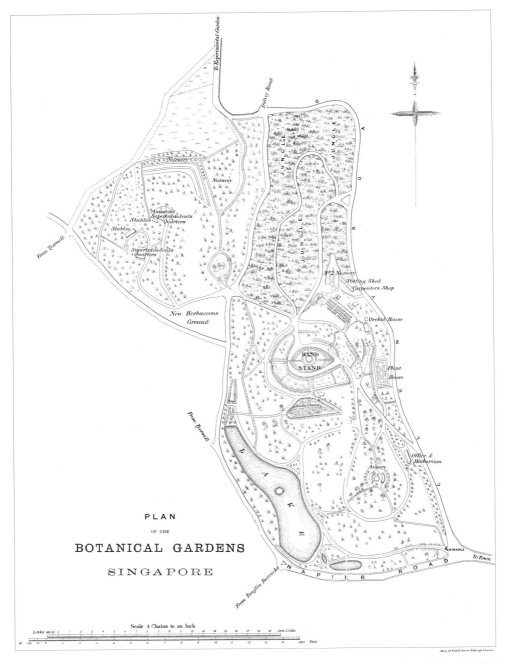

图 2-4：新加坡植物园规划图。来源：沃尔特·福克斯的《植物园指南》（1889 年），由新加坡植物园提供。

坎特利在新加坡的八年里身体状况很差。然而,他因病离开的日子实际上在新加坡植物园的发展中非常重要,因为他的许多计划都是在 1881 年 3 月回英国休病假期间被概念化的。在目睹了植物园能提供的服务之后,他在伦敦花了大量的时间收集材料,并与邱园的官员如何讨论改善植物园,特别是约瑟夫·胡克和威廉·西塞尔顿-戴尔。在这个过程中,坎特利从植物园和"附近的丛林"采集了大约 2000 个植物园样本到邱园做鉴定;这些标本的复制品将成为新加坡植物标本馆的基础。① 在返回新加坡时,他带回了 260 多份活体标本来补充新加坡现有的标本,他还有一个更加具体的愿景,希望将植物园置于殖民地和植物帝国之中,这个植物帝国源于皇家植物园邱园。②

在此期间,威廉·西塞尔顿-戴尔成为全球植物学界举足轻重的人物,最终在 1885 年接替实力强大的约瑟夫·胡克,成为邱园的园长。西塞尔顿-戴尔热衷于继续垄断皇家植物园邱园,监督整个帝国的植物学和农业相关政策。从他在英国的职位来看,西塞尔顿-戴尔与政治家、企业家以及众多植物园的园长保持书信往来,创建了一个致力于开发帝国植物资源的网络。在这些事情上,威廉·西塞尔顿-戴尔积极地将这个全球网络的各个节点联系起来,借用未来的新加坡植物园园长的话来说,使用"阿谀奉承、暗示承诺、晋升和其他奖励的艺术"。③

坎特利使新加坡成为这个以皇家植物园邱园为中心的全球植物网络的重要组成部分。正如他在提交给立法会的第一份年度报告中写的那样:"按照规定,半岛上无名木材树种和植物的情况一般很快就会成为过去,而且希望这个花园将成为现在所称的,但过去从未被称作的'植物园',一个能够用科学和实际的方式处理半岛上植物群的地方。"④这使植物园委员会也对新加坡植物园产生了希望。他们请求伦敦的官员找到默顿的继任者,强调他们寻找的人不仅是一名园丁,而且要精通"三个殖民地和马来半岛附近地区"的植物学知识,还能展示一种"收集信息并对提升科学兴趣方面真正有用的"能力。⑤ 现在是坎特利在大自然的殖民地实践帝国

---

① 然而,这些标本中有 500 个在好望角的一场暴风雨中丢失了。Nathaniel Cantley,"Report by Mr. Cantley on a Short Visit to England in 1881," Singapore Botanic Gardens Library,pp. 7-8.

② N. Cantley,"Report by Mr. Cantley on a Short Visit to England in 1881,"p. 8;Taylor,"The Environmental Relevance of the Singapore Botanic Gardens,"pp. 121-122.

③ HNR/3/2/2;Henry Nicholas Ridley,Notebooks,vol. 2,pp. 88-90,88-92;Desmond,Kew,pp. 248-255.

④ Cantley,"Report by Mr. Cantley on a Short Visit to England in 1881,"pp. 7-8.

⑤ RBGK;MR/345;Miscellaneous Reports,Singapore Botanic Gardens,1874-1917,p. 434.

植物学知识的时候了，他的伟大影响将超出新加坡植物园的范围。

＊　＊　＊

当亨利·默顿离开新加坡时，在他监督之下的植物园开始进入一个由邱园指导的殖民网络。纳撒尼尔·坎特利在他的任期内延续了这种做法。之前植物园的反反复复反映了港口精英居民的迫切需求。莱佛士和沃利克设想的第一代花园是为新加坡的贸易提供产品，而在 19 世纪 30 年代后期，园艺园促进了岛上丛林的改良。最终，随着 1859 年农业园艺学会植物园的建立，目标是创建一个独特的英式公园，在那里港口的西方人可以找到熟悉的景观、花卉和蔬菜。

从 1875 年开始，新加坡植物园成为服务于殖民地科学的帝国植物学大型网络的一部分。这些花园不再受企业家和园丁的管辖，不论他们多么训练有素或者热情高涨。沿着纳皮尔路和克卢尼路的土地不再是一个重建了英式景观并为专属会员提供切花的公园，也不再为精英阶层的利益而延长土地使用权。新加坡植物园即将上任的主管以及后来的园长将从他们的办公室中改变马来半岛南端的一个小岛，并且还将改变东南亚大部分地区的景观。这些努力将会对经济、地理和文化产生全球性的影响，同时增强热带植物学的知识，其影响持续到 21 世纪。然而，在植物园能够创造这些改变之前，管理这些植物园的科学家们首先需要解决前辈遗留的政策问题。19 世纪 40 年代和 50 年代的长期土地租赁不仅破坏了新加坡的森林，也破坏了槟榔屿和马六甲的另外两个海峡殖民地。通过新加坡植物园制定的政策保护这些森林，是扩展它们在该地区影响的第一步。林业现在将成为首要任务，它将代表帝国植物学的力量，以及地方行政的关注点。

第三章 森林与保护

19 世纪下半叶，虽然新加坡植物园作为岛上居民休闲使用的公园和散步场所被保护起来，但岛上其他地方的森林却遭到砍伐。其中大部分的荒地景观是土地租赁条例放宽的结果，而这些条例在英国统治的前 50 年里充分利用了农业园艺学会和中国农学家。新加坡岛的自由开垦，尤其是为了种植甘蜜和胡椒，对森林造成了巨大的破坏。1848 年，在第一个 20 年种植周期结束时，据殖民地工程师约翰·汤姆森（John Thomson）估计，新加坡的森林覆盖率有 60%。到了 19 世纪 70 年代，岛上大部分木材被砍伐，森林覆盖率仅剩 7%。在完成了两轮的甘蜜和胡椒种植园管理之后，整个岛屿的森林都遭到了砍伐。[①]

这些政策的影响以及它们所支持的种植园生态，在岛上最高点——163 米处的武吉知马山（Bukit Timah Hill）尤为明显。尽管在英国殖民统治的前 20 年里，武吉知马山难以进入，但到了 1839 年，詹姆斯·布鲁克（James Brooke）报告称，甘蜜种植者已经占领了它周边的大片地区。1843 年，约翰·汤姆森在囚犯的帮助下开辟了通往山顶的道路，这给新加坡的欧洲居民带来了体验凉爽气候的机会。当时，一位游客在山顶上观察这座岛屿后十分震惊，写道"与大片丛林相比，只有少量的空地和耕地"，他怀疑整个岛屿是否能被清理干净。[②] 显然他是错的。10 年后，英国著名的自然学家艾尔弗雷德·拉塞尔·华莱士（Alfred Russel Wallace）考察

[①] John Crawfurd, A Descriptive Dictionary of the Indian Islands and Adjacent Countries(London: Bradbury and Evans, 1856), p. 396; Thomson, "General Report on the Residency of Singapore"; Richard T. Corlett, "Bukit Timah: The History and Significance of a Small Rain-Forest Reserve," Environmental Conservation 15,1(1988):38; H. M. Burkill, "The Botanic Gardens and Conservation in Malaya," Gardens' Bulletin Singapore 17,2(1959):201. Scientists have estimated that the primeval forest that covered Singapore was mostly likely 82 percent tropical rainforest, 13 percent mangrove forest and 5 percent freshwater swamp forest. Richard T. Corlett, "The Ecological Transformation of Singapore, 1819-1990," Journal of Biogeography 19,4(1992):412.

[②] Anonymous, "Singapore, Thursday, 14th Dec., 1843," SFP, 14 Dec. 1843, p. 3; Shawn Lum and Ilsa Sharp, A View from the Summit: The Story of Bukit Timah Nature Reserve(Singapore: Nanyang Technological University, 1996), pp. 14-15.

了武吉知马山,他对这条通往峰顶的道路铺设之后仅仅 10 年就发生了大量的伐木活动进行了谴责。那时,森林仅覆盖了顶峰和山顶的三分之一山体。[①] 到 19 世纪 70 年代,《海峡时报》将这个地方描述为"荒芜之地",自然学家 F. W. 伯比奇在那个 10 年的后期叹息道:"许多以前在这里发现的稀有植物,自从原来的森林被开垦用于耕地之后就灭绝了。"[②]

整座岛屿都面临这样的问题。例如,1875 年,一位前往林厝港(Lim Chu Kang) 的游客把该地区形容为:"荒芜的土地上有不少很高的山丘,全是过度疯长的白茅草。"[③]当沃尔特·福克斯回顾 19 世纪下半叶的森林状况时,他总结了这个问题:

> 从殖民统治初期开始,无节制的砍伐就已经开始了,例如保留下来的皇冠森林(the Crown Forests),成为非法伐木者眼中的猎物,因为无人阻止,他们就会为所欲为;因为很少或从未被发现,森林侵占无节制地继续下去;森林火灾众多;最重要的是,我们的水源正受到来自森林破坏和非法占地者(squatters)养猪及其他污染物排污的威胁。[④]

极少的原始森林被保留了下来,现存的森林仅限于一些山丘的顶峰和最陡峭的山坡,这对于甘蜜和胡椒的种植户来说难以到达。大多数观察员把责任归咎于政府,认为政府毫不关心其出台的政策对环境的影响。正如一份报告所述,"土地租赁制度与森林的滥伐有着千丝万缕的联系。"[⑤]

森林退化的速度令许多居民感到震惊,这促使政府官员要求新加坡植物园的官员们解决整个海峡殖民地的森林问题。1875 年,这是政府控制植物园的第一年,亨利·默顿也关注到了此问题的严重性。根据默顿的说法,"优质的木材树种几乎消失殆尽了,留给我们的是大片白茅草和地胆草(*Elephantopus scaber*)泛滥

---

① 然而,被破坏的森林有助于华莱士收集昆虫样本。HNR/2/1/7;Correspondence,Letter from A. R. Wallace,4 Dec. 1895,f. 50; Alfred Russel Wallace, The Malay Archipelago: The Land of the Orang-utan, and the Bird of Paradise. A Narrative of Travel, with Studies of Man and Nature, vol. 1(London: Macmillan and Co. ,1869), pp. 34-37; John van Wyhe,"Wallace in Singapore," in Nature Contained: Environmental Histories of Singapore, ed. Timothy P. Barnard(Singapore: NUS Press,2014), pp. 89-94.
② Burbidge, The Gardens of the Sun, p. 20; Anonymous,"Untitled," ST,3 Jan. 1874,p. 3.
③ Anonymous,"A Trip to Lim Chew Kang and a Juror. Back on a Coroner's Inquest," The Straits Observer,17 Dec. 1875,p. 2.
④ Walter Fox, Report on the Gardens and Forests Department, Straits Settlements, for the Year 1894(Singapore: Government Printing Office,1895), p. 8.
⑤ CO273/200/17398: Forest Department, p. 729.

成灾的土地。"他相信新加坡植物园可以解决这个问题。默顿认为,"新加坡植物园在政府的支持下,可以通过开发珍贵木材树种的苗圃为殖民地做贡献,同时可以引进许多外来物种,例如乌木(ebony)、柿木(calamander)、柚木(teak)、桃花心木(mahogany)等。"① 通过重新造林,新加坡植物园将会在更大的范围内为社会和帝国创造其最初的价值。

　　19世纪,新加坡森林的破坏程度与全世界同步,因为工业化的西方社会开始在森林景观中强制执行他们的意愿,试图挖掘更多的潜力。当时,科学家和官员们广泛认同森林在一系列问题上所起的作用,例如降雨量、动物栖息地和清洁的水源,以及对森林覆盖面积的迅速减少引发人们呼吁采取行动的焦虑表示赞赏。毕竟,任何帝国殖民地的发展都需要森林和它们产出的木材,而维护周围森林服务社会需求的努力,在许多方面意味着环境保护主义的开始。②基于这些认知,砍伐森林对于新加坡这样的岛屿来说也很重要。理查德·格罗夫(Richard Grove)在《绿色帝国主义》(*Green Imperialism*)中指出,欧洲人非常重视岛屿,对偶然到访的殖民地观察员来说,岛屿的大小使景观的变化显而易见。③ 作为海峡殖民地的主要中心和一个相对较小的岛屿,新加坡过快的森林砍伐造成的恐慌比东南亚其他地区要早得多。这迫使殖民当局做出回应,最终发展了一批能够监督景观资源开发利用的专家——不同于这个时代之前所采用的自由放任和随心所欲的做法。这些专家将通过运用他们所掌握的科学知识来保护更大范围社会的福利,这也将使景观资源以一种可持续、高效和有益的方式进行开发利用。④

　　区域森林的做法基于殖民政策和科学,而新加坡的发展完全根植于"帝国林

① 　H. J. Murton,"Report on Government Botanic Gardens," 9 Mar. 1876, Singapore Botanic Gardens Library, p. 2.

② 　Gregory Alan Barton, Empire Forestry and the Origins of Environmentalism(Cambridge: University Press, 2002), pp. 26-35; Robert Peckham, "Hygienic Nature: Afforestation and the Greening of Colonial Hong Kong," Modern Asian Studies 49, 4(2015):1177-1209; James Beattie, Empire and Environmental Anxiety: Health, Science, Art and Conservation in South Asia and Australasia, 1800-1920(Basingstoke: Palgrave Macmillan, 2011); Michael Mann and Samiksha Serhrawat, "A City with a View: The Afforestation of the Delhi Ridge, 1883-1913," Modern Asian Studies 43, 2(2009):543-570.

③ 　Grove, Green Imperialism.

④ 　Donald Worster, American Environmentalism: The Formative Period, 1860-1915(London: Wiley and Sons, 1973), p. 2; Barton, Empire Forestry, pp. 9-10; Samuel P. Hays, Conservation and the Gospel of Efficiency: The Progressive Conservation Movement, 1890-1920(Cambridge: Harvard University Press, 1959).

学"(Empire Forestry),这个术语是格雷戈里·巴顿(Gregory Barton)根据英国殖民地的实践提出的。这些造林项目起源于印度,从某些方面来说,始于皇家植物园邱园颇具影响力的负责人约瑟夫·胡克与印度总督达尔豪西勋爵(Lord Dalhousie),他们在 1847 年从英国航行到亚洲的过程中,讨论了森林在帝国计划中所起的作用。1855 年,达尔豪西颁布了《森林宪章》(*The Forest Charter*),该宪章规定政府应"更好地利用"林地"以造福公众"。① 虽然达尔豪西在印度推行的政策最初集中在诸如缅甸生产宝贵柚木的勃固(Pegu)这样的地区,但很快这些政策就传遍了整个印度,并最终促使英国库珀山(Cooper's Hill)和印度德拉敦(Dehradun)林业学校的发展,为帝国输送林业方面的官员。虽然这些官员只在 20 世纪初出现在海峡殖民地,但他们奠定了整个帝国林业政策的基础,主导着新加坡、香港和其他英国殖民地上的项目。② 但是,在受过林业培训的官员们能够直接制定马来半岛的政策之前,直属于英国皇家植物园邱园的新加坡植物园的科学家们将发挥一定的作用,这反映了在不同的殖民地行政管理结构中应用这种帝国模式的复杂性。③

　　在 1875 年植物园接受直接殖民统治之后不久,便开始利用森林来更好地实现公共利益。当时,这个问题深受重视,以至于殖民地大臣塞西尔·克莱门蒂·史密斯(Cecil Clementi Smith)要求殖民地工程师和测量总监 J. F. A. 麦克奈尔对海峡殖民地的木材资源进行调查,试图解决与森林砍伐有关的问题。麦克奈尔在 1879年提交的报告分为两部分。第一部分提供了树木种类的详细清单,以及关于它们生长地点、生长速度和价值的评价。然而,报告的第二部分引起了当权者的恐慌。在这部分中,麦克奈尔回答了史密斯提出的问题,答案所描绘的图景是自由的土地租赁和粗放耕作导致森林覆盖正在消失。麦克奈尔在结论中提议建立一个林业部门,不仅要保护森林,而且要使森林恢复健康。④

---

① 　Brett M. Bennett,"A Network Approach to the Origins of Forestry Education in India,1855-1885," in Science and Empire:Knowledge and Networks of Science across the British Empire,1800-1970, ed. Brett M. Bennett and Joseph Hodge(Basingstoke:Palgrave MacMillan,2011), pp. 68-88; Barton, Empire Forestry,pp. 21,48-61.

② 　Peckham,"Hygienic Nature"; Ajay Skaria, Hybrid Histories:Forests, Frontiers and Wilderness in Western India(Delhi:Oxford University Press,1999); Jeyamalar Kathirithamby-Wells, Nature and Nation: Forests and Development in Peninsular Malaysia(Singapore:NUS Press,2005).

③ 　Brendan Luyt,"Empire Forestry and its Failure in the Philippines:1901-1941," Journal of Southeast Asian Studies 47,1(2016):66-87.

④ 　J. F. A. McNair,"Report by the Colonial Engineer on the Timber Forests in the Malayan Peninsula"; O'Dempsey,"Singapore's Changing Landscape since c. 1800," pp. 29-32.

在 19 世纪余下的时间里,海峡殖民地林业的早期发展成了新加坡植物园的重要职责。这些努力模仿了整个大英帝国的做法,默顿——一个真正来自邱园的学生——开始解决这个问题。出于对麦克奈尔报告的回应,默顿在新加坡植物园划分出一块土地作为树木苗圃,在那可以引进外来物种,例如乌木、柚木或桃花心木。默顿监督了克卢尼路沿线这座苗圃的建设,到 1879 年,市政府开始接收树木用于路边种植,第一批树木被送到莱佛士学院和多美歌格林(Dhoby Green)。[①] 然而,在默顿可以制定更多方案来解决森林过度砍伐问题之前,植物园委员会就已停止续签他的合同,他不得不离开新加坡。海峡殖民地将近一年没有提倡重新造林,等待着纳撒尼尔·坎特利病假后归来。

纳撒尼尔·坎特利与新加坡的森林

1881 年初,弗雷德里克·A. 韦尔德(Frederick A. Weld)总督命令新加坡植物园的新主管纳撒尼尔·坎特利准备一份关于海峡殖民地皇冠森林的报告,并为其成立保护部门提出建议。然而,坎特利在着手准备报告之前就请病假返回了英国。直到 1882 年归来后,他才开始调查森林的损害程度并提出建议。坎特利的足迹遍布马来半岛,并于同年 11 月向立法委员会提交了一份"非常详尽的"关于海峡殖民地森林状况的报告。[②] 这份报告是他对新加坡和马来半岛植物学最重要的贡献。

在 1883 年立法委员会接受的《关于海峡殖民地森林的报告》(*Report on the Forests of the Straits Settlements*)中,坎特利详细介绍了每个海峡殖民地的情况。然而,在开始这项调查之前,他讨论了它们是如何发展到如此凄凉的地步。坎特利和他的前任们一样,明确地将责任归咎于政府。他宣称,当局在森林保护方面"没有付出足够的努力",也没有解决"在整个殖民地随处可见的荒草"问题。坎特利认为,其他国家能够关注森林保护,这暴露了英国当局无力监管其遥远的殖民地。最终,他把责任归咎于"目光短浅的政策",即殖民政府不仅允许而且还积极鼓励土地租赁和农业开发。[③] 该政策对海峡殖民地的社会产生了诸多影响。正如坎特利对

---

① H. J. Murton,"Report on Government Botanic Gardens," 9 Mar. 1876,Singapore Botanic Gardens Library,p. 2; H. J. Murton,"Annual Report on the Botanical Gardens for the Year 1879," 25 Mar. 1880, Singapore Botanic Gardens Library,p. 3.

② Anonymous,"The Forests in the Straits Settlements," The Straits Times Weekly Issue,20 Sep. 1883,p. 8.

③ Nathaniel Cantley,Report on the Forests of the Straits Settlements(Singapore:Singapore and Straits Printing Office,1883).

立法委员会所陈述的那样，"我们的河流和溪流的集水区正在或已经裸露出来，森林滥伐行为还没有完全使它们干涸，但污染已随之而来。医疗当局告诉我们，殖民地的发烧和疟疾等疾病正变得比以前更普遍。"①

介绍完情况之后，坎特利总结了海峡各殖民地在森林方面所面临的若干关键问题。在关于新加坡的报告章节中，他估计在1882年新加坡至少有一半的土地用于耕种。种植的主要作物有甘蜜、胡椒、木薯（tapioca）、木蓝（indigo）和利比里亚咖啡（Liberian coffee）以及大量的水果和蔬菜。这些作物覆盖了一个由不规则的小山丘和狭窄的冲积河谷组成的岛屿，其中包含小溪。② 坎特利对此感到十分吃惊，因为"直到最近"整个岛屿还覆盖着"新加坡的原始森林"。然而，这片森林残留的部分"广泛分布在岛屿上孤立的斑块中"，面积从半英亩（0.2公顷）到25英亩（10公顷）不等。坎特利认为剩下的地区是"荒芜之地"，因为任何可用的木材都被砍得一干二净。虽然森林砍伐的部分原因是为了收获热带硬木，但最主要是甘蜜和胡椒种植园导致的恶果。种植园里生长的植物，"一般说来，只有生命力顽强的丝茅草（'lalang'，*Imperata koenigii*），它们会遏制任何可能发芽的树木幼苗，并最终长满这片土地。"新加坡的森林总面积为5000英亩（约20平方公里）（图3-1），即使是这样的规模在那时还被坎特利称为"退化"。③

到了19世纪末，树木砍伐是造成新加坡森林退化的主要原因。坎特利估计，新加坡居民每年消耗超过80万立方英尺（约23000立方米）的木材，其中50多万立方英尺（14000多立方米）专门供给仅存的20个种植胡椒和甘蜜的农场。木材需求每年大约为10万吨，而新加坡木材的产量仅够满足一半。由于木材短缺，企业和居民开始向柔佛（Johor）和廖内群岛（the Riau Islands）寻求燃料和建造所需。④

造成这种破坏的大部分原因是新加坡对森林的开发利用缺乏有效的监管，而且只是徒劳地尝试执行现有的规章制度。19世纪80年代早期，新加坡的护林队只有两个人，他们为地税官（the Collector of Land Revenue）工作。他们白天在新加坡市中心的地税局（the Land Revenue Office）工作，很少去岛上的农村地区。他

---

① Anonymous, "The Forests in the Straits Settlements," The Straits Times Weekly Issue, 20 Sep. 1883, p. 8.

② Cantley, Report on the Forests, pp. 2-3.

③ Cantley, Report on the Forests, pp. 7-9.

④ Cantley, Report on the Forests, pp. 11-12.

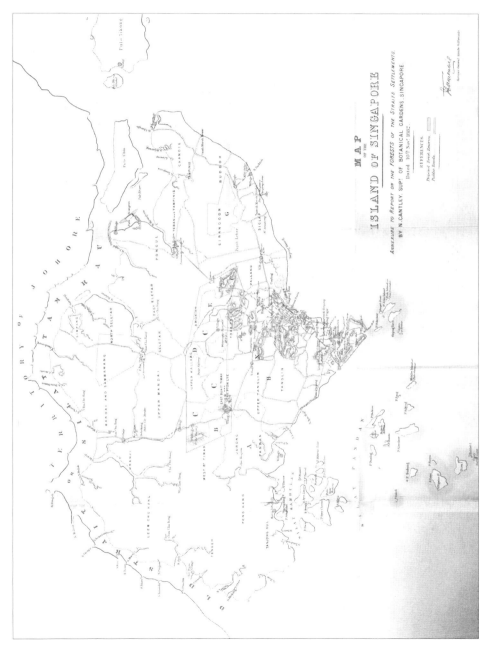

图 3-1：1882 年新加坡的森林覆盖，绘制于 1883 年。来源：N. 坎特利的《关于海峡殖民地森林的报告》。

们只在森林被砍伐干净后才去寻找违法者——通常是收集柴火的人，通过小额罚款执法。此外，在19世纪80年代早期，土地管理局（the land office）还向300～400名申请砍伐木材的人发放了2个月和3个月的许可。坎特利在报告中说，当他为这份报告收集信息的时候，遇到了一群人正在寻找淡滨尼树或廖内铁木（Tampines trees 或 Riau ironwood，桑科 Moracea），由于没有找到成熟树木，他们砍走了幼小的树苗。罚款和许可证产生的收入很少，这进一步恶化了与新加坡森林资源监测有关的问题。例如，1881年许可证的办理仅产生1020元，而对森林破坏收取的罚款总额为2653元。正如坎特利所总结的那样，"目前还没有从森林获得所谓适当的收入，也没有在森林上支出。"[1]

尽管《关于海峡殖民地森林的报告》很全面很详细，但结论却简单又令人吃惊。海峡殖民地的森林不受重视，并且遭受了大量的砍伐。作为一种解决方案，坎特利提议建立森林保护区，这些森林保护区将被绘制出受保护的土地，并通过新加坡植物园进行重新种植和监测。在这些保护区生长的木材能够自我维持，并允许满足社会任何的燃料和建造需求。对于新加坡来说，这意味着在"覆盖岛屿内部，并且包含所有最重要溪流源头的中央山脊或高地"上指定土地用于此类目的。1883年，这片区域在文件中被称为万礼山村（Bukit Mandai），它成了中央集水区（the Central Catchment Area）。当时它的树木稀少，因此需要"人工造林"来补充储备。关注点也立即转向沿着溪流的两岸建造"几英尺厚的丛林带"，作为雨水的过滤器，从而防止暴雨过后新加坡全境水质浑浊的现象。[2]

为了实现这些目标，在坎特利和新加坡植物园的指导下成立了林业部（Forest Department）。在运作的第一年，多达600名的劳工帮助其在海峡殖民地受损森林里建立了权威。这个部门由两部分组成。第一部分是森林警察部队（Forest Police Force），被派往森林保护区附近的现有警察局。这些"森林守卫"（forest watchmen）穿着制服，监管着保护区及其边界。第二部分涉及"积极的森林作业，例如种植、除草、伐木等，以及苗圃工作"。[3]

---

[1] Cantley，Report on the Forests，pp. 8-11.

[2] Cantley，Report on the Forests，pp. 19-20.

[3] N. Cantley，First Annual Report on the Forest Department，Straits Settlements：Its Organization and Working（Singapore：Singapore and Straits Printing Office，1885），p. 1；Cantley，"Report on the Forests，" p. 20.

在新加坡，林业部最初监管了 8 个森林保护区，其中规模最大的两个在裕廊（Jurong）和万礼（Mandai）。其他还包括蔡厝港（Choa Chu Kang①）、森巴旺（Sembawang）、武吉知马和军事保护区（Military）。它们总共占地 8 000 英亩（3 200 公顷），约占岛内陆地总面积的 5%。这八个保护区是根据它们所包含的独立森林斑块数量来选择的，希望从遗留的森林发展出更健康的森林。新成立的林业部将其最初的大部分精力投入到武吉知马、裕廊和万礼保护区。在每个保护区内或附近都建立了营房。监督员 D. C. 扬（D. C. Young）在武吉知马保护区建有房屋，旁边还有一栋为守林人修建的房子。在裕廊和万礼都建造了这样两栋房子，一栋给守林人，一栋给在保护区工作的苦力们。在武吉知马和军事保护区又另建了两栋苦力民房。②

林业部的首要任务之一就是划定保护区的边界。边界最终确定之后，武吉知马森林保护区长度为 6 英里（10 公里），宽度为 16 英尺（5 米）。在这片地区种植了"速生树种"，作为防火屏障以及防止可能伤害"幼苗"的入侵者。③ 在武吉知马还开辟了一个 3 英亩（约 1.3 公顷）的苗圃以帮助树木繁殖。这是对 1881 年早些时候在新加坡植物园发展起来的军事保护区的补充，后者最终将被纳入植物园的北部。

第一批在植物园中培育的树木规模庞大，共有 3 万株幼苗，其中 13 000 株是从缅甸获得的柚木。1882 年，这些树木中的 18 000 多株被移植到武吉知马保护区，另有 2 000 株本地幼树被移植到军事保护区。到 1883 年，经过划定和准备之后，武吉知马保护区成为岛上主要的树苗圃。仅在那一年，这个新的苗圃就培育出惊人的 30 万株树苗，并被移植到整个岛屿的各个保护区和路边。④

武吉知马保护区在 1883 年极好地展示了这一种植规模和目标。在保护区内，仍然有大约 50 英亩（20 公顷）的荒地。工人们清理了这片区域的杂草，然后在每英亩上种植了 2 000 株树。混合种植了本地和外来树种。其中最重要的本地树种包括淡滨尼树、梅兰蒂木（Meranti，红娑罗双 g. Shorea）以及蒜果木（Kulim，Scorodocarpus borneensis）。外来树种包括柚木以及非洲的柯伯胶树（gum copal，

① 译者注：英文原著中为 Chan Chu Kang，疑有误。《世界地名翻译大辞典》中为 Choa Chu Kang。
② Cantley，First Annual Report on the Forest Department，pp. 1-2.
③ Cantley，First Annual Report on the Forest Department，p. 2.
④ Walter Fox，"Annual Report on the Botanical and Zoological Gardens，Singapore，for 1881，"30 Jan. 1882，Singapore Botanic Gardens Library，pp. 4-5；Nathaniel Cantley，"Annual Report on the Botanic Gardens，Singapore，for the Year 1882，" Singapore Botanic Gardens Library，p. 15；Cantley，First Annual Report on the Forest Department，p. 2.

疣果孪叶豆 *Hymenaea verrucosa*）、桃花心木（mahogany，大叶桃花心木 *Swietenia macrophylla*）、巴西铁木（Brazilian ironwood，铁云实 *Libidibia ferrea*）和美国雨树（American Rain Tree，雨树 *Samanea saman*）。[1] 每种树的关键特征是应该具有经济价值。这些树不仅能提供绿化，还能在殖民地发挥经济作用。例如柚木和硬木可以用作建筑材料，而其他树木可以提供树脂或树液。在武吉知马山上继续种植的同时，新加坡林业部的服务范围扩大到槟榔屿和马六甲。1884 年，查尔斯·柯蒂斯（Charles Curtis）被雇来监管槟榔屿的森林，1886 年罗伯特·德里（Robert Derry）开始在马六甲担任类似的职位。[2]

　　尽管柯蒂斯和德里也兼顾其他海峡殖民地的造林工作，但是 19 世纪 80 年代造林工作的重点仍然在新加坡，因为它是训练有素的植物学家能够最容易地监督各种树种的鉴定工作并监测它们在不同景观中生长状况的地方。为了满足这些研究人员的林业需求，新加坡的森林保护区数量也相应地增加了（图 3-2）。围绕蔡厝港、森巴旺、班丹（Pandan）和万礼的森林保护区拓展了 8 英尺（约 2.5 米）的边界，面积增加了 4300 英亩（1740 公顷）。1885 年，由 10 名守林员组成的全职工作组负责监管保护区，第二年坎特利又雇了 10 名守林员。现在每名守林人负责 555 英亩（225 公顷）。他们不仅要监控保护区，还要维护它的边界，主要是防火工作。工作人员数量的增加导致违反保护区规定的伐木人数减少，或者至少偷伐被抓情况数量减少。在保护区建立后的最初几年里，每年平均不到 5 人被逮捕并定罪，尽管这可能与当时保护区内木材状况不佳有关——木材尚未成熟。那些被抓的人受到了严厉的惩罚。例如，1886 年两名印度人因非法伐木被判有罪，每人罚款 100 元，另外还必须向政府赔偿额外的 250 元，这代表了木材的价值。[3]

---

[1]　Cantley，First Annual Report on the Forest Department，pp. 2-3；Taylor，"The Environmental Relevance of the Singapore Botanic Gardens," p. 122；E. T. Choong and S. S. Achmadi，"Utilization Potential of the Dipterocarp Resource in International Trade，" Dipterocarp Forest Ecosystems：Toward Sustainable Management，ed. Andreas Schulte and Dieter Hans-Frierich（River Edge，NJ：World Scientific，1996），p. 494.

[2]　RBGK；MR347；Straits Settlements Forests，1883-1901，pp. 51-62，81-87；CO273/200/17398；Forest Department，p. 729.

[3]　在保护区建立的最初 10 年里，守林人还必须处理偶尔发生的火灾。例如，1885 年附属于新加坡植物园的军事保护区发生了火灾，大火起源于保护区内的苦力营房，烧毁了 2 英亩（0.8 公顷）的苗圃。同年，守林人还逮捕了 4 名非法伐木工，其中 3 人被定罪。1886 年，由于边界搭建的防护措施起到了作用，没有发生火灾。一场"在野外肆虐"的大火在边界处被"迅速阻断"，火焰熄灭前沿着边界蔓延了 1 英里（1.6 千米）。N. Cantley，Straits Settlements Report on the Forest Department，for the Year 1885（Singapore：Government Printing Office，Straits Settlements，1886），p. 1；Cantley，Report on the Forest Department，1886，pp. 4-5；Anonymous，"Police Court News," ST，22 June 1886，p. 3.

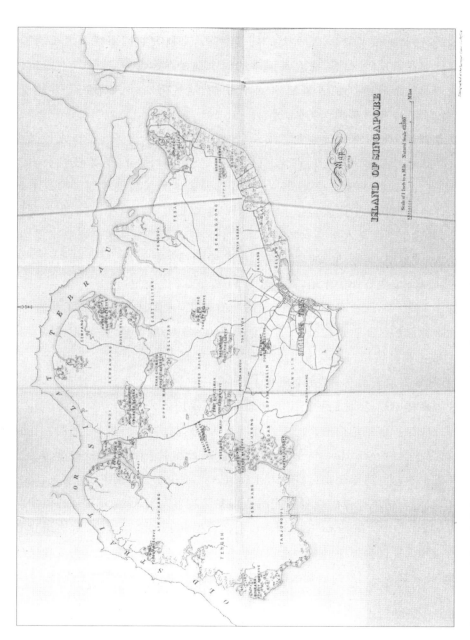

图 3-2：1886 年新加坡森林保护区地图，绘制于 1886 年。来源：N. 坎特利的《1886 年海峡殖民地林业部报告》。

　　在此期间建立或扩大了树木苗圃,新的苗圃位于裕廊和武吉知马。与此同时,东陵建成了一个新的试验性苗圃。在这个新的试验性花园的某个部分,也就是后来的经济花园,种植了杂草(基本上都是白茅草),来研究它们对树木生长的影响。大多数能够在杂草的"窒息"中存活下来的树木都是本地树种,这导致本地树种被用于荒地的重新造林。到 19 世纪 80 年代中期,这些苗圃每年繁殖 15 万株植物,其中超过 11000 株被移植保护区。[①]

　　在武吉知马和万礼等地建立了第一批保护区之后,林业部的工作人员又在布卢康(Blukang)、慕莱(Murai)、克兰芝(Kranji)、实里达(Seletar)、宏茂桥(Ang Mo Kio)、樟宜(Changi)和武吉班让(Bukit Panjang)等地为新加坡规划了另外七个保护区。这些新保护区中许多包括了沿海地区,也就是红树林沼泽,它们保护海岸免受侵蚀,并且生产优质木材。这些新海岸保护区中最重要的是布卢康和实里达,它们为长达 21 英里(34 公里)的海岸线提供了保护。在此之前,只有早期指定的班丹保护区对海岸线有保护作用,其长度为 14 英里(22.5 公里)。[②]

　　到了 1886 年,坎特利宣布 1883 年的所有建议"或多或少都得到了执行"。新加坡的森林保护区涵盖了超过 11500 英亩(4500 公顷)的土地,并且正在以每英亩 20 元的成本积极植树。海峡殖民地的所有保护区都以 8 英尺(2.4 米)宽的小径为界,由森林警察监管森林并"完全阻止了任何严重的侵占行为。"当时有 20 名守林人在这些森林中巡逻,他们甚至用船来监视海岸保护区。[③]

　　每一块保护区都是根据其地理位置以及所含木材的用途进行分类的。在新加坡,城镇保护区(Town Reserves)是武吉知马、班丹和军事保护区,这些地方为主要殖民地提供建材。海岸保护区(Coastal Reserves)是布卢康、慕莱、克兰芝、实里达和樟宜,它们为殖民地提供燃料的同时也保护海岸线免受侵蚀。其余的保护区被归类为内部保护区(Interior Reserves),包括森巴旺、万礼、蔡厝港、武吉班让和宏茂桥。这些保护区为溪流和其他水源提供保护,例如 20 世纪初被称为麦里芝水库(MacRitchie Reservoir)的新蓄水池。树木苗圃为这些保护区提供了支持,主要的

---

① 　Cantley, Straits Settlements Report on the Forest Department, 1885, p. 2.
② 　Cantley, Report on the Forest Department, 1886, p. 3.
③ 　Cantley, Report on the Forest Department, 1886, pp. 1-2.

苗圃位于新加坡植物园和武吉知马保护区。[①]

　　保护区也开始为它们的最初目的服务，为新加坡的建设项目提供木材。第一批项目是供应"小木材"，用于修复乡村道路上的桥梁和涵洞，以及在城镇修建新的防御工事。通过监管植物园的这些发展，坎特利以一种有序和系统的方法为海峡殖民地建立了一个稳定的植树造林计划，这种方法是以当时最好的植物知识为基础。这个基础看起来如此稳固，以至于坎特利给西塞尔顿-戴尔写了一张便条，并附上了报告的副本，叙述 1883 年报告中的建议"已被证明具有实际应用价值"[②]得到了验证。除了正在制定政策之外，邱园对其他海峡殖民地林业政策的影响是成功的，并且坎特利只用了三年就做到了。

　　坎特利交出了一份出色的答卷。然而，他的健康状况持续恶化。1887 年 12月，由于"突然发烧"，他前往塔斯塔岛（Tasmania）休假，并在那里去世。[③] 植物园需要一位新的领导者，他不仅可以继续坎特利遗留下来的林业计划，还可以在这基础上加倍关注其他任务。

新园长与森林保护

　　纳撒尼尔·坎特利在新加坡把一生中的大部分时光都献给了海峡殖民地的森林。尽管他给新加坡植物园和该地区的森林带来了巨大改观，但他还得硬着头皮与充其量是多管闲事的植物园委员会打交道。坎特利的继任者亨利·尼古拉斯·里德利（Henry Nicholas Ridley）在笔记里将这位伟大的林务官短暂的任期归因于该委员会从 1880 年到 1888 年对其施加的压力，这本笔记现被皇家植物园邱园档案馆收藏。植物园委员会经常互相矛盾的要求导致坎特利"实际上担心得要死"。当里德利根据自己的回忆记录那段时间时，他继续持这样的观点，认为委员会是一个：

　　　　由六个无知无能的人组成的团体；他们丝毫没有园艺概念就敢对植物园管理指手画脚；官员、律师、医生以及任何假装喜欢植物的人都可以当选委员。他们每个月见一次面，名义上是指导坎特利做他应该做的事情。他们每个月来三个人，做一些荒谬的决定，坎特利依言行事，而在下一个月的会议上，另外三个人却不赞成这样做，并因此辱骂坎特利。植物

---

① Cantley，Report on the Forest Department，1886，pp. 2-4.

② RBGK：MR374.

③ Anonymous，"Summary of the Week".

园的钱被浪费在可笑的试验上。①

现在由亨利·里德利接管海峡殖民地的森林,和这座植物园,并且与各种政府机构展开博弈,尤其是植物园委员会。

里德利为他所面临的任务做好了充分的准备。当殖民地办公室向邱园的领导阶层请求推荐坎特利的继任者,西塞尔顿-戴尔推荐了当时在大英博物馆(自然历史)植物学部门担任初级助理的里德利。里德利 33 岁,是一位精力充沛、有主见、兴趣广泛的科学家。他于 1888 年被任命为新加坡植物园的首任园长,身居此职直到 1912 年。用西塞尔顿-戴尔的话说,里德利的到来预示着新加坡科研水准的提升,从此可以"与锡兰(Ceylon)和牙买加(Jamaica)并驾齐驱",显示出新加坡植物园在帝国的潜力。在任职的 24 年中,里德利不但改变了新加坡植物园,也改变了整个东南亚的殖民地社会和经济。他从新加坡的森林开始了这个过程。②

亨利·里德利于 1888 年 11 月以新加坡植物园新园长的身份抵达新加坡。他抵达后的主要责任是维护正在修复中的海峡殖民地森林。在离开英国之前,里德利专程前往库珀山(Copper's Hill),这里有威廉·施利希(William Schlich)基于他在印度发展起来的帝国林业原则于 1885 年创办的英国第一所林业学校。当里德利抵达槟榔屿时,他参观了那里的植物园,然后在槟榔屿和马六甲新建的森林保护区停留了数日。在与守林员和苦力会面之后,里德利发现他们对自己的工资不满意(例如守林员每月工资是 8 元),他推断在员工人手短缺和收入不佳的情况下,监测森林的工作难以开展。③

尽管里德利在抵达时觉察到了问题,但他的前任坎特利在建立林业部方面做得非常出色。坎特利已经划定了保护区,并监督了其中幼苗和树木的种植和养护。加上位于勿洛(Bedok)的 8 平方公里地块,新加坡森林保护区的面积甚至扩大到了13 000 英亩(5 250 公顷)。为了协助新园长的工作,有一位名叫詹姆斯·古迪纳夫(James Goodenough)的森林监督员负责管理苦力和守林员的工作。除了日常工作

---

① 　HNR/3/2/2:Notebooks,vol. 2,p. 136.

② 　HNR/2/1/56:Correspondence,Letter from W. T. Thiselton-Dyer,31 May 1888,f. 157;RBGK:MR/345:Miscellaneous Reports,Singapore Botanical Gardens,1874-1917,p. 493;Edward J. Salisbury,"Henry Nicholas Ridley. 1855-1956," Biographical Memoirs of Fellows of the Royal Society,3(Nov. 1957),pp. 149-159.

③ 　HNR/2/3/1:Ridley Correspondence;11 July 1888;HNR /3/2/2:Notebooks,vol. 2,p. 131;Barton,Empire Forestry,pp. 70-72.

以外,工人们还要收集掉落在森林地表上的各种水果和种子,把它们带回值物园的苗圃,发芽后移植到整个岛屿上的各个保护区内。①

里德利和坎特利一样,严厉批评了森林的状况,指责政府放任森林恶化了几十年。"为了区区蝇头小利,前几届政府的荒谬无知和愚蠢导致森林国家的大片地区变得一文不值",里德利写道,这反映了 19 世纪后期保护自然的基本方法。② 可以允许开发森林资源,只要确保开发方式高效且有利。里德利强调,"重要的是,公众应该知道森林不是一个可以随意对待的地方"。为了支持他的观点,里德利回顾了他与一名地区官员的会面,那位官员希望森林法规只适用于海拔 4 000 英尺(1 219米)以上的地方,因为这样的地方"没有耕作价值"。里德利接着补充道,"新加坡总会有一些'恐树症患者',这些疯子们认为树木应该被摧毁,他们最开心的事就是看到树木被砍掉。"③

除了不称职的政府官员之外,森林保护区面临的最大问题是白茅草。里德利认为白茅草"不仅毫无用处,而且非常有害,这既是由于它的易燃性,也是因为它阻碍了土地上的任何耕种活动,除非投入大量的劳动和费用。"白茅草出现在任何被焚烧过或弃耕的土地上。除了沙土或阴凉的地方,白茅草似乎成为整个新加坡一个顽固的麻烦。消除它的唯一方法是通过艰苦的劳动:必须用锄头翻土、焚烧,然后重新种植。然而,这很困难,因为这个植物的任何部分如果在锄草之后仍然存在土壤中,就会前功尽弃。这意味着要想根治白茅,大部分土地至少要被处理三次。虽然有些殖民地青睐引入马缨丹(Lantana,一种木本灌木)来取代白茅草,但里德利认为这只是用一种有害杂草取代另一种,尤其是在进行试验的少数地方把它和白茅草混合之后,并没有消灭白茅草。所有这一切都意味着,在树木提供足够的树荫压制杂草之前,工人们还得监控木材种植区域数年。④

---

① H. N. Ridley, Annual Report on the Forest Department Singapore, Pelang and Malacca for the year 1888 (Singapore: Government Printing Office, 1889), p. 1; HNR3/2/2: Notebooks, vol. 2, pp. 188-200; HNR3/2/3: Notebooks, vol. 3, pp. 205-207.

② HNR /3/2/2: Notebooks, vol. 2, p. 188;

③ HNR /3/2/3: Notebooks, vol. 3, pp. 215, 217, 219. 里德利还宣称,坎特利种植柚木和桃花心木用于培育的尝试是徒劳的。柚木是"彻头彻尾的失败",而桃花心木"也算不上成功"。里德利甚至夸大其词:"从婆罗洲引进的十亿棵树全部死亡。"在寻找一种树木可以在新加坡成功培育的过程中,他认为香灰莉木最具潜力。Ridley, Annual Reports on the Forest Department, 1888, p. 2.

④ Ridley, Annual Reports on the Forest Department, 1888, pp. 2-3.

里德利制定了一项计划,要尽可能快地制造树荫对抗白茅草。在森林保护区,这将需要种植快速生长的遮阴树和灌木丛来摧毁现有的杂草,而这些树几乎没有或完全没有经济价值。最终,更有价值的木材树种将被用来替代那些遮阴树,从而在整个新加坡创造具有经济价值的木材森林。通过试验和观察,里德利得出结论认为,最适合用这种方式杀死白茅草的植物是红木(*Bixa orellana*)、决明(*Cassia florida*)和毛鱼藤(*Derris elliptica*),并开始了将它们引入保护区的计划。①

然而,森林保护区无法满足社会的需求。由于最珍贵的热带硬木生长缓慢,耐心是克服过去破坏性政策的必要条件。② 正如里德利所写的,"这将是一个缓慢的过程,而且整个殖民地森林从早期破坏遭到的伤害得到治愈之前,还需要很长时间。"这导致了重新造林的速度成为政府官员面临的一个问题,因为建立森林保护区的主要原因是为海峡殖民地供应各种用途的木材,但它们根本无法满足需求。"上等木材"是从马来半岛和荷属东印度群岛进口到新加坡。用作杆子和滚筒的"小型木材"的供应甚至逐渐减少到令人担忧的地步,而柴火是通过进入沿海红树林沼泽获得的。③

为了对抗白茅草,保护区不断地在试验新的植物,希望能找到一种有利于海峡地区社会的宝贵树种。从 1891 年开始,竹子和橡胶树(Para rubber trees)从新开放的经济花园移植到森巴旺,两者都长势良好。橡胶最终将成为整个地区的主要种植园作物,而种植竹子是为军队提供长矛枪柄。里德利和林业部面临的关键困难之一是获得这两种植物足够多的种子,以确保它们能在更大的地区范围内种植。④ 这导致橡胶在 19 世纪 90 年代初以较快的速度移植到保护区中。到 1892 年,已经有 2000 多棵橡胶树生长在万礼山村森林保护区。同时,人们仍在继续尝试将桃花心木培育成马来半岛可行的木材树种,在万礼种植了 400 多株幼苗。

将森林保护区转变为以树木为主导的地区,这个过程需要很多年。到 1889 年,

---

① Ridley,Annual Reports on the Forest Department,1888,pp. 3-4; H. N. Ridley,Annual reports on the Botanical Garden and Forest Department,for the year 1889(Singapore:Government Printing Office,1890),p. 10.

② Ridley,Annual Reports on the Forest Department,1888,p. 4.

③ Ridley,Annual reports on the Botanical Garden and Forest Department,1889,p. 1.

④ Ridley,Annual reports on the Gardensand Forest Departments,Strait Settlements(Singapore:Government Printing Office,1892),p. 9; H. N. Ridley,Reports on the Gardensand Forest Departments,Strait Settlements(Singapore:Government Printing Office,1893),p. 8.

所有的保护区都被重新种植，但大多数保护区内仍然有大片的白茅草。白茅草占比最高的保护区分别是森巴旺、蔡厝港和樟宜。唯一没有受到白茅草任何有害影响的保护区是武洛河(Sungei Buloh)，它完全是红树林沼泽。在整个19世纪90年代，以白茅草为主的保护区发生火灾也是一个问题。1891年发生了8起重大火灾，其中一起大火烧毁了宏茂桥保护区70多英亩(30公顷)的白茅草和次生林。造成这场火灾的原因是中国割草工人，他们被森林守林员逮捕后，每人被罚款5元。同年，马来伐木工在樟宜引发火灾，烧毁了丹那美拉(Tanah Merah)10英亩(4公顷)的土地。他们点燃草地是为了获取白茅草燃烧后产生的松软种子，用于填充枕芯。①

随着森林保护区的发展，人们被允许进入森林进行伐木。毕竟，建立保护区是为了给社会提供木材资源。保护区的某些部分，特别是红树林沼泽是这些活动的主要焦点，因为它的木材可用作柴火和木桩，用来捕鱼和胡椒种植。每个伐木者支付4元可以获得为期2个月的砍伐红树(bakau)作为柴火的权利，而从森林保护区拿走每1000根木桩要收费40元。"一个强壮的男人"每天可以砍伐和准备300捆劈柴出售。每捆木头都包含5块50厘米长、2.5厘米厚的木头，在新加坡的市镇上售价为25分。用于为蒸汽机提供燃料的"发动机专用柴"则更长更厚，售价65分。至于木桩，其费用取决于桩的长度。一根9英寻(16.5米)的木桩售价35分，而一根6英寻(11米)长的木桩只能卖到25分。因此，1000根木桩可以卖到250元至350元，这使得许可证费用的利润非常高。因此，政府的森林保护区成为伐木活动的热门地点，伐木者专砍红茄苳(Blukup, *Rhizophora mucronata*)、秋茄树(Tumu, *Kandelia rheedii*)和红树(Akil, *Rhizophora conjugata*)。因为在保护区之外的森林很少，也没有可用的木材。② 虽然这些许可证有助于规范森林保护区的进入，但它们给林业部带来的收入微乎其微。

财政收入在19世纪90年代早期成为一个重要的问题。海峡殖民地大部分与林业有关的活动都是通过"森林表决"(Forest Vote)获得资助的，"森林表决"是一项年度预算，取决于一个委员会，该委员会由同意为年度活动提供资金的政府官员

---

① Ridley, Annual reports on the Botanical Gardensand Forest Department, 1889, p. 10; Ridley, Annual reports on the Gardensand Forest Departments, Strait Settlements(1891), p. 10; HNR/3/2/2: Notebooks, vol. 2, pp. 200-202.

② Ridley, Reports on the Gardens and Forest Departments, Strait Settlements(1891), pp. 10-11.

组成。尽管新加坡植物园获得了 8 000 元的预算，但超出预算的任何数额都必须按年计算。在 19 世纪 80 年代，林业部获得了高达 4 000 元的额外资金，用于划分边界和初次尝试清除保护区的有毒杂草。从 19 世纪 90 年代初开始，该部门——从政府的角度来看——只需要资金用于森林巡逻。此外，政府官员希望植物园和林业部能创造自己的收入。作为一项临时措施，1891 年和 1892 年政府继续每年向林业部提供 4 000 元，因为这两年许可证分别只产生了 321 元和 485 元。然而，1893 年表决的预算数额骤然下降。预算缩减恰巧赶在遏制白茅草的努力初见成效的当口，里德利估计整个项目还需要一到两年的时间才能完成。随着预算的减少，能够雇用的清除该地区杂草的苦力将会减少。白茅卷土重来。①

　　预算的减少也影响了森林保护区的树木种类。19 世纪 90 年代早期，里德利想开始种植热带硬木。他对红树（Belian, *Rhizophora conjugata*）特别感兴趣，"可能是东方地区最好的木材"，最近从婆罗洲获得了种子。然而，新加坡很少有木工对这种硬木感兴趣。这些树木需要很长时间才能成熟，其坚硬的材质让木匠很难顺利处理。里德利用恼怒的语气写道："中国的木匠发现处理较软和较差的木材更有利可图，这不仅是因为它们更易于切割，还因为它们很快就会腐烂，必须被替换。"这一点在新加坡的锯木厂最为明显，梅兰蒂木和马来红柳桉（Seraya）（一种"劣质木材"）被锯成木板。里德利认为，在新加坡只有重要的建筑才使用热带硬木。虽然其他更易腐烂的木材更受欢迎并且更易繁殖，但长期规划将允许繁殖贵重硬木，例如红树、印度摘亚木（Kranji, *Dialium indum* 或 velvet tamarind 天鹅绒罗望子）、杯裂香木（Rasak）。然而，如果没有足够的表决预算提供给苦力，这样的计划就不能在森林保护区中实施。②

　　19 世纪 90 年代早期，新加坡的预算问题与"军事苛捐杂税"（Military Exaction）有关，也被称为军事贡献（Military Contribution）。军事苛捐杂税是每年 10 万英镑的提议税收，用来维护新加坡港口的军事。殖民地国务大臣（the Secretary of State）纳茨福德勋爵（Lord Knutsford）命令海峡殖民地支付这笔费用。还有额

① Ridley, Reports on the Gardens and Forest Departments(1891), p. 11; Ridley, Reports on the Gardens and Forest Departments, Strait Settlements(1892), pp. 8-9; Fox, Reports on the Gardens and Forest Departments, 1894, pp. 7-8.
② Ridley, Reports on the Gardens and Forest Departments, Strait Settlements(1892), pp. 8-9.

外的税收——总计超过 6 万英镑——用于支付当时新加坡军队永久军营的建造。
这些税收极其不受欢迎，在海峡殖民地引起了巨大的争议。在殖民地办公室宣布
军事贡献之后，新加坡的精英们参加了许多关于这个问题的会议、辩论和请愿。分
发的小册子指出，预期的军事贡献高于帝国任何其他地方，包括加拿大甚至直布罗
陀（Gibraltar），尽管海峡殖民地拥有第四小的驻军部队和第三少的防御费用。《每
日广告报》（The Daily Advertiser）的编辑们甚至开始将军事贡献称为"军事敲
诈"。所有这些抗议都被置若罔闻。①

　　1891 年，在总督进行投票后，立法委员会接受了伦敦关于"军事苛捐杂税"的
要求——安插一名来自马六甲的成员投票支持该法案，因为委员会所有非官方成
员（七位，与八位"官方"成员相比）都弃权以示抗议。1892 年，当海峡殖民地开始
向军方提供"贡献"时，它迅速影响了经济。由于可用资金的减少，政府被迫削减项
目，最终成立了一个缩减委员会（Retrenchment Committee）来考虑长期的解决方
案。正如《新加坡自由新闻和商业广告人》（Singapore Free Press and Mercantile
Advertiser）一名编辑所总结的那样，在这种情况下，"不能指望海峡殖民地将纳税
人的钱用于科学或艺术目的。"②

　　在 19 世纪 90 年代早期预算受限的情况下，新加坡对科学研究的支持减少，尤其
是对帝国植物学研究的支持减少，另外发生了里德利与植物园委员会的冲突事件。
里德利发现这个委员会是"无用的"，并认为在其成员中，"没有人真正关心植物园。
他们喜欢待在委员会里讨论，看起来高高在上。除了开会之外，他们大多数人从未进
入过植物园，甚至很容易在里面迷路。"③1891 年末，当里德利最初三年试用期接近尾
声时，他指出在热带新加坡植物园里试图种植风信子模仿海德公园是徒劳的，在此之
后委员会找到总督金文泰爵士（Governor Cecil Clementi Smith）讨论他们对里德利的
不满。当里德利召开植物园委员会特别会议并要求进行信任投票时，他们之间的紧
张关系达到了顶点。尽管他得到了职位的确认，并被解除了试用期，这最有可能是由

---

①　Malcolm H. Murfett et. al. ,Between Two Oceans: A Military History of Singapore from First Settlement to Fi-
nal British Withdrawal(Singapore: Oxford University Press, 1999), pp. 118-120; Anonymous, "The Military Ex-
tortion"; The Daily Adviser, 9 March 1891, p. 2; Anonymous, "The Military Exaction"ST, 14 March 1891, p. 3.

②　Anonymous, "The Military Exaction," The Strait Weekly, 22 Apr. 1891, p. 7; Anonymous, "Retrenchment and
the Forest Department," SFP, 22 Nov. 1894, p. 2; Murfett et. al. ,Between Two Oceans, pp. 118-120.

③　HNR/3/2/2: Notebooks, vol. 2, p. 148; HNR/4/11: Malay Peninsula. Gardens and Agriculture, pp. 91-99.

于总督金文泰爵士的大力支持，但里德利不会不发表评论就留下会议记录。根据他自己对这次会议的描述，他公开称委员会成员们是"骗子"，这让他们"怒不可遏"。这场会议影响了里德利在剩余任期内与殖民地精英和官场的关系。在接下来的几年里，每当见面委员会成员都习惯性地无视里德利"礼貌和讽刺的问候"，而里德利的好朋友和支持者，总督金文泰爵士于 1893 年离开新加坡，这进一步加剧了他们之间的紧张关系。在政府精英中缺乏强大盟友的情况下，在未来几年里，里德利将面临林业局和新加坡植物园资金匮乏以及他自己职位不保的窘境（图 3-3）。①

　　尽管他与植物园委员会的关系并不友好，但在 19 世纪 90 年代早期，在与帝国植物学有关的问题上，里德利面临的主要对手是缩减委员会，该委员会因军事贡献正在寻求途径让政府缩减规模。19 世纪 90 年代初，缩减委员会提出的一个建议是在新加坡植物园的"猴屋场地"建造莱佛士博物馆（the Raffles Museum）大楼，以巩固他们的活动并节省空间。该博物馆将占据"植物园观赏部分"的两座山丘，也就是音乐台所在的地方。尽管莱佛士博物馆和图书馆最终在市政厅附近的旧址重建，但这些提议在殖民社会中造成了裂痕，暴露出许多问题，反映了商业、科学以及港口的经济和社会需求之间的相互影响。这也暴露了里德利缺乏支持的现状。惊悸中的里德利写信给西塞尔顿-戴尔宣称："我非常渴望在这里拥有一个好的博物馆，但我不能参与破坏我们植物园的美景。"他继续补充道，他会给殖民办公室写一份"措辞谨慎的呼吁，请求停止这种破坏公物的行为"。虽然博物馆并非建在植物园内，但林业部和新加坡植物园在 1893 年之前受到了特别的审查。结果是林业部的预算被削减，监督保护区的许多职责给了地区官员。②

　　随着削减预算的可能性越来越大，里德利和缩减委员会之间的紧张关系仍在继续。1894 年，该委员会建议在 1895 年初将林业局从新加坡植物园转移到每个海峡殖民地的地税局（也称土地管理局）。在新加坡，表决支持保护区维护费进一步减少到 1000 元，这意味着种植暂告一段落。此外，新加坡政府威胁要取消其他海峡殖民地两名植物园助理主管的职位——槟榔屿的柯蒂斯和马六甲的德里。虽然柯蒂斯被允许保留自己的职位，但这传达的信息是，任何与海峡殖民地植物学

---

① 　HNR/3/2/2：Notebooks，vol. 2，pp. 150-4 172.

② 　RBGK：DC/168："Letter from Ridley to Thiselton-Dyer，"1 Oct. 1893；CO/273/191/18233：Forest Department，pp. 547，549.

图 3-3:亨利·里德利站在植物园丛林中,这是新加坡现存的为数不多的原始森林之一。
来源:新加坡植物园图书馆和档案馆。

有关的努力都会受到严格审查。① 现在正在逐步取消对植物园的支持及其在维护海峡殖民地森林方面的作用。

　　为了捍卫他们对帝国植物学的设想，里德利和西塞尔顿-戴尔直接向伦敦官员提出申诉。西塞尔顿-戴尔写信给殖民地办公室，形容这种情况是"岌岌可危的"，并认为"组织良好的林业部"需要时间来发展，因为这是"对未来的投资"。西塞尔顿-戴尔甚至邀请了里彭侯爵（the Marquis of Ripon）——殖民地国务大臣乔治·鲁宾逊（George Robinson）——参加林奈学会的晚宴，在晚宴上他们恳求继续在新加坡进行植物学和农业方面的工作，同时也指出里德利可能会被解雇。②

　　1894 年 9 月，当亨利·里德利回英国休探亲假时，他被新加坡植物园解雇的可能性出现了。在此期间，新加坡的官员们厌倦了他的滑稽行为，他们趁着里德利不在，发起一系列指令暗中诋毁植物园园长。虽然他知道林业部受到了压力，但他最初并没有意识到自己在新加坡的职位正在接受审查。在里德利缺席的情况下，官员们宣布海峡殖民地的公务员中科学家的数量将会减少。在这种情况下，植物园将交由"普通园丁"管理，因为不再需要训练有素的植物学家。里德利的职位甚至未被列入 1895 年的初步预算中，他被告知无须返回新加坡。③ 根据这些拟议的计划，沃尔特·福克斯将成为植物园的主管。福克斯虽然能胜任自己的工作，但也没有预算或资源继续进行旨在发展种植园和工业产品的试验和开发。植物标本馆和图书馆的管理员也将离开。里德利写给西塞尔顿-戴尔的信中提到，他似乎被新加坡"驱逐"了，自从他抵达新加坡后完成的所有工作以及"痛苦换来的知识"已经"变得毫无用处"。④

　　然而，里德利对待自己被解雇的提议并不掉以轻心。他发现寻求"普通园丁"特别令人难堪。在英国时，里德利召集了英国皇家植物园邱园和林奈学会的官员，就新加坡植物园和林业部的地位以及"新加坡无情的管理机构"的问题，向伦敦的

---

① J. R. Innes，"Report on the Forest Reserves，Singapore，for the year of 1895，"Paper Laid before the Legislative Council by Command of His Excellency the Governor，Singapore Botanic Gardens Library；RBGK；MR347；Strait Settlements Forests，1883-1901，pp. 159-179.

② CO/273/191/18233；Forest Department，pp. 547，549；CO/200/17398；Forest Department，p. 731；HNR/3/2/3；Notebooks，vol. 3，p. 75.

③ CO/200/15326；Forest Department，pp. 703-704；HNR/3/2/3；Notebooks，vol. 3，p. 75.

④ RBGK；MR/345；Letters to the Under Secretary of the State for the Colonies，2 Nov. 1894，p. 2；Reisz，"City as a Garden"，p. 135.

殖民地办公室官员提出抗议。① 信件像雪花一样涌进了殖民地办公室,西塞尔顿-戴尔甚至前往白厅讨论这个让邱园的植物学家感到"沮丧"的问题。西塞尔顿-戴尔认为,林业部正处于发展的"最关键和最初阶段",不可能被视为一个创收的实体,尽管它最终会创收。殖民地办公室官员被警告说,如果新加坡植物园的工作人员和研究能力进一步减少,"新加坡的命运"可能会"衰落",无论是日本人还是荷兰人——特别是在茂物安置了"最优秀的科学家"的情况下——都将在马来半岛和新加坡"崛起"。面对大量此类信件,殖民地办公室官员很快就厌倦了代表林业部和帝国植物学利益的植物学家的夸张说法。正如一位官员所写,西塞尔顿-戴尔"试图在我们的眼睛里撒灰"。② 尽管存在这种怀疑,但是为了安抚伦敦的植物学精英,殖民地办公室给海峡殖民地总督查尔斯·米切尔(Governor Charles Mitchell)发了一封电报,命令他继续雇用里德利。③

十年之后,亦即 1905 年,里德利对这段时期以及新加坡那些认为他"太过科学了"的人发表了严厉的评论。"对科学一词的极端厌恶,仍然存在于那些不懂科学含义的傻瓜脑海中,"他补充道。这些决定"使海峡政府在自然主义者的鼻孔中发臭"。根据里德利的观点,这些事态发展的主要反派人物是瑞天咸(Frank Swettenham),他当时是霹雳州(Perak)统治者的顾问,但在海峡殖民地的管理中也有着巨大的影响力。关于植物园园长这件事,瑞天咸表现出的只有"恶意",使里德利的处境"更加艰难",这种情况将持续十多年。④

到了 1894 年末,情况暂时好转,尽管植物学家们对此并不满意。里德利将返回新加坡,并在新加坡植物园保持职位至少一年,因为"在新加坡没有科学植物学

---

① HNR/3/2/2；Notebooks, vol. 2, p. 92；CO/200/17398；Forest Department, p. 745；CO/200/19286；Botanic Gardens at Singapore.

② CO/200/17398；Forest Department, pp. 723,734；CO/273/200/15326；Forest Dept., pp. 700,706. "戴尔决心帮助里德利,借用加尔各答植物园前主管 C. B. 克拉克的话来说,他准备了'一场常规战役',会给女王陛下的殖民地大臣带来很多麻烦。"HNR2/1/1；Correspondence, Letter from C. B. Clarke, 4 Sep. 1894, f. 191；HNR/3/3/1；Life of a Naturalist, p. 172；Kathirithamby-Wells, Nature and Nation, pp. 71-73.

③ CO/273/191/18233；Forest Department, pp. 547,549；CO/200/17398；Forest Department, p. 731；HNR/3/2/3；Notebooks, vol. 3, p. 75.

④ Emphasis in Original. HNR/3/2/2；Notebooks, vol. 2, p. 222；HNR/3/2/3；Notebooks, vol. 3, p. 75；RBGK；DC/168/2；"Letter from Ridley to Thiselton-Dyer" 1 Oct. 1905, p. 94r.

家是荒谬的"。[1] 他现在的薪水对半分，一半来自海峡殖民地，一半来自土邦，并规定里德利不仅负责监督植物园，而且还将在英国逐渐扩大殖民统治的地区"担任植物学事务顾问"。里德利认为整个情况是一种"侮辱"，而政府官员公然告诉他，他们"不赞成"他的回归，他"不应该被送回来"。[2]

在这种刻薄、抗议和致函伦敦的情况下，林业部的权力被移交给土地管理局，正如缩减委员会早些时候提出的那样。此外，其他海峡殖民地的官员——例如指派给马六甲德里的助理主管——被解雇了，树木苗圃也关闭了。这些免职甚至包括欧亚森林巡视员古迪纳夫，他被认为工作表现出色，但由于参与了一场骗局，兜售从森林采集的种子而被正式解雇。最终，在海峡殖民地地方官员——"实际上他们经常被证明对森林的命运怀有敌意"——现在掌管大权。[3]

林业部转交给土地管理局的同时，林业部的预算也从 4 500 元（包括许可证费用）减少到不足 2 000 元。这导致工作人员减少，偷窃行为增多，并造成了破坏性的森林火灾，最严重的火灾烧毁了万礼山村保护区 150 多英亩（60 公顷）的土地，并损害了一些幼苗。在勿洛和上东陵（Upper Tanglin），两个较小的保护区甚至被遗弃。1895 年，其余的森林保护区几乎没有进行新的种植，这破坏了里德利在全岛培育红树的计划。那年，只有 5 000 多棵树被转移到森林中，其中大部分被转移到武吉知马或万礼。剩下的红树幼苗都种植于 1892 年，由于缺乏劳动力来移植，这些树苗仍然保留在苗床上。[4] 第二年，维护新加坡保护区的表决进一步减少到1 000元，这意味着树木种植暂告一段落。所有的努力都是为了监测和保护，正如过去几年的做法，森林保护区由植物园负责。[5]

到 19 世纪 90 年代中期，尽管付出了巨大的努力，新加坡森林保护区仅占国土面积的 11%。在这片土地上，大部分是红树林，并且森林保护区里还有大片的白茅草。指望保护区通过种植热带木材来增加收入的任何想法都被放弃了，因为现

---

[1] CO/200/17398；Forest Department，p. 720.

[2] HNR/3/2/3；Notebooks，vol. 3，pp. 77-79.

[3] CO/273/199/21338；Director of Forest，Ridley，p. 99；CO/200/17398；Forest Department，p. 734；CO/273/200/20761；Forest Department，p. 777；HNR/3/2/3；Notebooks，vol. 3，pp. 205-213；HNR/3/2/4；Notebooks，vol. 4，pp. 16-17.

[4] Ridley，Reports on the Gardens and Forest Departments，Strait Settlements（Singapore：Government Printing Office，1895）p. 5；Fox，Report on the Gardens and Forests Department，Straits Settlements，1894，p. 8.

[5] Innes，"Report on the Forest Reserves，Singapore，1895."

在掌权的行政管理人员不了解它们的重要性。里德利在他的笔记中写道:"我从来没有发现任何官员,也很少有普通人了解森林的含义。"①在林业部的最后一份报告中,当时它还属于新加坡植物园的管辖范畴,沃尔特·福克斯总结了森林保护区的状态,"它们作为收入来源的效用服从于其气候和卫生用途。"②

　　林业部转交给土地管理局之后的最大变化是官方对待这些森林的态度。由于它们不再具有创收潜力,政府官员认为它们不再重要。在 1897 年的报告中,代理地税官(the Acting Collector of Land Revenue)W. C. 米歇尔(W. C. Michell)写道,武吉知马和樟宜是唯一"蕴含大丛林"的保护区。他认为这两个保护区以及任何包含红树沼泽(bakau swamps)的保护区,是"唯一有价值的保护区。其余的保护区由矮灌木沼泽和白茅草组成,我怀疑它们是否值得保留。"这导致的结果是,在土地管理局指导下森林保护区的管理和维护工作极少,并且这种情况将持续几十年。正如米歇尔在他的报告中所总结的那样,"没有人尝试重新造林,是否值得在新加坡的贫瘠土地上尝试重新造林,我对此非常怀疑。"③

　　在随后的几年里,土地管理局的其他官员开始公开质疑新加坡植物园在新加坡森林修复方面的作用。一份由 W. L. 卡特(W. L. Carter)撰写的报告嘲笑了里德利在森巴旺森林保护区开发橡胶并沿着森林小径和边界种植果树的努力。没有适当的维护,这些地区的许多地方将还原成白茅草和矮灌木丛。卡特总结说,任何重新造林都"只归因于自然生长和时间"。此外,虽然签发许可证为森林保护区提供了一些保护——往往会迫使伐木工前往柔佛寻找木材——新加坡的非法砍伐仍在继续,因为守林员在完成一份月薪仅为 7 元并无加薪前景的工作时,对非法砍伐的行为睁只眼闭只眼也不会感到内疚。19 世纪 90 年代末,非法砍伐问题最终在武吉知马、乌鲁班丹(Ulu Pandan)和宏茂桥变得特别严重,因为这些保护区与许多

① 　HNR/3/2/3;Notebooks,vol. 3,p. 217.

② 　Fox,Report on the Gardens and Forests Department,Straits Settlements,1894,pp. 7-8; Corlett,"Bukit Timah" p. 39.

③ 　W. C. Michell,"Report on the Forest Reserves,Singapore,for the year of 1897," Paper Laid before the Legislative Council by Command of His Excellency the Governor,Singapore Botanic Gardens Library.

寻找柴火和建筑材料的中国耕者的房屋毗邻。①

　　收到里德利报告这一系列下流行为的信件之后，西塞尔顿-戴尔在 1900 年 2 月写信向殖民地办公室申辩：

　　　　森林管理并不是殖民政府的强项。我们的高级官员要么根本不相信它，要么根本不相信它需要训练有素的专家的技术经验。其结果是，它要么完全被忽视，要么无法产生与支出相称的回报。②

　　西塞尔顿-戴尔随后呼吁政府从印度派人来海峡殖民地评估森林，因为印度有更为先进并且受殖民地政府支持的林业政策。③

　　1900 年，响应西塞尔顿-戴尔的请求，殖民地办公室委任英裔印度人 H. C. 希尔（H. C. Hill）视察海峡殖民地的森林并撰写了一份报告。里德利全程陪同希尔走遍了整个地区，而且大部分时间都在照顾身体明显不健康的希尔，他在离开新加坡后不久就死于感染（"痈"）。④ 临死之前，希尔提交了一份报告，他在报告中指出需要加强森林保护工作的力度。他最重要的建议是，政府应该任命一名训练有素且经验丰富的森林官员来监督整个系统。在殖民地背景下，这意味着植物园将不再对海峡殖民地森林有管制权。森林管理者需要在大英帝国主要的林业机构库珀山或德拉敦（Dehradun）正式批准和培训。这促使 1901 年在吉隆坡成立了马来联邦海峡殖民地森林部（Department of Forests, Straits Settlements and Federated Malay States）。曾在缅甸为印度林业局服务的艾尔弗雷德·M. 伯恩-默多克（Alfred M. Burn-Murdoch）成为首席森林官，不受新加坡植物园的影响负责监督马来亚森林的管理。⑤

---

① 　W. L. Carter, "Report on the Forest Reserves, Singapore, for the year of 1898," Paper Laid before the Legislative Council by Command of His Excellency the Governor, Singapore Botanic Gardens Library. W. L. Carter, "Report on the Forest Reserves, Singapore, for the year of 1899," Paper Laid before the Legislative Council by Command of His Excellency the Governor, Singapore Botanic Gardens Library.

② 　RBGK: MR347: Strait Settlements Forests, 1883-1901, p. 247.

③ 　RBGK: MR347: Strait Settlements Forests, 1883-1901, pp. 243-248; Barton, Empire Forestry.

④ 　HNR/3/2/4: Notebooks, vol. 4, pp. 35-37.

⑤ 　H. C. Hills, Report on the Present System of Forestry Conservancy in the Strait Settlements, with Suggestions for Future Management (Singapore: Government Printing Office, 1895), pp. 9-10; Kathirithamby-Wells, Nature and Nation: pp. 74-76; K. M. Wong, "The Herbarium and Arboretum of the Forest Research Institute of Malaysia at Kepong-A Historical Perspective," Garden's Bulletin Singapore 40, 1 (1897):15; K. M. Wong, "A Hundred Years of the Garden's Bulletin, Singapore," Garden's Bulletin Singapore 64, 1(2012):3.

由于这些举措,新加坡的森林保护区在 20 世纪早期就被废弃了。从技术上来讲,土地管理局的官员们仍然对其负责,但他们几乎不花时间在一项他们认为是对港口和市政当局的运作多余的任务上。如果符合社会需求,部分森林保护区将被用于其他用途。例如,武吉知马周围的土地在 1909 年被转移给市政当局,用于发展汇水区,建设铁路和花岗岩采石场,所有这些都是为新加坡港口的现代化以及为连接新加坡到柔佛的铁路和堤道的建设提供材料。1930 年,在新加坡即使是"森林保护区"的名称也被"撤销",任何保护区的边界都被重新划定成只包括真正的森林。因此,武吉知马森林保护区从 300 多公顷减少到 100 公顷,仅用于"风景和其他便利设施"。①

在 1900 年以前,新加坡的森林以及马来半岛的其余地方得到了新加坡植物园的强烈支持。然而,政府官员并不总是喜欢这些努力,他们认为森林是经济活动的资源,而不是植物的奇迹。港口或者伦敦官员们的设想,往往与邱园和新加坡植物园的科学家,甚至与那些在印度制定林业政策的科学家们的目标和希望大相径庭。森林和植物园是帝国的一部分,虽然它们可以提供切实的利益,但它们也是权力和专业化复杂网络的一部分。为了监管这些森林,人们需要行政机构的支持,包括从新加坡的地方政府官员到伦敦的精英殖民地管理人员的支持。除了为发展中的社会提供经济利益和物质支持的能力之外,森林和植物园带来的无形利益也为 19 世纪末大英帝国官场和科学之间的关系提供了深刻见解。科学将如何表现自己以及科学如何象征性地被消费和展示,这种相互矛盾的愿景也体现在植物园的其他项目中,例如新加坡的第一座动物园。

---

① 武吉知马自然保护区现在大约 70 公顷。E. J. H. Corner, Annual Report of the Director of the Gardens for the Year 1937(Singapore:Government Printing Office,1938),pp. 7-8;Corlett,"Bukit Timah:pp. 37-39;Lum and Sharp,A View from the Summit,pp. 23-25;John K. Corner,the Relentless Botanists(Singapore:Landmark Books,2013),p. 37.

第四章　植物园中的动物园

　　1870 年 2 月初,新加坡农业园艺学会管理委员会听取了海峡殖民地总督哈里·奥德(Harry Ord)的建议,在该学会管理下的植物园内建立一座动物园。当时,已经建立 11 年的新加坡植物园只是一个小型机构,位于一个拥有近 10 万居民的自治市的郊区。[①] 在它成立的头十年里,植物园的运营仅靠有限的会员会费和政府拨款,以及植物园可以使用囚犯劳工的规定。在这种情形下,建立一座动物园是一项令人望而生畏的任务,考虑到植物园面临的预算限制,这项任务需要会员的全力支持。由新加坡社会知名人士 W. H. 里德(W. H. Read)与 J. F. A. 麦克奈尔等人组成的管理委员会,决定在 2 月底的一次全体大会上提出这个想法——这是18 个月以来的首次全体会议。[②]

　　在全体大会上,人们对总督奥德的提议进行了广泛的讨论,提议包括从提供两头大象、两只貘、两只豹和一只黑豹来开始动物园的收藏。这是一个更大的计划的一部分,该计划将把新加坡与 19 世纪大英帝国和伦敦大都会的重要帝国关注联系起来。代理殖民地大臣 E. W. 肖(E. W. Shaw)呈递了一封来自总督奥德的信,信中概述了维护一批大型野生动物的费用,总督希望这个新兴的动物园甚至"值得成为伦敦皇家动物园的重要辅助机构。"[③]然而,最主要的担忧还是成本。经过"大量讨论",一些会员提出建议,只要植物园从政府获得"足够的拨款"来"执行和支持这项计划",就可以接受该提议。意识到该请求通过批准的可能性太小,立法委员会成员和海峡地区知名商人威廉·亚当森(William Adamson)建议否决该提议。在此过程中,亚当森提出以下修正案进行表决:"本次会议感谢阁下提出的建议,同时

①　1817 年的确切数字为 97111 人,其中 74000 人为男性。CO277;Straits Settlements Blue Book for the Year 1876,p. 217; Taylor,"The Environmental Relevance of the Singapore Botanic Gardens," pp. 116-117.

②　由于财政拮据,在 1870 年 2 月的会议上有人提议种植并出售"欧洲蔬菜"以支持植物园更大的预算需求。Anonymous,"Wednesday,2nd February," ST,5 Feb. 1870,p. 2; Anonymous,"The Botanical Gardens," ST,26 Feb. 1870,p. 1; Anonymous,"Untitled," ST,26 Dec. 1874,p. 4.

③　Anonymous,"Wednesday,2nd February."

认为他提出的方案可能在未来某时是切实可行的,但目前该提议的时机尚未到来。"这项修正案得到了通过。1870 年新加坡将不会建动物园。一份报纸报道了这场辩论并总结了会员们的态度:"毫无疑问,这里的设施足以支持收藏大量非常好的野生动物,但是这个社区太小,人们认为它的维护费用与从中获得的利益或乐趣是不相称的。"①至于总督奥德向新加坡植物园提供的动物结局如何,我们不得而知。

19 世纪末,向公众开放动物园是一种相对较新的现象,尤其是在一个殖民地城市。在荷属东印度群岛,植物园和动植物园学会(*Vereneging Planten en Dierentuin*,The Society for Botanical and Zoological Gardens)于 1864 年在巴达维亚(Batavia,雅加达的旧称)建立了一座动物园,这是该地区的第一座动物园,它与荷兰殖民地的主要科学研究中心茂物植物园(the Buitenzorg Botanical Garden)相连。建议在新加坡建立一座类似的动物园,是人们日益增长需求的部分体现——更好地了解迅速扩张的殖民势力所控制地区的环境和自然。在加尔各答也发生了一场类似的运动,1876 年在一个相关农业园艺学会的领导下,一个私人笼养动物园转变成了一个公共动物园。在 19 世纪 60 年代和 70 年代,这些机构逐渐发展壮大,反映了殖民地精英们如何看待他们与扩张中的帝国之间的关系。动物园是现代城市的标志,它不仅为居民和游客提供服务,而且还控制和展示周边的环境。

向有兴趣的公众展示帝国动物群的愿望与新加坡产生了关联。在 19 世纪之前确实存在着动物园,通常是统治者与富豪的私人笼养动物园。随着帝国的发展和启蒙运动原则的传播,对自然界的好奇以及与动物接触的现象变得更加普遍,动物园既是研究的工具,也是对遥远地区生物统治的物理象征。最早的帝国动物园是伦敦动物学会,它是由新加坡殖民地的创始人托马斯·斯坦福德·莱佛士以及英国社会与科学界的其他精英于 1828 年建立。当时,公众可以在英国各地看到野生和异国情调的动物,包括伦敦塔附近的皇室收藏和流动笼养动物,动物学会的目的就是通过展示这些活生生的动物,反映英国日渐攀升的地位,"在收藏品的范围

①　Anonymous,"Fortnight's Summary," The Straits Times Overland Journal,1 Mar.

和种类上比任何其他国家都丰富"。①

虽然动物园在整个帝国中是控制和权力的象征,但它们也与更广泛的科学网络相联系。对植物学和动物学的研究,以及对自然界更深入的了解,是帝国统治的基石。在这段时期,这些科学机构进行的研究往往与"驯化"的概念相关,该概念着重于将植物和动物转移到新的生境,目的是使它们的生长和利用变得合理化。②植物园对于在帝国各处工作的科学家和管理者的组织网络来说至关重要。在这个组织网络中,他们将标本转移到新的地区,并试图使它们在新地区多产。例如,新加坡植物园在橡胶和油棕榈树上取得了巨大的成功。③

新加坡的动物园因此与一个庞大且与自然界有关的殖民地企业网络相关联。虽然驯化可能是其初始目标之一,但新加坡植物园的动物园主要用于展示该地区的动物,动物群的类型从新加坡的异国动物转变为象征该地区帝国势力不断增强的动物。所有这些都反映了动物园在帝国网络精神中的重要性。

除了与较大的帝国问题有关之外,新加坡的动物收藏也反映了当地政府和植物园之间不断发展的关系。在新加坡植物园工作的大多数植物学家都认为动物园是一种负担,认为它与帝国科学关系不大,并抱怨它成了他们的职责。唯一的例外是 H. N. 里德利,他是 1888 年至 1912 年新加坡植物园的园长,他把动物园的存在视为探索自己多种研究兴趣的机会。他对此的解释是:

> 在这个世界上,几乎没有地方比新加坡更适合建立动物园。这里的气候非常合适所有的热带动物,饲养它们的费用远低于世界上大多数地

---

① 虽然巴黎植物园接纳了法国皇家笼养动物园并于 1793 年对公众开放,但伦敦动物学会才是第一个经过规划的动物园,并且以帝国的概念为中心。Harriet Ritvo,"The Order of Nature:Constructing the Collections of Victorian Zoos," in New Worlds,New Animals:From Menagerie to Zoological Park in the Nineteenth Century, ed. R. J. Hoage and William A. Deiss(Baltimore,MD:The Johns Hopkins University Press,1996),p. 42; Nigel Rothfels,Savages and Beasts:The Birth of the Modern Zoo(Baltimore,MD:The Johns Hopkins University Press,2002),pp. 31-37; Henry Scherren, The Zoological Society of London(London:Cassell and Company, 1905),pp. 1-24; Pyenson and Pyenson,Servants of Nature,pp. 169-172.

② Michael A. Osbourne,"Acclimatizing the World:A History of Paradigmatic Colonial Science," Osiris: 2nd Series-Nature and Empire:Science and Colonial Enterprise,15(2000):135.

③ 然而,动物在东南亚并不容易驯化。虽然动物和植物在澳大利亚和新西兰等温带地区改变了群落,但这些地区的气候与欧洲相似,而把它们转移到阿尔弗雷德·克罗斯比(Alfred Crosby)所杜撰的"新欧洲"(Neo-Europes),热带地区的生物多样性意味着这是不可能的。Alfred Crosby,Ecological Imperialism: The Biological Expansion of Europe,900-1900(New York:Cambridge University Press,1986).

区，……而且……只要很低的成本就可以得到非常有趣动物。①

因此，新加坡作为一个帝国城市，需要一个动物园。在英国不断扩大对东南亚地区和环境的殖民控制时，以及当地政府试图指挥和控制新加坡植物园的背景下，新加坡的第一个动物园除了反映与动物展示有关的实际问题之外，还反映了英国对科学和帝国殖民的理解。

植物群中的动物群

1874 年 3 月，立法委员会——海峡殖民地的主要决策机构——开始讨论政府直接管理植物园的建议，以及莱佛士图书馆和博物馆的建立。新加坡处于伦敦直接殖民统治之下仅仅是 7 年之前的事情。莱佛士图书馆与博物馆以及植物园都是为受过良好教育的公务员和商人的利益服务的，他们即将抵达新加坡——这是大英帝国日益重要的一个港口，帝国利益正由此向这个地区扩张。莱佛士博物馆和新加坡植物园为相同的目的服务，因为它们将反映殖民地正式的、科学的活动和研究。这些机构的管理者再也不能是业余爱好者了，需要训练有素并达到伦敦所设标准的专业人士。关于植物园，立法委员会要求总督向邱园请求"由科学植物学家负责管理新加坡的农园"。②

在这些事态发展中，一封致《海峡时报》的信件提出，动物园将是新改建植物园的一个很好的补充，因为"世界上没有比新加坡更合适它的地方"，因为新加坡是一个位于生物多样化区域的充满活力的贸易港口。一位匿名的"W"作者认为，动物园也能让人们更好地了解该地区的自然界，因为"印度群岛的动物群在很大程度上仍是未知的"。在政府的管辖范围内，异国动物群的出现将使新加坡成为全世界动物协会的焦点，并且有助于推进科学发展。在"所谓的植物园"中存在着动物，这将其使成为更有吸引力的目的地，因为"在它目前的状态下几乎不值得去"。③ 然而，立法委员会并没有在 1874 年 3 月至 12 月期间开会讨论这种可能性。

在 19 世纪 70 年代初，公众可以在新加坡不少的地方看到野生和异国动物。观赏动物的主要地点是港口。在整个群岛定期航行的船只上，船员们通常会带着

---

① H. N. Ridley,"The Menagerie at the Botanic Gardens," Journal of the Straits Branch of the Royal Asiatic Society 46(1906),p. 134.

② Anonymous,"Legislative Council," The Straits Times Overland Journal,9 Apr. 1874,p. 5.

③ W,"A Local Zoological Garden," ST,16 May 1874,p. 4.

动物——特别是灵长类和异国情调的鸟类，并会寻找有兴趣购买它们的客户。① 除了港口之外，新加坡一些显赫的居民拥有私人收藏的动物，其中就有黄埔的藏品。在每年中国农历新年，他都会向公众开放位于本德米尔地区（Bendemeer area）实笼岗路（Serangoon Road）的私人花园和笼养动物园，"这在很长一段时间内成为新加坡唯一值得一看的景观"。②

在这个时期，新加坡植物园也充当一个可以观看动物的景点。例如在 1873 年，一个以鸟类为特色的鸟舍开放了，这些鸟是殖民地高级官员赠送的，目的是为了吸引更多的游客前往这个仍归私人所有的花园。动物也自然地出现在植物园里。其中最常见的是两帮猴子，它们在有纹理的地面和植物园丛林中游荡，而在湖中可以看到水龟。蜥蜴——从大型巨蜥到小型壁虎——以及蛇也在这里出现。这里甚至还有"飞龙"（飞蜥 *Draco volans* 和 *Draco abreviatus*）会在树木之间滑行（图 4-1）。这些野生动物的存在，或者特别是人类与它们的互动，偶尔会成为新加坡英国居民关切的话题，例如在 1873 年 12 月，"几名运动员"在植物园中制造了"浩劫"，他们射杀了"多个沼泽地"里的野鸭。③ 然而，这些猎杀问题，以及建设昂贵的围场和公园管理建筑而造成的财政支出困难，继续指向农业园艺学会对于场地管理的无能，这促成了政府控制植物园的提议。

---

① "对于新加坡来说，（来自整个亚洲的）当地人……带来了他们国家稀有的且通常是最有价值的动物，以相对便宜的价格在这里出售。"W，"A Local Zoological Garden." For a discussion of the colonial-era animal trade in Singapore see Fiona L. P. Tan，"The Beastly Business of Regulating the Wildlife Trade in Colonial Singapore，" in Nature Contained：Environmental Histories of Singapore，ed. Timothy P. Barnard （Singapore：NUS Press，2014），pp. 145-178.

② Anonymous，"The Late Hon'ble Hoh Ah Kay Whampoa，C. M. G. and M. L. C，" The Straits Times Overland Journal，31 Mar. 1880，p. 2；The Straits Observer，8 Feb. 1875，p. 2；John Turnbull Thomson，Some Glimpses of Life in the Far East（London：Richardson and Company，1864），pp. 307-308.

③ 人们利用植物园内自然资源的问题还在继续。例如，1877 年，游客们偷走了蕨类植物，但获得了 25 元，作为归还植物或提供小偷信息的奖励。"To Snipe Shooters，" ST，5 Dec. 1874，p. 2. 这种问题在整个新加坡持续了数十年。根据威廉·路易斯·阿博特（William Louis Abbott）的说法，柔佛苏丹在他的领地上限制狩猎机会。这与新加坡形成了鲜明的对比，新加坡"有一半的种姓在周日和节假日拿着枪出来，射杀一切带有皮毛或羽毛的东西"。"Letter to Dr. Miller，18 Oct. 1903，"（Smithsonian Archives：William Louis Abbott Papers，RU7117，Box 1，Folder 6），p. 2. Anonymous，"Report Written on 28 Feb. 1878，Presented to Legislative Council on 16 Apr. 1878，" p. 2；Anonymous，"Agri-Horticultural Society，" The Straits Times Overland Journal，14 June 1873，p. 11；Ridley，"The Menagerie at the Botanic Gardens，" pp. 191-194.

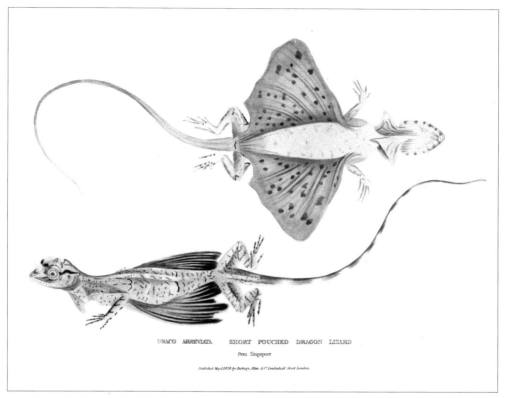

DRACO ABREVIATA　SHORT POUCHED DRAGON LIZARD

from Singapore

Published May 1.1829, for Parbury, Allen & Co. Leadenhall Street London.

图 4-1：短袋龙（Short Pouched Dragon，*Draco abreviata*）。新加坡的动物群吸引了许多早期游客。这幅 1829 年的插画绘制于新加坡，最初出现在托马斯·哈德威克（Thomas Hardwicke）和约翰·爱德华·格雷（John Edward Grey）的《印度动物学插图》中。来源：纽约公共图书馆。

　　新加坡植物园的管理以及不愿储藏动物藏品的情况在 1874 年末开始改变，立法委员会终于召开会议，政府同意接管植物园，并将其作为殖民地科学和企业的前哨基地来运作。在谈判期间，新加坡社会的精英们显然对农业园艺学会成立 15 年以来在管理植物园方面的无能感到愤怒。虽然他们在城市边缘开发了一个公园，但那里常常是空荡荡的，对海峡殖民地园艺和农业的发展几乎没有帮助。这导致精英们支持植物园的兴趣迅速下降，并且农业园艺学会代表政府承担责任被认为是解决该问题的办法。

　　新建立的政府对新加坡植物园的控制，以及从伦敦聘请训练有素的植物学家，这些有助于该机构进入帝国的知识和思想框架之内。这种关系的一个关键组成部分是发展动物收藏，这将在吸引游客的同时提供一个场所以便更深入地了解该地区可能存在的动物群。为此,在讨论该提案的会议期间,殖民地早期的领导人罗伯特·利特尔,也是新加坡建立图书馆和博物馆的坚定支持者,他表示拥有动物园的优势"每个人都必须明白"。这些优势是如此明显以至于他不做解释,尽管它们是一项更大指令的一部分。在该指令中,伦敦的殖民官员敦促新加坡的英国人积极参与记录该地区自然和社会的方方面面。①随着立法的通过,植物园成了殖民地政府的一个分支,其中包括动物收藏。

威廉·克龙(William Krohn)于 1874 年 12 月被任命为动物园的主管。克龙是德国公民,他于 1862 年来到新加坡,在丹麦斯堡公司(Danelsburg & Co.)工作了 7 年,之后加入了布林克曼和康宝斯公司(Brinkmann,Kumpers & Co.),最终成为加莱纳矿业公司(the Galena Mining Company)的董事,该公司在莱佛士坊(Raffles Place)有一间办公室。除了工作之外,他还是步枪队(the Rifle Corps)和体育俱乐部的志愿者,并于 1874 年成为赛马场的管理员,为了弘扬"德国人对殖民地赛马的慷慨和一贯的支持"。1876 年 3 月,新加坡成立防止虐待动物协会时,克罗恩也在场。他是海峡亚洲协会的成员,该协会是当地领先的研究机构之一。②

在任命期间,克罗恩被向立法委员会描述为"将他的时间和精力投入动物学研究,并对此领域有着丰富的知识",能够"保证我们应该有一个精彩的藏品,把动物照顾得又好又经济"。克罗恩负责管理一笔 3 000 元的预算,他将用这笔钱建立动物庇护所,并支付它们的维护费用。克罗恩手下的两名士兵也被分配了照看动物的任务。他们是一个团的成员,这个兵团可以通过一个特殊的门进入植物园,这个门位于东陵路的兵营与植物园之间。③

新加坡植物园的动物园于 1875 年 5 月正式成立,总督安德鲁·克拉克(Andrew

---

① "Legislative Council,December 18th,1874," The Straits Times Overland Journal,31 Dec. 1874,p. 8;Gilbert E. Brooke,"The Science of Singapore," in One Hundred Years of Singapore,Being Some Account of the Capital of the Straits Settlements from Its Foundation by Sir Stamford Raffles on the 6th February 1819 to the 6th February 1919,vol. 1,ed. Walter Makepeace,Gilbert E. Brooke and Roland St J. Braddell(London:John Murray,1921),pp.501,542.

② 19 世纪 80 年代,克罗恩陷入瘫痪状态,但是报道的原因不明。1904 年他在威斯巴登死亡。Anonymous,"Untitled," The Straits Times,31 Jan. 1874,p. 2;Anonymous,"Untitled," The Straits Overland Journal,6 Apr. 1876,p. 7;Anonymous,"Straits Asiatic Society," ST,9 Nov. 1878,p. 4;Anonymous,"The Late Mr. Krohn," The Singapore Free Press and Mercantile Advertiser,28 Mar. 1904,p. 2;Anonymous,"Untitled," The Straits Times Overland Journal,18 Sep. 1876,p. 9;Anonymous,"The Teutonia Club," The Straits Times Overland Journal,30 June 1881,p. 3.

③ Anonymous,"Legislative Council," ST,26 Dec. 1874,p. 4.

Clarke)赠送了一头雌性双角苏门答腊犀牛(Sumatran rhinoceros)。犀牛和许多其他动物开始涌入植物园,反映了大英帝国在该地区不断扩大的影响和网络。犀牛是来自芙蓉(Sungei Ujong)拿督克拉那(Datuk Kelana)的赠送,他于1874年底与克拉克签署了协议,导致英国人在森美兰州(Negri Sembilan)出现,从而开启了殖民统治的政体。来自其他州的动物也紧随其后。例如,丁加奴州(Trengganu)的苏丹(Sultan)在1876年向总督威廉·杰维斯(William Jervois)赠送了一只老虎幼崽,后者随后将其转交给了克罗恩。同年,暹罗外交部部长送来了一只美洲豹。动物收藏的另外一个主要贡献者J. W. W. 伯奇(J. W. W. Birch)是霹雳州的第一位英国居民,他于1875年11月去世,这是马来历史和殖民历史上英国在该地区扩张的一个关键点。在前往霹雳州之前,伯奇监督了作为未来动物园基础的鸟舍建设。当他抵达霹雳州,伯奇就为动物收藏"采购了许多标本",其中包括一只懒熊。正如克罗恩在1875年的报告中所写的那样,"购买的动物数量相对较少,而受赠的动物较多。"①

　　除了当地权贵和高级公务员的馈赠,新加坡植物园的动物园第一年营运的最大贡献者是墨尔本驯化学会(the Acclimatisation Society in Melbourne),该学会将大批澳大利亚动物送往新加坡,包括袋鼠、鸸鹋、老鹰和天鹅。在19世纪中后期,驯化学会在澳大利亚精英阶层中很受欢迎,因为它们促进了欧洲移民熟悉的植物和动物的进口,目的是创造熟悉的景观和获得利润。它们通常与植物园联系在一起,是推进殖民地经济生产的庞大殖民网络的一部分。虽然它们的主要关注点是寻找新的植物,但动物也发挥了作用,努力集中在食草动物的引进。正如在新加坡发生的那样,这些早期的努力经常演变成笼养动物发展成为植物园的一部分,而这些动物的到来又导致动物藏品的发展壮大。② 现在的主要问题是动物的容纳问

① J. 伯奇的儿子,E. W. 伯奇,1882年与新加坡植物园第一任主管劳伦斯·尼文的妹妹玛格丽特·尼文(Margeret Niven)结婚。Anonymous,"Untitled," ST,15 May 1875,p. 4; Anonymous,"Report on Zoological Gardens," ST,6 Mar. 1877,p. 3; Wm Krohn,"Report on the Zoological Department for 1875," in Annual Report on the Botanic Gardens for 1875(Singapore:Government Printing Press,1876); Arnold Wright,Twentieth Century Impressions of British Malaya:Its History,People,Commerce Industries,and Resources(London:Lloyd's Greater Britain Publishing Company,1908),p. 129.

② 不同于新加坡,在加尔各答、墨尔本和悉尼等地,驯化的笼养动物发展成为独立的动物园。Christopher Lever,They Dined on Eland:The Story of Acclimitisation Societies(London:Quiller Press,1992); Linden Gillbank,"A Paradox of Purposes:Acclimitazation Origins of the Melbourne Zoo," in New Worlds,New Animals:From Menagerie to Zoo-logical Park in the Nineteenth Century,ed. R. J. Hoage and William A. Deiss(Baltimore,MD:The Johns Hopkins University Press,1996),pp. 73-85.

题。为了不断扩张的笼养动物园做好准备,克罗恩着重为动物建造"合适的房屋"。在一个老兰花房(Orchid House)的旧址上,苦力清除了所有的树木,并建造了食肉动物的笼子,而在亨利·默顿的监督下,他们在靠近花园的围墙一侧种植了许多观赏乔木和灌木。至于猴子,慈善家以及新加坡鸦片和酒庄贸易的杰出商人章芳林(Cheang Hong Lim)为"猴屋"的建造提供了2000元,这座猴屋始建于1876年底(图4-2)。房屋的建设以及三条人行道的铺设花了两个多月的时间。[①] 开发动物园的成本很快就成为场地开发的负担,耗费了政府拨给植物园12000元总预算中的大部分。[②]

图 4-2:1903 年的猴屋。来源:新加坡植物园图书馆和档案馆。

---

① H. J. Murton,"Report on Government Botanic Gardens,6 Mar. 1877," in RGBK:MR/340,Kew Botanic Gardens Library,p. 3; Murton,"Report on Government Botanic Gardens"(9 Mar. 1876) Singapore Botanic Gardens Library;"Report Written on 28 Feb 1878,Presented to Legislative Council on 16 Apr 1878," pp. 1-4.

② 例如,克罗恩在 1875 年使用了超过 3 000 元的预算,主要用于建设。Krohn,"Report on the Zoological Department for 1875."

　　这些新建筑物的建造和使用影响了新加坡植物园的布局。在音乐台山周围设有一系列笼子和围栏，并与现有的鸟舍相连。随着动物藏品数量的扩大，建筑最终延伸到了音乐台山的另一边。为了容纳新来的澳大利亚动物，沿着克卢尼路靠近办公大门建造了另一个大型围场，用于容纳鸸鹋、鹤鸵（食火鸡）和袋鼠。此外，他们为犀牛建造了一所"好房子"，并在鸟舍和澳大利亚动物围场之间修建了一条新走道，并计划将其扩建以容纳一头大象和一条貘。尽管进行了这些建设工作，但是动物的大量涌入还是导致了空间的缺乏，多年来一直困扰着动物收藏，最终导致克罗恩在 1876 年拒绝了许多动物的赠送，"因为缺乏足够的栖息空间"。①

　　在新加坡植物园的动物园内展示的动物成了吸引公众的主要景点。正如 19世纪晚期的一本新加坡旅行指南所描述的，游客将会看到，"在山肩上，有一个小鸟舍和一个猴屋，在那里展出了海峡和附近地区一些稀有鸟类、野兽和爬行动物的标本"。② 更重要的是，这些动物吸引了非精英游客来到植物园，他们对展出的各种各样的动物着迷不已。1875 年，一位访客评论说，这些新来的澳大利亚动物是"马来人和中国人无尽赞赏和娱乐的源泉"。一只年幼的袋鼠特别受欢迎。每当它从妈妈的育儿袋里探出头来，它就"立刻引起大众的注意"。③

　　由于诸多因素，这段早期建设和驯化于 1876 年 2 月结束，当时有人潜入新加坡植物园的围场，杀死了一只大熊、一只鸸鹋、一只食火鸡和几只袋鼠。食火鸡在大腿上部被刺伤后死亡，两只袋鼠也被刺死，另外三只袋鼠被发现死在附近。《海峡观察者》的一位作家表示，如果肇事者被捕，应该被关在笼子里拴在链子上一整年，因为这样做"可以补偿植物园的经济损失，因为没有人会拒绝花 25 分去好好看看如此卑贱的动物"。虽然提供逮捕肇事者信息的人将会获得 50 元的奖金，但从来没有人"因为这种卑鄙的行为被定罪"。在"熊、鸸鹋、食火鸡和袋鼠惨遭杀戮"之后，鹿被转移到了现在空着的袋鼠围场，因为詹姆斯·W.W.伯奇沿着植物园路建造的原始围场已经腐烂了。1876 年动物和游客的安全问题依然存在，当时有人强行撬开笼子上的锁，引

① Christina Soh,"A Zoo in the Gardens," Gardenwise 42(2014):42;"Report on Zoological Gardens," ST,6 Mar. 1877,p.3; Krohn,"Report on the Zoological Department for 1875"; Sally Walker,"From Colonial Menageries to Quantum Leap:A History of Singapore's Zoos," International Zoo News 47,1(2000):17-23.
② G. M. Reith,Handbook to Singapore,with Map,and a Plan of the Botanic Gardens(Singapore:The Singapore and Straits Printing Office,1892),p.43.
③ Queenslander,"Life at Singapore," The Straits Observer,31 May 1875,p.3.

发人们对笼中豹子和老虎可能逃脱的担忧。为了防止将来发生此类事件，克罗恩要求建造"475 英尺（约 145 米）长 6 英尺（约 2 米）高的强力铁丝网"，总成本为1013.12元。不断需要更新的围场、食品成本和安全问题，这些都对植物园的预算造成了压力。例如在1877 年中期，喂养老虎和犀牛的成本估计为"每月 130～140 元"。[①]

　　这些"财政限制"导致委员会仅在两年之后就出售了藏品中的食肉动物，因为"对于这样一个小地方来说，妥善照料它们的费用太大了"。老虎卖得了 250 元，而犀牛在 1877 年 8 月死亡。据《海峡时报》报道，它的死亡使植物园委员会从"节衣缩食之苦的烦恼根源"上解脱。虽然"一点也不美"，但她确实"在每个周日下午给新加坡的年轻人和老年人带来了很多乐趣"。[②] 尸体被送到莱佛士博物馆进行保存和展示。[③] 其他大型动物的命运也遵循类似的轨迹。1876 年暹罗国王赠送的那只豹子于 1878 年 6 月死亡，而 W. 哈里贝克（W. Hargreaves）赠送的另一只豹子被下毒，并被放置在博物馆内。"犀牛棚"中仅有的一只犀牛死亡后，以 50 元的价格被售出。此时，委员会决定不再接受当地权贵的任何馈赠，并尽快处理现有的动物藏品。大部分的大型动物在年底之前被送往加尔各答动物园。[④]

---

①　H. J. Murton，"Report on Government Botanic Gardens，6 Mar. 1877，" in MR/340，Kew Botanic Gardens Library，p. 5；"Friday，18th February 1876，" The Straits Observer（Singapore），18 Feb. 1876，p. 2；"The Reports on Library and Museum and on the Gardens，" ST，30 June 1877，p. 1；"Report on Zoological Gardens，" ST，6 Mar. 1877，p. 3；"Untitled，" ST，11 Aug. 1877，p. 4；Timothy P. Barnard and Mark Emmanuel，"Tigers of Colonial Singapore，" in Nature Contained：Environmental Histories of Singapore，ed. Timothy P. Barnard（Singapore：NUS Press，2014），p. 76.

②　饲养动物的费用是如此之高以至于里德利会把流浪"贱"狗当作食物喂给园中的老虎。HNR/3/3/1：Life of Naturalist，p. 226；Anonymous，"Saturday，25th August，" ST，25 Aug. 1877，p. 4；Brooke，"Botanic Gardens and Economic Notes，" pp. 76-77；Anonymous，"The Botanical Gardens，" The Straits Times Overland Journal，3 June 1879，p. 2.

③　据威廉·路易斯·阿博特（William Louis Abbott）所说，这位美国人在 20 世纪的第一个十年里为史密森学会探索了东南亚，莱佛士博物馆里许多更加有趣的松鼠标本是来自植物园里的动物园，这引起了他的抱怨，因为他不能确定它们真正的自然起源。H. N. Ridley，Annual Report on the Botanic Gardens and Forest Department for the Year 1900（Singapore：Government Printing Office，1901），p. 1；Letter to Miller，23 Oct. 1900（Smithsonian Institution Archives. RU7117：William Louis Abbott Papers，Box 1，File 5），p. 3. 阿博特还抱怨莱佛士博物馆"包括馆长（R. N. Hanitsch）在内一团糟"。阿博特在与里德利见面后，曾试图在植物园丛林中捕捉这种双色巨松鼠（*Ratufa*），但没有成功（p. 4）；R. Hanitsch，Guide to the Zoological Collection of the Raffles Museum，Singapore（Singapore：Straits Times Press，1908）；Ridley，"The Menagerie at the Botanic Gardens，" pp. 148-149，163.

④　Murton，Report of the Government Botanic Gardens for 1878，p. 6；Murton，"Report Written on 28 Feb. 1878，" pp. 1-6；Ridley，"The Menagerie at the Botanic Gardens，" p. 133.

　　虽然到 1877 年它容纳了 144 只动物,但是新加坡植物园的动物收藏在短短几年的运作之后似乎无望成功。建造围场的费用、工作人员的薪水和维护成本变得过于昂贵,导致默顿宣称,在新开发的植物园中,“动物部门是唯一被证明是或多或少失败的部门”。委员会还解除了克罗恩的职务。动物园已经成为干扰,特别是当其在一个植物园内,管理层的任务是开发可能对帝国有利的植物群,而非动物群。

　　由于没有克罗恩及其军事助理的帮助,默顿现在依靠苦力监管动物收藏,而苦力在整个植物园中负责各种各样的工作。这样的情形发生在劳工困难时期,在默顿报告里这些助手的工作并非“尽如人意”,并认为中国苦力“在任何需要思考或计算的工作上几乎毫无用处”。① 这种紧张的劳工关系在 1877 年下半年达到了顶峰,导致委员会试图用另一个“欧洲人作为动物的饲养员”来代替克罗恩。植物园管理委员会请 H. 卡佩尔(H. Capel)取代克罗恩的职位。然而,卡佩尔发现靠 150 元的年薪很难生活,由于他提出更高的工资要求而被迅速解雇。为了吸引另一位欧洲饲养员前来工作,默顿下令在围场附近建造一间小平房,这也将确保动物和工人都能受到监督。然而,在小平房建造之时,已没有资金用来发放工资了,这座建筑物最终用来安置植物园主办公室工作的职员。最终,默顿聘请了两名爪哇苦力来代替卡佩尔。他还重新雇用了三个曾给他带来许多麻烦的中国苦力。② 由于无法找到欧洲饲养员,加上高昂的成本,这意味着动物收藏的解散工作一直持续到 1878年。到 1879 年,笼子和围场变得摇摇欲坠,引起《海峡时报》的评论,“这些动物似乎没有得到很好的照料”。此外,分隔鸟类和鹿的栅栏已经破损,动物在围场之间自由通行。更糟糕的是,熊的围场“处于慢性衰败状态”,这是由于它建在一棵树旁,这棵树快速生长扭曲了围栏。“将目前的衰败与委员会和那些对植物园感兴趣的人们以前所表现出的重视相比,我不禁认为,这只是新加坡在大多数问题上都能看到的普遍缺乏兴趣的又一个例子。”信函作者总结道,“越早放弃植物园的动物部

①　Anonymous,“Friday,14th September,” ST,15 Sep. 1877;3;Murton,“Report Written on 28 Feb. 1878,” p. 4;Krohn,“Report on the Zoological Department for 1875. ”

②　Krohn,“Report on the Zoological Department for 1875”;Murton,“Report Written on 28 Feb. 1878,Presented to Legislative Council on 16 Apr. 1878,” p. 4;“Report of the Botanic Gardens in 1878(Submitted 7 April 1879),” p. 6;Brooke,“Botanic Gardens and Economic Notes,” pp. 76-77;Murton,“Report on the Government Botanic Gardens for 1877,” p. 4;Burkill,“The Second Phase in the History of the Botanic Gardens,” p. 102. 克罗恩当时的工资是 600 元,略少于主管的主要助理,即首席园丁。

门越好，越早出售或送走动物越好。"①

动物园的利益

1881 年，新加坡植物园的动物收藏状况变得更加糟糕，当时政府撤回了与它的维护有关的所有资金。现在，它的维护是在"植物园投票"的预算下进行，这是一项基于私人捐款的独立预算。这些有限的预算大部分用于动物的饲养，第一年的费用鸟类为 185 元，其他动物为 218 元。尽管新加坡植物园中的笼养动物园在 19 世纪 80 年代早期能够继续维持，但它的运转所依靠的支持却非常有限。在此期间，它主要是一个鸟舍，与早期的表现相比，它需要较少的关注以及相应有限的预算。②

为了给园中日益减少的动物藏品提供一些秩序，新上任的植物园主管纳撒尼尔·坎特利于 1881 年在英国休病假期间参观了大英博物馆。在那里他"获得了植物园鸟舍中鸟类的名称。"他还参观了伦敦动物园，"学到了建造鸟舍以及防止鼠害和虫害的相关知识。"令坎特利惊讶的是，伦敦动物园的鸟类死亡率与新加坡相差无几。回到新加坡之后，他安排给鸟舍刷漆以保护铁与木头，并在围栏的底部种植了草皮。③

到了 1885 年，为了容纳不断增多的鸟类藏品，坎特利监督建造了一个新的围场。它包括两个隔间，每个隔间由 9 个笼子组成，每个笼子的大小为 10 英尺×6 英尺（3 米×1.8 米）。正如坎特利在描述这些建筑物时所解释的那样：

> 旧猴屋的每一侧都建造了一个隔间，这是一个八角形的装饰性建筑，具有穹顶，形成了很好的向心感，并且还为大型食肉鸟类安装了笼子。地板铺设了马六甲瓷砖，牢牢嵌进水泥和碎玻璃的混合物，防止老鼠打洞（这是老建筑里令人头疼的危害）。④

坎特利认为新建筑物是成功的，因为老鼠带来的问题有所减少。动物园的收藏正进入一个以东南亚鸟类为重点的新阶段。尽管没有大型哺乳动物，但它仍然

---

① X. Y. Z. ，"The Botanical Gardens，" The Straits Times Overland Journal，3 June 1879，p. 7.

② N. Cantley，Annual Report on the Botanical and Zoological Gardens，for 1881（Singapore；Government Printing Office，1882），pp. 6-7；Ridley，"The Menagerie at the Botanic Gardens，" p. 133；B. E. D'Aranjo，A Stranger's Guide to Singapore（Singapore；Sirangoon Press，1890），p. 6.

③ Cantley，Annual Report on the Botanical and Zoological Gardens，for 1881，p. 9；Nathaniel Cantley，Report on the Botanic and Zoological Gardens，Singapore，by the Superintendent of the Botanic Gardens，for the year 1882（Singapore；Government Printing Office，1883），p. 8.

④ N. Cantley，Annual Report on the Botanical Gardens，Singapore，for the Year 1885（Singapore；Government Printing Office，1886），p. 1.

是整个 19 世纪 80 年代新加坡植物园的主要景点之一。①

　　然而,纳撒尼尔·坎特利对动物园的延续所做的贡献往往被忽视。在财政困难时期,坎特利努力维持着动物园的运转,尽管此时植物园更注重恢复海峡殖民地的森林,因为这将对该地区自然界的经济与权力关系产生更直接的影响。坎特利领导新加坡植物园仅有 8 年时间。由于 1888 年坎特利在塔斯马尼亚(Tasmania)突然去世,他的任期亦终止于此。他到塔斯马尼亚是祈望自己能摆脱体弱多病的常态。②

　　纳撒尼尔·坎特利去世之后,新加坡植物园需要一位新园长。当殖民地办公室向邱园植物园的领导层寻求建议时,威廉·西塞尔顿-戴尔推荐了在大英博物馆(自然历史馆)植物学部门担任初级助理的亨利·尼古拉斯·里德利。里德利是一位兴趣广泛的科学家,多方涉猎使他成为一名出色的博物学家。正如他在自己未出版的回忆录中所写的那样:"整个大自然是相互依存的,动物群影响着植物群,反之亦然,而地质学则深化并阐明了这种现象。"③虽然他的主要任务是监管植物园中的植物群,但里德利不会忽视其中的动物群。

　　动物收藏着实令默顿烦恼,而坎特利主要勉强维持了鸟舍,但里德利——凭着他对动物的兴趣——在 1888 年底到达之时便欣然接受了这项任务,并为动物收藏注入了新的能量。他决不止步于一个简单的鸟舍,他要建设一个能够体现马来半岛丰富动物群的动物园。很快,他开始接收官员和当地精英人士时常提供给植物园的众多动物。里德利还对鸟舍进行了重新粉刷和修复,试图进一步阻止一直令人"烦恼"的老鼠,因为它们伤害了许多鸟类,尤其是鸽子。随后,他邀请莱佛士博物馆馆长威廉·鲁克斯顿·戴维森(William Ruxton Davison)冒险前往奥查德路(Orchard Road),帮助鉴定藏品中的物种。④ 通过这些努力,新加坡植物园的动物

① 　Walter Fox,Guide to the Botanical Gardens(Singapore:Government Printing Office,1889), p. 14; N. Cantley,Annual Report on the Botanical Gardens,Singapore,for the Year 1886(Singapore:Government Printing Office,1887),p. 4.

② 　RBGK:Miscellaneous Reports,Singapore Botanic Gardens,1874-1917,Letter from Sir C. Smith to Lord Knuteford,16 Apr. 1888,MR/345:p. 482; Taylor,"The Environmental Relevance of the Singapore Botanic Gardens," pp. 121-122.

③ 　HNR/3/3/1,Life of a Naturalist,p. 28; MR/345;RBGK;Miscellaneous Reports,Singapore Botanic Gardens,1874-1917,"Henry Nicholas Ridley," p. 493; Salisbury,"Henry Nicholas Ridley,1855-1956," pp. 149-159.

④ 　H. N. Ridley,Annual Report on the Botanic Gardens,Singapore,for the Year 1888(Singapore:Government Printing Office,1889),p. 3; Ridley,Annual Report on the Botanic Gardens and Forest Department,1889,p. 6.

收藏成为 19 世纪 90 年代早期殖民地动物学研究的一个重要组成部分。

在此过程中，里德利非常仔细地记录了他所照顾的动物，并将重点放在整个帝国公众和受过教育的精英人士都感兴趣的动物上（图 4-3）。这一点在他的一些著作中显而易见，其中最著名的是发表在《皇家亚洲学会海峡分会期刊》(*The Journal of the Straits Branch of the Royal Asiatic Society*)上的《植物园中的动物园》(The Menagerie at the Botanic Gardens)，该文章于 1905 年出版，当时动物园正要被关闭。在这篇文章中，他列出了一份园中动物的部分清单，特别关注它们的习性、饮食和繁殖情况。对动物群的兴趣也影响了里德利植物学研究的重要方面，例如他的主要著作《世界各地的植物传播》(*The Dispersal of Plants throughout the World*)，这本书中将近一半的内容是关于动物传播种子的。[1]

图 4-3：亨利·里德利与一只小豹子。（HNR/1/2/1/15；Henry Ridley Papers）。来源：皇家植物园邱园董事会。

---

[1]   H. N. Ridley，The Dispersal of Plants throughout the World(Kent：L. Reeve，1930)；Ridley，"The Menagerie at the Botanic Gardens."

为了反映维多利亚时代晚期对物种及其形成的痴迷，里德利负责监督了一个项目，该项目重点研究特有种及稀有种的鉴定与繁殖，尤其是杂交种。① 这些努力促成了一些最早记载的成功杂交育种案例，包括不同类的鹿（例如羌鹿 *Cervulus muntjac* 与大鼷鹿 *Trafulus napu*）、绿蛇和豺狼。在繁殖珍稀动物后代所做的努力中，最突出的是在 1895 年创造出了一种杂交的猕猴（kra-beruk，*Macaca sinicus-Macaca nemestrina*）。正如里德利在他当年的年度报告首页所宣传的那样，它"是极其罕见的，即使它曾真的出现过"。这只猕猴结合了"双亲的外貌"，但最终不得不与其他猴子隔离饲养，因为它"变得相当野蛮"，经常攻击邻近的其他猴子。这只雄性猕猴引起了动物学家的极大兴趣，它于 1905 年被送往伦敦动物园；而罗伯特·科赫（Robert Koch）——霍乱杆菌的发现者，在参观动物园期间搜寻"疟疾病菌"的同时，对这些猴子进行了测试。②

除了用于珍稀物种和新物种的研究之外，新加坡植物园中的动物藏品也是公众前来观察马来半岛自然世界样本的绝佳场所。来到港口的游客会想尽办法去参观这些动物藏品，它在 19 世纪末出现在新加坡的几本指南上。同时，它也极受当地居民的欢迎，人们蜂拥而至，只为一睹那危险的食肉动物和灵长类动物的风采，这种景象在周日尤为壮观。③ 新加坡植物园的动物园里有许多游客都是殖民地居民，也就是"土著居民"，所以这些藏品的文化意义不言而喻。除了展示马来半岛的动物，彰显英国对该地区日益增长的控制力量之外，园中还有对"本土物种奇异和奇特突变"的展示，例如多出半边骨盆及腿的日本家禽和生有四条腿的母鸡。这不仅吸引了游客，而且还给殖民权力带来了额外的信任。正如里德利所评论的那样，"这些在东方并不罕见的怪物，竟成了当地人眼中的稀罕物。"④

然而，所有这些游客与动物的互动往往会导致令人不快的体验，这反映出 19

① 这与里德利常常提起他们所见到的奇特动物相符。例如，1896 年，收藏家朋友马沙多在写给他的一封信中提到了自己在彭亨州买到的由一只"普通"猴与一只"wa-wa"杂交而成的猴子。马沙多想将它赠予动物园，又担心它已经被炼乳和麦片粥饮食宠坏，这使他"有理由认为自己是苏格兰血统"。HNR/2/1/4；Correspondence, Letter from A. D. Machado, 23 June 1896, f. 102.
② HNR/3/3/1：Life of a Naturalist, p. 174；H. N. Ridley, Annual Report on the Botanic Gardens and Forest Department for the Year 1895 (Singapore: Government Printing Office, 1896), p. 1；Ridley, "The Menagerie at the Botanic Gardens," pp. 134, 140.
③ Ridley, "The Menagerie at the Botanic Gardens," p. 134；D'Aranjo, A Stranger's Guide to Singapore；Fox, Guide to the Botanical Gardens.
④ Ridley, "The Menagerie at the Botanic Gardens," p. 173.

世纪后期在东南亚港口一个著名的旅游景点，人们是如何看待笼养动物的。这种
互动无非是游客试图从动物那里得到反应，他们通常会把食物和各种物品扔进笼
中戏弄动物。还有些司空见惯的故事，例如，水手给受欢迎的狗熊一瓶啤酒。这种
类型的交流有时会产生致命的后果。一只灵长类动物死于"心脏的脂肪变性"，因
为在中国春节期间游客给这些动物"过多的食物，放任狂欢是致命的"。有时，动物
会用扔进笼中的物品来对抗游客的戏弄。里德利描述了游客往笼子里扔石头的故
事，笼子里装着一只来自苏拉威西岛（Sulawesi）的黑冠猕猴（西里伯斯黑猴
Cynopithecus niger），这种猕猴"经常被布吉人带到新加坡"。这只特别的猕猴因
其投掷能力而闻名（"像女性一样举手过肩投掷"），它会把石头反扔回去。里德利
最终不得不设法安抚一位愤怒的游客，她被投掷过来的石头击中嘴巴，割伤了
嘴唇。[①]

　　动物与照管它们的工人之间也发生了伤害。其中有位名叫斯文松的瑞典园
丁，他在 1878 年沃尔特·福克斯到来之前曾是植物园中众多首席园丁之一。在那
年的年中，醉醺醺的斯文松进入了蟒蛇笼，踢了这懒洋洋的笼主的头部，试图给同
行的来访朋友留下深刻的印象。蟒蛇缠住这不速之客，差点把他勒死。事后，斯文
松很快便在新加坡另寻他职。[②]

　　有些时候，游客还会设法偷走动物，甚至杀死它们。例如，1890 年一只野犬
（Cyon javanicus）死亡，所有的证据表明，有人在笼中下了毒。[③] 两年后，这个问题
彻底激怒了里德利，正如他在年度报告中所阐述的那样：

　　　　仅存的野犬和一只优美的海雕被蓄意毒害；虽然对罪犯的犯罪事实
　　毫无疑问，但是警方却无法取得有关此事的任何证据。这是最近几年以
　　来植物园中发生的第三起恶意毒害动物的事件。在新加坡，毒药获取越
　　轻易，警方越难破获此类案件，保护动物免遭这种毒害绝非易事。[④]

　　这些罪行的主要嫌疑人是不择手段的动物供应商，他们会在动物园毒害动物，
并试图向植物园出售替代品。

---

① Ridley,"The Menagerie at the Botanic Gardens," pp. 145,158.
② Anonymous,"Monday,8th July," ST,13 July 1878,p. 7；HNR/4/22：Insects and Reptiles,c. 1888-1956，
　Reptiles,f. 40；Ridley,"The Menagerie at the Botanic Gardens," p. 191.
③ Ridley,Annual Report for the Year 1889,p. 5；Ridley,Annual Report for the Year 1890,p. 4.
④ Ridley,Reports on the Botanic Gardens and Forest Department(1892),p. 1.

　　野犬与海雕之死也反映出世界各地类似机构在此期间遇到的难题：保持动物健康和安全。围场的大小、场内的微环境以及看护人的适当监督都关系到新加坡植物园中动物园的动物死亡率。新引进动物的死亡率特别高，因为它们被送来时经常处于患病或受伤的状态。围场的环境条件也起了作用。1890 年，里德利将动物死亡数量的上升归因于"过度潮湿"，尤其是在鸟类的换羽期。在此期间，一只长臂猿（*Hylobates agilis*）也因"寒冷"死于肺炎。疾病也会在动物中迅速传播，例如 1900 年，一只皇冠鸽死于痢疾，一只猩猩死于霍乱。①

　　除了人为干预之外，动物的丧失归因于与动物园相连的植物园中存在捕食者。在 19 世纪 80 年代后期，一只"相对较小的鳄鱼"被送进动物园来丰富藏品。当时饲养员外出吃午饭，它被绑在一根柱子上等待他们回来。绳结想必是松了，因而它逃进了植物园的湖中。1889 年 12 月，一只天鹅从湖中失踪。据里德利所说，湖中的水禽很快就学会了避开鳄鱼。鸭子们开始在王莲（*Victoria regia*）的叶子上栖息和产蛋以避开它。这只鳄鱼甚至抓咬那些去湖边汲水的苦力的手臂。当它长到了"六七英尺"（2 米）长时，里德利终于不得不命令一名看护人在湖岸边巡逻，防止游客进入海湾，担心鳄鱼会袭击孩童。面对这样的潜在威胁，里德利"设法捉住并杀死它"。这些努力包括使用捕网、鱼钩、竹竿和毒药，甚至还试过炸药。但这一切都是徒劳的。这条鳄鱼似乎在嘲弄它的追捕者。人们试图用一只填满马钱子碱的鸡给它下毒，它确实曾翻覆挣扎，直到沉入湖中从人们的视线中消失。第二天一早，它又开始捕食，两只孔雀失踪。最终，湖水被抽干。这只鳄鱼藏身于淤泥中躲避追捕者。那晚，它逃离了干涸的湖床，在附近的路边水沟里被发现，这条沟注满了来自干涸湖床的水。自此以后，没人再见过它了。它很有可能顺着沟渠游向了大海。正如里德利所记述的那样，"这将让人们了解这些动物的狡猾之处以及消灭它们的难度。"②

　　新加坡植物园中鳄鱼等危险动物的存在，在 19 世纪末已到了经常登上小报新闻的境地。随着新加坡的日益发达，当地居民与自然荒野的关系也日渐疏远，动物

---

① Ridley, Annual Report for the Year 1890, p. 4; Ridley, Annual Report for the Year 1900, p. 1; Ridley, "The Menagerie at the Botanic Gardens," pp. 138, 145.

② HNR/4/22: Insects and Reptiles, c. 1888-1956, Reptiles, ff. 3-4; Taylor, "The Environmental Relevance of the Singapore Botanic Gardens," p. 127; Ridley, Annual Report for the Year 1892, p. 2; Ridley, "The Menagerie at the Botanic Gardens," pp. 177, 185.

被视作是危险的。1893 年,一只老虎在植物园的丛林中栖息了数月之久,令这种情况不断恶化。虽然它从未被擒获,但威胁感犹存,这导致 1895 年《新加坡自由新闻和商业广告人》在一篇报道中称一只老虎闯入园中并杀死了动物园的一位饲养员。这篇报道还出现在另一份报纸——《新预算》(New Budget)上,而新加坡更可靠的大报将其视为一场恶作剧。故事的后续发生在第二年,栖息在湖中的两只黑天鹅在连续两个月内相继死亡。在第二只死亡后,工作人员搜寻了整片区域,在湖中的小岛上发现了一条 13 英尺(4 米)长的蟒蛇。里德利前去检查这条蛇,在蛇向他猛扑两次之后,里德利将其射杀,"把它的头击成了碎片"。他发现一只天鹅在蛇体内。①

　　除了园中动物构成的威胁之外,还有许多物种在这片土地上自由地游荡。在 19 世纪末,园中至少有两群野生长尾猕猴(Macaca fascicularis),它们是东南亚最常见的灵长类动物,其中一群活跃在植物园的丛林中,另一群生活在经济花园中。这些猕猴群之间或内部的冲突偶尔会蔓延到植物园的公共区域,大多数冲突发生在拂晓之前。里德利报告了一次特别激烈的冲突,整个植物园都能听到,这场冲突导致一位雄性猕猴首领死亡,它的喉咙被切断,还有其他新伤口。它的尸体被送往莱佛士博物馆,制成了骨骼标本。直到那时,人们才发现它身上有许多断裂后又愈合的肋骨以及历次斗争的残迹。在一个更有趣、更有表现力的说明中,鹈鹕也在新加坡植物园内制造了不少的麻烦,据报道,理论上它们本应在植物园湖中自食其力地捕鱼,但现在有些鹈鹕却张着嘴向过路的马车讨食。②

　　除了自然出现的野生动物之外,园中也不乏逃出围栏的动物或者被主人放生到这儿的宠物。这些动物,尤其是灵猫(musangs)、松鼠和其他小型动物,在植物园的丛林中欢腾了一整天后,经常会被吸引到笼子里。园方尽量不将它们重新捕回,除非它们是危险的。若发生这种情况,园中所有工作人员都将处于警戒状态。这发生在一条长 21 英尺(6.5 米)的蟒蛇从笼子里逃出之后。所幸它很容易被追踪,因为最近的一场暴雨给它的追捕者们留下了踪迹。尽管这条蟒蛇

① HNR/4/22:Insects and Reptiles,c. 1888-1956,Reptiles,ff. 37-38; Ridley,"The Menagerie at the Botanic Gardens," p. 149; " The Singapore Tiger'," SFP,23 May 1895,p. 3; H. N. Ridley,Annual Report on the Botanic Gardens and Forest Department for the Year 1896(Singapore:Government Printing Office,1897),p. 2.

② Ridley,"The Menagerie at the Botanic Gardens," pp. 135,140-143.

被一根套索成功地束住,但它绞缠在树上,需要 20 多名苦力才能将其拽回玻璃笼中。这条蛇被游客用木棍猛戳之后死亡。那名游客被逮捕并处以罚款。里德利还报告说,曾作为宠物饲养的猴子经常被放生到丛林中,却很难融入野生猴群,而这片广阔的土地是野生猴群的家,最终这些放生的猴子投奔植物园或附近的住所寻求庇护。①

在整个动物园的藏品中,最受欢迎的是灵长类动物和大型食肉动物,特别是老虎。在动物园存在于植物园中的 30 年间,至少有 5 只老虎在它们的围场中度过了一段时光。这些动物易获取却难供养,因为食物的开销实在太大了。同时,长臂猿也广受欢迎,因为它们会在树枝间荡秋千;而猩猩经常为游客助兴。例如,园中的最后一只猩猩因为对恶习上瘾而出名,它有抽烟和喝酒的癖好。这只猩猩最终被送往伦敦动物园,它是一个老烟鬼,不仅会用上一支烟的余烬点燃下一支烟,还能用鼻子吞云吐雾。②

另一只备受欢迎的动物是一头名为日叻务(马来语 Jelebu)的马来熊(*Ursus malayanus*)。这头熊是来自海峡殖民地总督塞西尔·克莱门蒂·史密斯的礼物,它不仅让游客骑在自己的背上,还能任由他们把手放进自己嘴巴里。然而,日叻务经常挣脱限制它活动的铁链和项圈。在这些自由时光中,它通常待在笼子和围栏附近,尽管有一次它闲逛到了经济花园;而且还有一次,它筑巢之后试图定居在树上。园方曾尝试让日叻务与一头母熊交配,无奈这头母熊的性情"被宠坏了",因为在以前家庭经常受到仆人的戏弄。最终,日叻务"在数只动物相继死亡的流感季节死于肺炎"。③

19 世纪后期,园中最负盛名的动物之一是里德利的一只马来貘(*Tapirus in-dicus*)(图 4-4)。这只被他唤作"伊娃"的马来貘生活在园长之家(the Director's House),每天都跟着里德利去他的办公室。早晨,它在办公室的院子里吃草,天气热时,它会走进大楼,躺在桌子底下休息。在寓所和办公室之间的这段路上,这只小马来貘会在里德利身旁飞奔,并灵巧地避开路面上坚硬的部分。里德利还注意到,它每天都在固定的地点排便,减少了把它留在室内可能造成的麻烦。最终,随

---

① Ridley,"The Menagerie at the Botanic Gardens," pp. 135,190.
② Ridley,"The Menagerie at the Botanic Gardens," p. 137.
③ 母熊死于子宫疾病。Ridley,"The Menagerie at the Botanic Gardens," pp. 157-158.

图 4-4：里德利和他的宠物貘，伊娃。（HNR/1/2/1/17；Henry Ridley Papers）。来源：皇家植物园邱园董事会。

着这只马来貘逐渐长大，它不得不被关在围栏里——尽管它仍然遵循着它的日常生活习惯——因为当它在主车道附近吃草时，会吓坏载着游客的马儿。这只马来貘在植物园湖中的一次游泳之后死亡。尸检发现，它患有"pthisis"（19 世纪对肺结核的称呼），而且病情相当严重，以至于肺部的"相当大的一部分"已经病变。①

一个时代的终结

　　尽管动物园广受欢迎，但它却没能撑到 20 世纪的第一个十年。它衰败于疏忽，反映了立法委员会和植物园委员会缺乏维护设施及照料动物的意愿。它的衰落始于 1901 年，在要求公共工程部（the Public Works Department）对动物围场和鸟舍进行大修之后。自 19 世纪 70 年代初以来，动物园建筑物的状况一直是个问题。到了 20 世纪初，它们"几乎无法修理"。当这个问题被提交给海峡殖民地最高立法机构时，议员们却对成本望而却步，并"下令清走所有大型动物。"失去新加坡领导层的支持，这是里德利执掌植物园期间面临的一个困境，再加上这些建筑的残

---

① 里德利还在家中养了一条小蟒蛇防鼠。蟒蛇白天在箱子里睡觉，晚上在屋顶椽条上觅食。HNR/4/22；Insects and Reptiles, c. 1888-1956, Reptiles, f. 38；Ridley, "The Menagerie at the Botanic Gardens," pp. 161-163. 译者注：pthisis 似应为 phthisis。

破状况,这一切意味着这些动物藏品已难存于世。1902 年,里德利开始回绝一切
动物捐赠,也没有再进行购入。即使当柔佛苏丹要赠送一只"健壮的老虎"时,他也
只能婉言谢绝。至于那些仍在收藏中的动物,许多都被送走或出售,着眼于它们能
发挥最佳效益的地方。例如,鹿被送到了科科斯岛(the Cocos Islands)以丰富其动
物储备,而猩猩、一只熊狸、杂交猿和一头白化豪猪则被送往伦敦动物学会。[①]

　　1904 年初,亨利・里德利宣布关闭新加坡的动物园。他对这样的决定感到遗
憾,但认为这是唯一的解决办法,因为维护动物藏品的费用很高,而且缺乏政府的
支持。里德利写道:"也许希望在未来的某个时候,政府可能会在新加坡找到一个
合适的动物园,正如许多殖民地那样,它的门票定价很低,可以很容易地支付维护
费用,而那些殖民地用于采购与饲养动物的费用比在这里要高得多。"[②]

　　那些在 19 世纪末曾是游客们竞相参观的建筑和围场很快就消失了。1905
年,苦力把笼子搬出了鸟舍,并变卖了一些铁制品,尽管绝大多数都已经"完全腐
烂"了。沿着鸟舍延伸到新植物标本馆的一条排水沟,170 码(160 米)的长度已被
砖块填满覆盖。两年后,整个鸟舍所有可见的遗迹都被清理干净,地面被开挖并种
上了草坪。从前的猴屋被重新粉刷,变成了一个小凉亭。最终,公共工程部在
1914 年将猴屋搬迁至"五大道"(Five-ways)附近的新址,在那里它成为植物园南部
游客的避雨亭。在原址上建造了两间供游客使用的砖结构公共厕所。[③]

　　动物园关闭后,许多评论员为港口城市新加坡缺乏这样一个现代化标志而扼

---

① 1906 年初,所有动物都安全抵达了伦敦,除了那头豪猪死于红海。HNR/2/1/7:Correspondence,Letter
from P. Chalmers Mitchell,3 Nov. 1905,f. 146; Henry Ridley,Annual Report on the Botanic Gardensand
Forest Department for the Year 1905(Singapore:Government Printing Office,1906),pp. 1-2; W. Fox,
Annual Report on the Botanic Gardens and Forest Department for the Year 1901(Singapore:Government
Printing Office,1902),p. 1; H. N. Ridley,Annual Report on the Botanic Gardens and Forest Department
for the Year 1902(Singapore:Government Printing Office,1903),p. 2; H. N. Ridley,Annual Report on
the Botanic Gardens and Forest Department for the Year 1903(Singapore:Government Printing Office,
1904),p. 2; MR/345:Miscellaneous Reports,Singapore Botanic Gardens,1874-1917:H. N. Ridley,Letter
to Dyer,received 31 Oct. 1903.

② "The Botanic Gardens," SFP,30 Mar. 1904,p. 3,Ridley,Annual Report for the Year 1903,p. 2.

③ Ridley,Annual Report for the Year 1905,p. 2; H. N. Ridley,Annual Report on the Botanic Gardens and
Forest Department for the Year 1907(Singapore:Government Printing Office,1908),p. 1; H. N. Ridley,
Annual Report on the Botanic Gardens and Forest Department for the Year 1908(Singapore:Government
Printing Office,1909),p. 2; I. H. Burkill,Annual Report of the Director of Gardens,Straits Settlements,
for the Year 1914(Singapore:Government Printing Office,1915),p. 2.

腕叹息。在年度报告中,里德利写道:"许多游客为动物园的废除感到惋惜,对于他们来说它曾是植物园中最受欢迎的部分。"在 1906 年 7 月的一篇报道中,《新加坡自由新闻和商业广告人》的编辑将动物园的缺失形容为"遗珠弃璧之憾",并将责任归咎于"缺乏商业头脑与实用常识",这使得它"日渐萧条直至瓦解。"至于解决方案,这位编辑建议为动物园设置一个独立的入口,并收取门票。从理论上来说,这将产生足以维持其运转的收益,因为"对当地人来说,没有什么比因于笼中的野生动物更吸引人了。"①然而,那些有权拍板定案的人,没有一个认真考虑过这个提议。

　　尽管它存在的历史十分短暂,但新加坡植物园中的动物园是 19 世纪后期的一项巨大成就,因为它能够笼养、管理和展示——最终征服——动物,这是殖民力量的一种表现形式,它显然符合那个时期许多其他动物研究的背景。② 正如历史学家托马斯·维特(Thomas Vetre)所指出的那样,"将外来动物与那些本土动物并排展示,是为了给游客一种国家繁盛与帝国广袤的印象。"③最终,这种至高无上的地位根植于殖民者对动物世界的审视、观察和产生知识的能力。

　　然而,新加坡植物园中动物园的关闭也反映了另一种殖民现实。地方殖民官员对这些机构的支持与他们提出的要求极不相称。尽管动物园反映了维多利亚时代对征服和炫示该地区动物群的狂热,但它最终并没有推进对景观的实际控制。在新加坡,一切官方活动都是为帝国服务的,任何未针对此的税收都被视作浪费。虽然新加坡植物园是一个动物园,一个公园,甚至是 19 世纪末海峡殖民地开始重新造林的总部,但政府却希望它不但能够自给自足,还要自证存在的合理性。正是在这个时期,当质疑它的社会价值与存在持续不断时,新加坡植物园开始形成巨大

① 　Anonymous, "Tuesday, July 3, 1906," SFP, 3 July 1906, p. 2; Anonymous, "The Local Zoo," ST, 14 June 1905, p. 5.

② 　Warwick Anderson, "Climates of Opinion: Acclimatization in Nineteenth-Century France and England," Victorian Studies 35, 2(1992): 142; R. J. Hoage, Anne Roskell and Jane Mansour, "Menageries and Zoos to 1900," in New Worlds, New Animals: From Menagerie to Zoological Park in the Nineteenth Century, ed. R. J. Hoage and William A. Deiss(Baltimore, MD: The Johns Hopkins University Press, 1996), p. 15.

③ 　Tomas Veltre, "Menageries, Metaphors and Meanings," in New Worlds, New Animals: From Menagerie to Zoological Park in the Nineteenth Century, ed. R. J. Hoage and William A. Deiss(Baltimore, MD: The Johns Hopkins University Press, 1996), p. 27; Dorothee Brantz, "The Domestication of Empire: Human-Animal Relations at the Intersection of Civilisation, Evolution, and Acclimatisation in the Nineteenth Century," in A Cultural History of Animals: In the Age of Empire, ed. Kathleen Kete(Oxford: Berg, 2011), pp. 86-87.

的社会和文化影响力,不仅对本岛和马来半岛,而且还对整个东南亚和世界其他地区都产生了巨大影响。这一切起源于植物园北部一个改造过的森林保护区。这个地区后来被称为"经济花园",正是这里的橡胶、油棕和其他各种植物改变了该地区的经济、地理和社会形势。这是新加坡植物园新阶段的开始。

第五章　经济花园

1894 年,海峡殖民地政府官员提议废除新加坡植物园的所有科学研究活动。植物园主管亨利·尼古拉斯·里德利将被一名"普通园丁"取代,并且大量工作人员将被裁减。英国植物学界的精英对此前景十分震惊,因为失去对自然和植物进行殖民研究的主要节点之一是难以想象的。大英帝国植物学庞大的全球网络面临威胁。信件开始涌入殖民地办公室,劝诫官员们要制止"位居政府高职的守旧者们强烈反对以科学方式进行农业"的举措。[①] 在这些植物学的捍卫者中,本杰明·戴登·杰克逊(Benjamin Daydon Jackson)是林奈学会的秘书,他给殖民地事务大臣写了一封信,为新加坡这位既有争议又有干劲的园长的工作辩护。杰克逊在信中宣称,任何试图取代或降低里德利及其职位的行为都将是"科学的巨大灾难"。杰克逊接着补充道,里德利已经"为经济和科学植物学做出了巨大的贡献",并且"可能还会有更多有价值的结果……"。[②] 根据伦敦对殖民地官员的一系列指示,里德利被允许保留他在新加坡的职位。

在帝国主义的盛世,对植物的研究被认为具有实用价值,在经济植物学强盛的语境下,将有利于西方影响力的维持和扩张。通过监督来自邱园皇家植物园的植物学家,新加坡植物园从一个克兰尼路和纳皮尔路拐角处的私人公园,转变为对帝国有裨益的资产,使得在新加坡进行的研究成为一个重要的融合点,在这里融合了被称为"帝国科学"的各种概念。根据罗伊·麦克劳德(Roy MacLeod)所言,英国"帝国科学"涉及一个源自英国的人员与机构网络——我们的案例是邱园皇室植物园——它指导政策目标,增强处于外围地带的帝国力量——这个例子是新加坡植物园——它被认为更合作,不仅仅是"回应指示",而是对当地情况保持平衡的反应,并根据当地所需进行调整。尽管新加坡的植物学家们认可来自英国的建议,但他们是当地网络系统

---

① 　HNR/3/3/1:Life of a Naturalist,p.59.

② 　RBGK:MR/345:Letter from B. D. Jackson,2 Nov. 1894,f. 513; HNR/2/1/7:Correspondence,Letter from C. C. Smith,30 Dec. 1894,f.148.

的一部分,为在东南亚适用的热带环境中利用科学创造了新的可能性。①

自 1875 年政府接管新加坡植物园后,帝国科学在海峡殖民地的作用就开始显现了。在罗伯特·利特尔写给殖民地办公室和邱园寻求主管的最初几封信件中,他要求推荐一位可以"指导下属处理果树和蔬菜"并且"了解植物提取物、果汁和纺织纤维"的植物学家。利特尔补充道,这样的知识可以使殖民地受益,例如,"我们有一百种的大蕉,但最适合它们栽种的土壤还有待证实","杧果很粗糙……果树被一种甲虫的幼虫破坏,它们蛀蚀大树枝的髓,树枝纷纷脱落,就像坏疽的肢体脱离了活体。"②更好地了解植物世界以及如何利用它来造福社会,是有必要的。这不仅是帝国植物学的基石,也是经济植物学的基石。

蔬菜、纤维以及其他有经济效益的植物研究主要发生在经济花园。在 19 世纪末,经济花园是禁止休闲游客进入的区域,并且在它存在的前二十年里没有取得太大进展。许多政府官员在这些问题上缺乏耐心,尽管众所周知这种方法需要与自然和植物学相结合。正如建立经济花园的亨利·默顿描述了他与植物园委员会的冲突,"这样一个机构的工作不能在普通大众面前炫耀展示,因为有助于殖民地的福利通常只有靠循序渐进的努力才能成功,并且很少有外人看到它的任何进展,但它必须承受当天的压力和负担。"③

默顿及其继任者纳撒尼尔·坎特利在建立经济花园方面做了重要的工作,却是 H. N. 里德利——从 19 世纪 90 年代中期开始——从他们的努力中获益。在因军事贡献而削减预算后,他的职位差点被取消,里德利于 1895 年初从英国探亲返回。根据合同的新条款,他一半的工作时间分给了新加坡植物园,其余的时间致力于满足马来联邦对植物学的需求。这样的双重任命支持新殖民地国务大臣约瑟夫·张伯伦(Joseph Chamberlain)的政策,该政策强调科学的实用性——尤其是种

---

①　几十年来,"帝国主义科学"和"科学帝国主义"之间的区别一直是学者们争论的焦点,而"殖民科学"的讨论使情况更加复杂。从本质上讲,"科学帝国主义"是与高度帝国主义时期有关的帝国主义。Roy MacLeod, "On Visiting the'Moving Metropolis':Reflections on the Architecture of Imperial Science," Historical Records of Australian Science 5,3(1980):2-3; Roy MacLeod,"Reading the Discourse of Colonial Science," in Patrick Petitjean(ed.),Les Sciences Coloniales:Figures et Institutions(Paris:ORSTOM,1996),pp. 87-96; Hodge,"Science and Empire," p. 13; Arnold,The Tropics and the Traveling Gaze,pp. 161-166.

②　MR/345:Letter from R. Little,ff. 398-399.

③　Murton,"Colonial Gardens," p. 140.

植园农业——以加强帝国的力量。[1] 在这个职位上，里德利开始进入"原住民国家"，推动经济花园正在开展的工作，特别是种植、收获和维护巴西橡胶树（Hevea bra-siliensis）的方法。

通过默顿、坎特利、里德利以及其他几十位科学家的努力创造了一个产业，不仅改变了新加坡，也改变了东南亚大部分地区的景观、地理、经济和社会。这种转变是革命性的。在 19 世纪晚期，马来半岛的经济几乎完全基于矿物的出口，特别是锡。到了 20 世纪初，农产品主导了当地的出口。正如里德利在邱园档案馆的一份笔记里中所痛骂的那样，"8 000 万英镑的利润几乎没有花费海峡政府任何成本，而马来联邦则从一种银行破产状态（近乎如此）成长了巨额财富。"[2] 为了实现这个目标，丛林被清除，种植园被开垦，公路、铁路和港口被修建。在这个过程中，新加坡和马来亚成了帝国的重要节点。这种社会转型起源于新加坡植物园的研究。然而，在讲述这个故事之前，我们需要更好地理解经济花园在新加坡植物园发挥的作用以及在其范围内开发的各种植物。

全球的植物园都有若干功能。虽然大多数人认为它们是展示自然奇观的公园，但主要是科学研究使它们在社会和经济的发展中发挥了重要作用。在早期植物学家们致力于解密植物世界时，欧洲早期的植物园终究是作为草药和其他药用植物的资源库。随着帝国和殖民地的扩张，植物园成为更大研究利益的分支，致力于欧洲花园的利益和当地的需求，正如新加坡植物园和邱园之间经常发生的那样。

最早和最具影响力的殖民地植物园之一，是位于荷属东印度群岛的首都茂物。这座花园始于为联合东印度公司总督保留的宅邸。1817 年，在德国生物学家和植物学家卡斯珀·格奥尔格·卡尔·瑞华德（Caspar Georg Carl Reinwardt）的领导下，这座花园被正式定名为国家植物园（National Botanic Garden），在这里可以对有经济效益的植物进行研究。1820 年瑞华德成立自然历史委员会（Natuurkun-dige Commissie，the Natural History Commission）之后，这种情况变得更加正式化。在接下来的几十年里，自然历史委员会的运作方式愈发独立于荷兰政府的其他行政部门，只要它不对殖民预算或者利润提任何要求。到 19 世纪 40 年代，随着植物标本馆的建设，茂物植物园成为了热带植物学研究的中心，这是荷兰帝国下个

①　Hodge，Triumph of the Expert；Worboys，"Science and British Colonial Imperialism."

②　HNR/4/11；Malay Peninsula. Gardens and Agriculture，p. 1B.

世纪在东南亚努力的重要组成部分，如同几十年后的新加坡植物园为英国服务一样。①

茂物植物园通过开发大量种植作物，证明了这种机构对殖民地国家的价值。开发得最具影响力的植物是金鸡纳（*Cinchona*），这是一种原产于安第斯山脉的植物，它的树皮是奎宁的来源，奎宁是治疗疟疾的主要成分。在 19 世纪早期，人们对奎宁知之甚少，但若没有了它，欧洲的扩张会因为疟疾大量残害早期殖民者而步履维艰，以致限制欧洲人在热带地区扩大影响力的能力。②

金鸡纳研究的早期成功大多发生在英国植物园的网络系统中。英国探险者和自然学家克莱门茨·马卡姆（Clements Markham），支持在其他环境下驯化金鸡纳的努力，希望能够生产足够的奎宁来供应大英帝国。到 19 世纪 50 年代中期，邱园的植物学家监督了从南美收集金鸡纳种子并将它们转移到殖民地植物园的努力，在那里开展了大量早期研究，以开发大规模生产与加工的方法。这些努力是成功的，到了 1865 年，印度殖民办公室安排在加尔各答植物园种植金鸡纳，从而为热带植物园中经济实用植物的驯化提供了一种模式，以满足帝国的需要。这项研究的成功意味着这些药物以及金鸡纳树的种子现已在伦敦和世界各地的英国殖民地有售。③ 而且，这些适应了环境的树木产出的奎宁量可能会增加。

虽然英国种植金鸡纳已经取得了很大的进展，但荷兰官员继续在全球范围内搜寻，试图提高自己的产量，因为同时期他们也在爪哇岛上进行了类似的试验。这最终促使荷兰驻伦敦总领事从一位羊驼毛商人查尔斯·莱杰（Charles Ledger）那里购买了 2 万粒种子，这种品种具有很高的奎宁产量。查尔斯曾试图将这些种子卖给邱园的约瑟夫·虎克，但没有成功。这些种子被送到茂物，幼苗被嫁接到现有的枝干上。茂物的荷兰植物学家开始试验这些植物，这最终导致了更高奎宁产量的发展。结果非常惊人，荷属东印度群岛在 19 世纪 70 年代早期迅速占据了奎宁生产市场的主导地位，最终在 1890 年至 1940 年之间生产了 90％以上的全球疟疾

---

① Andrew Goss, The Floracrats: State-Sponsored Science and the Failure of the Enlightenment in Indonesia (Madison, WI: University of Wisconsin Press, 2010), pp. 28-32.

② Daniel R. Headrick, The Tools of Empire: Technology and European Imperialism in the Nineteenth Century (Oxford: Oxford University Press, 1982), pp. 58-79; P. D. Curtin, "The White Man's Grave: Image and Reality, 1780-1850," The Journal of British Studies 1, 1(1961):107.

③ Goss, The Floracrats, pp. 35-47; Drayton, Nature's Government, pp. 206-211.

预防供应量。^①

因此，茂物的荷兰植物园成了全球热带植物园的典范，并且激励了英国人去寻求类似的成功。正如 1880 年亨利·默顿宣称道：

> 数百万人受益于金鸡纳引入东方，有多少人了解在它成为一个既成事实之前要承担多少耐心的劳作、技能以及大胆的事业，更不用说茶、咖啡、香草以及数不胜数的其他植物界的商业产品在各个殖民地的引入。^②

为了在植物园的殖民网络中取得成功，新加坡的科学家们必须开发出类似的产品。这样的努力需要时间。

"植物界的商业产品"

1875 年，亨利·默顿从锡兰的佩勒代尼耶植物园来到新加坡之后不久，新加坡植物园的经济花园应运而生。在佩勒代尼耶植物园，他从园长 G. H. K. 思韦茨（G. H. K. Thwaites）那里获得了数百种植物。这些植物——例如咖啡与木蓝属植物——将成为邱园受训过的植物学家们在新加坡努力的基石。正如默顿在他到达一年之后所报告的那样，"在新的经济基础上，我将竭尽全力系统安排所有适合在这种气候条件下种植，能够生产经济和药用产品的植物。我竭诚地希望这个部门几年后将成为植物园中最具教育意义和最有趣的部分之一。"^③这种新方法将把新加坡植物园科学家的影响转移到更广泛的社会，并影响该地区生活的各个方面。正如默顿所强调的那样，这个新花园将监督"引进具有经济价值的新植物，并彻底测试它们在新加坡的生产能力，然后在马来半岛推广它们的普遍种植"。接下来的几十年里，在新加坡植物园的范围内又建了好几个经济花园。默顿把他的"经济地盘"最初安置在园长之家与植物园丛林之间，并把重点放在田园蔬菜以及咖啡和橡胶上。^④

1875 年，邱园将利比里亚咖啡送到新加坡，这种咖啡生长良好，是经济花园的首批成功品种之一。更重要的是，海峡殖民地的利比里亚咖啡似乎没有染上"可怕的咖啡病（*Hemileia vastatrix*，咖啡驼孢锈菌）"，这种病感染了锡兰大多数的咖啡。咖啡

---

① Andrew Goss,"Building the World's Supply of Quinine: Dutch Colonialism and the Origins of the Global Pharmaceutical Industry," Endeavour 38,1(2014): 8-10; Goss, The Floracrats, pp. 48-56; Drayton, Nature's Government, p. 210; Brockway, Science and Colonial Expansion, pp. 103-139; Desmond, Kew, p. 215.

② Murton,"Colonial Gardens," p. 140.

③ Murton,"Report on Government Botanic Gardens," p. 2.

④ Murton,"Report on the Botanic and Zoological Gardens, 1878," p. 3.

种子在三年内产生,甚至成为植物园中猴子和麝香猫的理想食物,这迫使默顿用铁丝围起成熟的咖啡树以防损失更多的种子。1880 年,利比里亚咖啡种植园面积从植物园迅速扩大到新加坡的 100 英亩(40 公顷),最终在十年内扩展到 1 000 英亩(400 公顷),导致咖啡取代了甘蜜和胡椒,成为了这个时期海峡殖民地的主要出口农作物。咖啡的前景是如此的光明,以至于默顿把幼苗送给马来半岛和沙捞越(Sarawak)的英国官员,它们在那里也表现良好,这使其成了经济花园早期成功的案例之一。①

随着越来越多的经济植物被引进到新加坡植物园以及咖啡的早期成功,扩张成为必要的举措。1879 年,在东陵路新建营房之后,政府将植物园北部的军事保护区 49 英亩(20 公顷)的土地给了默顿。军事保护区,顾名思义,是一个原本被指定用于军营和训练的场地,俗称"卡弗里营地"(Caffre Camp 或 Kaffir Camp),因为它曾是西印度团士兵的营房。这块地如今是新加坡国立大学武吉知马校区(the National University of Singapore's Bukit Timah Campus)以及植物园的北部——由平地、斜坡以及覆盖二次生长的山顶组成。中国非法占地者生活在斜坡上的果树林中,他们在卡弗里营地附近的低地种植了木蓝属植物。② 在政府"买断"非法占地后,该地区成了经济植物种植的专用区。

纳撒尼尔·坎特利在抵达新加坡之后,开始重组植物园的场地,因为默顿在政府批准调任后不久就走了。1881 年坎特利下令砍掉低地上的二次生长以及消灭山坡上的白茅。这是一项浩大的工程,其中还包括将 200 多棵开花的利比里亚咖啡树迁移到该地区(只有 6 棵死亡)。正如他所描述的那样,"白茅山被挖了个遍,连根都被挑出来(这是最烦琐的过程);然后地面被整平并种上了草;同时在草地旁增设了一条走道。"他接着补充道,"这块地连同其余被清理的地方,随后被铺设草皮;在找到足够多的草皮方面遇到了相当大的困难,而草皮的主要好处是防止表面土壤被冲走。"坎特利随后依据植物学和商业术语将植物分组,例如将那些产油或纤维的植物放在一起。在植物园的开放部分和经济花园之间,坎特利创建了一个

---

① Murton,"Report on the Botanic and Zoological Gardens,1879," p. 3; Anonymous,1880 Blue Book of the Straits Settlements(Singapore:Government Printer,1881), p. X4. I would like to thank Christabelle Ong for helping me with this information.

② HNR/4/11;Malay Peninsula. Gardens and Agriculture,p. 61; Burkill,"The Second Phase in the History of the Botanic Gardens,Singapore," p. 101; Purseglove,"History and Functions of Botanic Gardens with Special Reference to Singapore," p. 131.

树木园作为过渡区,在树木园内他还为自己所倡导的林木计划培育树木。①

经济花园的早期发展在坎特利提交的 1885 年年度报告的附录中达到了顶峰,他记录了殖民地所有的"经济植物",目的是提高"蔬菜供应"的质量和范围,因为经济花园是大量试验的基地,希望为港口城市的居民开发更加多样化的饮食(图5-1)。这份附录清单提供了 19 世纪后期新加坡普通消费者市场上售卖农作物的概况,从"丰富的"绿豆(kachang hijau,菜豆 Phaseolus vulgaris)到木瓜。报告中的蔬菜包括"巨型芦笋",它在槟榔屿自由生长,但不能长到园丁希望的大小,以及坎特利认为是一个败笔的马铃薯。其他提到的植物包括黑胡椒和香草。② 虽然这些多样的植物丰富了市场,但还未发现像来自茂物的金鸡纳那种规模的革命性植物。坎特利的继任者将把试验继续进行下去。

1888 年末,亨利·里德利作为新任命的园长抵达,新加坡植物园有几块区域专门种植经济上有用的植物。第一块区域是默顿最初开发的"经济和药用花园",位于园长之家与植物园丛林之间。药用花园里有许多外来植物——从琉璃苣(Borago officinalis)到蓖麻植物(Ricinus communis)。琉璃苣是一种用于治疗多种失调症的草药,而且还是飘仙杯鸡尾酒(Pimms Cup cocktail)的传统装饰,蓖麻植物是蓖麻油的基本成分。除了这些药用植物之外,还有生产纤维的植物,例如龙舌兰科的新西兰亚麻(Phormium tenax)和毛里求斯麻(Furcraea foetida)。此外,至少有 70 棵果树生长在这些药用和纤维植物的旁边。③ 还有些地块专门用于种植欧洲蔬菜。尽管坎特利在这个地区进行了"详尽的试验",并且有些被认为是成功的试验,特别是番茄和洋姜(Jerusalem artichoke),但里德利认为整个花园"必须被视为失败"。当时不断进行监督和试验,人们给予花园极大的关注,希望能为帝国社会和银行账户找到有利可图的贡献者。里德利停止了这部分的所有工作,并开始致力于为游客提供娱乐休闲的场所。④

---

① HNR/4/11;Malay Peninsula. Gardens and Agriculture,pp. 61-63; Fox,"Annual Report on the Botanical and Zoological Gardens,1881," p. 3; Burkill,"The Second Phase in the History of the Botanic Gardens," pp. 101-102,105.

② Cantley,Report on the Botanic Gardens,Singapore,1885,pp. 6-11.

③ Fox,Guide to the Botanic Gardens,pp. 30-39.

④ 在植物园里还有一块区域专门用来种植生产橡胶、树胶和树脂的树木,而另一部分则专注于产油和染料生产植物。在 19 世纪 80 年代这部分植物有油棕(Elaeis guineensis)和木蓝(Indigofera tinctoria); Fox,Guide to the Botanic Gardens,pp. 42-44; Ridley,Annual Report on the Botanic Gardens,1888,p. 3.

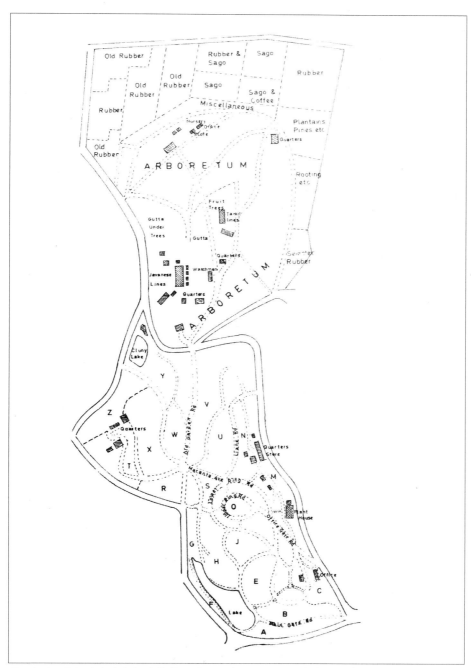

图 5-1:19 世纪后期的新加坡植物园地图,详细描述了经济花园的布局。根据 I. H. 伯基尔《植物园历史的第二阶段》第 105 页的图片绘制。来源:新加坡植物园图书馆和档案馆。

　　第二个经济花园是里德利到达时发现的，它超越了经济和药用花园，那是几年前坎特利清理过的树木园。里德利把这个区域称为克卢尼路上的"试验花园"。这个花园有一个单独的入口，并且不对新加坡植物园的普通游客开放。唯一公布于众的标志是街道上的公告板，宣传它是"试验性森林苗圃"，反映了坎特利对森林和保护的重视。里德利开始改造这个场地，将这两个花园（经济和药用花园以及试验森林苗圃）正在进行中的大部分工作转移到坎特利一直在培育的植物园北部港口的前军事保护区。到了1889年，里德利主张将植物园的这部分区域完全围起来，以凸显场地的边界，并防止夜间入侵者进入。更重要的是，他想把这个仍在林业部名下的试验性花园转移到新加坡植物园，因为它不再"与森林有任何真正的联系"。①

　　1890年，林业部试验花园正式移交给新加坡植物园。根据里德利的说法，这种重新分配是"一种更令人满意的安排，因为它早已不再只被用作森林树木的苗圃"。"一小撮人"开始清理攀缘植物、灌木和草地，留下一些至今仍然存活的树木，特别是香灰莉树（Tembusu）。场地较低的部分最终容纳了一个橡胶种植园以及"所有实用的热带植物、纤维、坚果、可可、可卡因（以树篱的形式在侧旁）、果树、棉花"和其他种类的橡胶植物。经济花园的丘陵部分包含了树木园以及一块种植稀有本土植物的小区域。在这片新改造的土地上，雄性竹子（牡竹 *Dendrocalamus strictus*）是最先苗壮成长的植物之一，军队需要用它制作骑兵师的长矛柄。然而，这种转变不仅反映了这部分土地对殖民地的潜力，也肯定了里德利自抵达以来所做的工作。②

　　里德利管辖下的经济花园最初成功案例之一，是在他到来后不久进行的研究，为了保护新加坡和马来亚椰子种植园免受两种甲虫的侵害，即椰蛀犀金龟（*Oryctes rhinoceros*）和红色棕榈象鼻虫（*Rhynchophorus ferrugineus*），它们会寄生于那些被遗弃或腐烂的椰子树。背负着解决问题的重任，里德利搜集整理信息，并很快

---

① Fox, Guide to the Botanic Gardens, p. 18; Ridley, Annual Reports on the Forests Department, 1888, p. 1; Ridley, Annual Report on the Botanic Gardens and Forest Department, 1889, p. 1.

② HNR/4/11; Malay Peninsula. Gardens and Agriculture, p. 197; H. N. Ridley, Annual Reports on the Forests Department Singapore, Penang and Malacca for the Year 1890 (Singapore: Government Printing Office, 1891), p. 4; H. N. Ridley, Annual Report on the Botanic Gardens and Forest Department, for the Year 1891 (Singapore: Government Printing Office, 1892), p. 9.

就发现大部分关于昆虫的看法都是"垃圾",这个结论反映了他在与殖民地政府其他官员打交道时经常表现出的蔑视。当时,人们认为甲虫会一点点吃掉椰子叶的末端。里德利很快发现,椰蛀犀金龟——"一种极具破坏性的完美昆虫"——实际上是钻过叶柄的基部,从那里钻入"卷心菜的心脏",从而将生长的叶片切成两半。里德利在《皇家亚洲学会海峡分会期刊》上发表了他的研究成果,这是他众多出版物中影响了该地区人与自然的关系的第一篇。[①]

　　这项研究的结果是《1890 年椰子甲虫条例》(*Coconut Beetle Ordinance of 1890*)颁布了,这是海峡殖民地制定的第一个"反昆虫"立法。该条例促使"椰子树巡查员"职位的产生——连同两个苦力——检查所有的种植园,特别是那些"牛粪、鞣料树皮或其他垃圾堆积导致椰甲虫可能滋生"的地方。巡查员将向种植园主发出通知函,需要他们清除"所有的垃圾、树叶、外壳和其他植物垃圾,或者至少不允许其堆积",否则将面临罚款。垃圾的清除是通过焚烧完成的。此外,在种植园中使用老的椰子树树干作为支柱或桥梁也是违法的。在该条例颁布的头一年,巡查员发出了 200 份通知函,在新加坡将近有 5 000 棵椰子树或树桩被销毁。第二年,即 1891 年,除了加冷(Kallang)之外,新加坡大部分地区都没有甲虫灾害。[②]

　　加冷仍然遗留着椰子甲虫的问题,因为该地区有许多锯木厂和制革厂。此外,由于居民贫穷,没有钱搬走老树或树桩(图 5-2)。一个锯木厂在 1892 年就证明了这个问题的严重程度。木屑已经累积了好几年,深度超过 4 英尺(1 米),这使得处理非常困难。尽管收到通知函和罚款的警告,但业主仍然无法解决这个问题。里德利和椰子树巡查员 M. A. 巴卡尔(M. A. Bakar)建议焚烧木屑,但这会威胁到锯木厂和附近的房屋。他们最终决定把锯末运送并倾倒在海里,尽管这种方法既昂贵又耗时。之后,锯木厂业主被要求拿出根除他们地盘上甲虫和蛆虫的计划。最通用的办法是让工人把木屑翻转过来,然后让鸭子吃里面的昆虫。然而,就像重新造林工作一样,由于与军事贡献有关的预算削减,椰子树的检查工作最终也受到了

---

① 　H. N. Ridley, "Report on the Destruction of Coco-Nut Palms by Beetles," The Journal of the Straits Branch of the Royal Asiatic Society 20(1889):1-11,1,3,6; HNR/3/3/1: Life of a Naturalist, pp. 158-159; HNR/3/2/2: Notebooks, vol. 2, p. 160.

② 　这年年底,月薪 15 元的巡查员穆塞弗·阿里(Musaffer Ali)因为"接受非法的报酬,且行为欺诈"而被解雇。Ridley, Annual Report on the Botanic Gardens and Forest Department, 1890, pp. 6-7; Ridley, Annual Report on the Botanic Gardens, 1891, p. 4; Ridley, "Report on the Destruction of Coco-Nut Palms by Beetles," pp. 6,11.

图 5-2：在新加坡成堆的椰子中间吃草的牛。来源：美国纽约公共图书馆。

影响。到了 1895 年，巡查部门里只有一个苦力，他无法巡查所有的种植园并监督甲虫的破坏情况，结果导致了新加坡红色棕榈象鼻虫数量的增加。尽管如此，工作仍在继续，到了 20 世纪的第一个十年，椰子甲虫变得"非常罕见"。因此，这个项目是一个由新加坡植物园发起的，并协助当地种植者的成功典范。①

　　《1890 年椰子甲虫条例》是里德利使植物学成为殖民地重要贡献者的首批例子之一，它在确保植物学家担任新加坡植物园园长的永久职位方面发挥了作用。这发生在植物园委员会似乎准备让里德利的生活变得艰难的背景下。里德利通过羞辱植物园委员会获得快乐的行为引起了许多成员的愤怒。他对委员会的蔑视源于他们对植物园日常事务的无端干涉以及对园艺的一无所知。用里德利的话来说，"委员会的存在只是为了让植物园负责人担忧，并显示自己的重要性"。19 世

①　H. N. Ridley，Report on the Gardens and Forests Department，Straits Settlements(1892)，SBG Library，p. 4；H. N. Ridley，Report on the Gardens and Forests Department，Straits Settlements(1893)，SBG Library，p. 2；H. N. Ridley，Annual Reports on the Botanic Gardens and Forest Department for the Year 1895(Singapore：Government Printing Office，1896)，p. 5；H. N. Ridley，"Annual Report on the Botanic Gardens"(1901)，SBG Library，p. 5.

纪 90 年代早期,里德利成功地制定了根除椰子种植园害虫的计划,这使得他在与这些官员打交道时拥有了更大的权力,使他得以绕过那些困扰前任园长们的要求。当他在 1891 年获得永久合同时,里德利开始无视他们的建议,而委员会成员也开始避开植物园,这通常是因为担心他们会被要求在花展期间布置摊位,或者做一些低于他们社会地位的其他任务。根据里德利的说法,由于他们掺和的减少,"植物园开始发展,并很快在世界植物园中获得了很高的地位",其影响力与加尔各答和茂物并列。[①]

然而,里德利和海峡政府其他官员以及殖民地精英之间的争议关系,将会影响他在新加坡余下的任期。由于军事贡献引起的预算削减以及植物园投票的减少导致预算缩减,影响了可雇的苦力人数。正如里德利所抱怨的那样,这导致了"大量土地处于闲置状态",并成为一个重要的问题,"由于半岛及其邻近地区农业的快速发展"需更多的劳动力。[②] 正如新加坡植物园处于即将对社会产生持久影响的风口浪尖,它也处在一种脆弱的局面,因为园长在政府中几乎没有盟友。

情况恶化到这种地步,以至于邱园皇家植物园园长威廉·西塞尔顿-戴尔不得不评论新加坡植物园的状况如何反映了当时大英帝国植物学的地位。这发生在有关帝国植物学现状政策延续的节骨眼上,因为西塞尔顿-戴尔培养过的许多殖民地政府官员临近退休,他担心他们会被那些对科学一无所知的"普通的办公室职员"所取代。[③]

尽管存在这样的行政政治,但到了 19 世纪 90 年代中期经济花园——正如现在所称——基本成形。草被种植在了下半部分的土地上以防止暴雨后的水土流失。这使得该地区的树木茂盛起来。山顶也被清理并种植了许多种植园作物,例如丁香、肉豆蔻、茶和咖啡,成为一个植物学研究中心。

许多研究不仅涉及已经成功种植的植物,还包括许多被认为是失败案例的植物。正如里德利所解释的那样,"不仅要对那些被证明是成功的植物做试验,还要用大量可能会被证明失败的植物进行实验。"他继续用多刺的紫草科植物(聚合草

---

①　HNR/3/2/2:Notebooks,vol. 2,pp.156-158.

②　Ridley,Annual Reports on the Botanic Gardens and Forest Department,1895,p.5;Ridley,Report on the Gardens and Forests Department(1892),p.2.

③　HNR/2/1/6:Correspondence,Letter from W. T. Thiselton-Dyer,25 July 1896,f.213.

属 *Symphytum tuberosum*）为例。默顿引进了这种起源于高加索的植物，目的是为动物提供饲料。然而，它无法承受新加坡潮湿的气候。这是实践过程的一部分。"虽然实验没有成功，但最重要的是它被尝试过了，因为一种具有经济重要性的植物不能在这个国家茁壮生长，这种认知与它将被证明成功几乎同等重要。"①

经济花园产生的另一个"成功"的失败例子，是试图把白茅开发成一种有用的植物。几十年以来，白茅一直是该地区"过于茂盛的草"，由于森林滥砍滥伐而以惊人的速度扩张，新加坡植物园的早期林业计划致力于根除白茅草。为了把问题转化为解决方案，植物园进行了大量的试验研究，试图找到白茅的用途，从屋顶茅草和堆肥到医药和酒精饮料的基础成分。在白茅草的多种试验中取得的最佳结果是把它作为造纸的材料。根据试验，三名种植园主克罗斯（Cross）、贝文（Bevan）和C. 比德尔（C. Beadle），在 1891 年从柔佛苏丹那里获得了白茅和香蕉茎秆的造纸许可。这三位企业家建造了两家工厂，第一家位于柔佛巴鲁（Baru）以西 13 公里处，另一家位于麻坡（Muar）。里德利报告说，所生产的纸张质量很高，并且与欧洲的同类产品相比毫不逊色。尽管植物园研发的计划已经减少了白茅草的威胁，但该地区仍有充足的白茅草可以给纸张生产提供"源源不断的供应"。一个样本被送往欧洲的一家大型造纸厂商，该厂商选择不支持这些努力。虽然它从未发展成为一个可行的行业，但这种试验是经济花园工作的基石。②

在培育催吐剂方面的努力，一种用来诱导呕吐、用来对抗毒药和痢疾的植物，被认为是 19 世纪后期所有药箱的重要组成部分，也反映了物种多样性以及 19 世纪晚期经济花园许多试验的成功。这种催吐效果显著的植物叫吐根（*Carapichea ipecacuanha*），是一种原产于中美洲和南美洲的茜草科植物。它通过 17 世纪植物学家尼古拉斯·卡尔佩珀（Nicholas Culpeper）的著作而在欧洲广为流传。卡尔佩珀在他的《草药全集》（*Complete Herbal*）中推广了吐根根部的药用特性，这本畅销书籍于 1653 年首次出版，并在接下来的两个世纪里频繁地再版。根据卡尔佩珀的

---

① 重点是原创。H. N. Ridley,"The History and Development of Agriculture in the Malay Peninsula," Agricultural Bulletin of the Straits and Federated Malay States4,8(1905):294.

② 然而几年后，一家未具名的公司联系了里德利，告诉他该纸的质量非常高，他们现在想要支持它的收获和运输。但橡胶的扩散已经根除了大部分白茅地区，这已不再可行。HNR/4/23；Agriculture, p. 8；MR/348；Miscellaneous Reports Straits Settlements, Cultural Products, 1869-1909, pp. 329-339；H. N. Ridley,"Lalang as a Paper Material," Agricultural Bulletin of the Straits and Federated Malay States6,11 (1907):379-382.

说法,少量的吐根粉可以"清洁肠胃"。[1]

　　亨利·默顿于 1876 年从锡兰把吐根植物带到了新加坡。它们在新加坡植物园长势不佳,在 1878 年全部死亡。这样的结果使默顿推测这种植物在东南亚几乎没有前途,因为它根本无法在潮湿的热带条件下生长。然而,该植物所代表的潜在利润仍然很高。1885 年,坎特利又收到了另外四种吐根植物。尽管这些植物在印度试验期间表现不佳,但它们在新加坡生长旺盛,因为植物学家尝试了新的土壤、水分和其他变量。关键的进展是发现了光线如何影响吐根植物。在这种情况下,将切割下来的棕榈树叶放置在人造支撑物的顶部以保护它们免受阳光的直射。到了 19 世纪 80 年代后期,坎特利报告说,"吐根似乎可以在海峡地区生长,并与原产地同样茂盛。"样品被送往伦敦,药剂师宣称它"与巴西根的平均含量相当"。两年后,在马来亚培育的吐根开始在英国上市,这是该植物首次在美洲以外的地区种植以获取利润。[2]

　　吐根的发展不仅代表了新加坡植物园的胜利,也反映了植物园的科研与整个殖民地农学家之间日益紧密的关系。种植者们很快就开始联系植物园甚至邱园,以寻求如何种植植物的信息和技巧,这通常会促使植物园进行进一步的试验。W. W. 贝利(W. W. Bailey)就遇到了这种情况。他联系了里德利,询问吐根低产量的困惑。吐根是他在雪兰莪州(Selangor)橡胶庄园种植的副产品。贝利和里德利最终研发了一种繁殖吐根的新方法,这有助于提高产量。每棵植物产生两到三条根。通过在收获和移植后保留其中一条根,产量就迅速增长。最终,他们研制出一种更加高效的方法——把整棵植物切成小块,并撒在覆盖着"细土"的花盆里。到了 1902 年 8 月,贝利将大量的吐根运送到伦敦,从而使马来联邦成为一个日益重要且可靠的药物供应商。[3]

　　利用新加坡植物园开发的技术和知识,当地种植者可以成功种植吐根和利比里

[1]　E. Sibley, Culpeper's English Physician; and Complete Herbal(London: E. Sibley, 1789), p. 132.

[2]　Desmond, Kew, p. 253; Taylor, "The Environmental Relevance of the Singapore Botanic Gardens," p. 122; RB-GK: MR/346: Ipecacuanha; Fox, "Annual Report on the Botanical and Zoological Gardens, 1881," p. 4. Murton also urged Hugh Low, the Resident of Perak, to continue with attempts to grow it, as he may have better luck than had occurred in Singapore. Murton, "Report on Government Botanic Gardens, 1879," pp. 4-5.

[3]　RBGK: DC/168: Letter from Machado, 10 July 1903; Anonymous, "Johor Ipecacuanha," The Chemist and Druggist(19 Oct. 1902): 49; RBGK: MR/345/ Ipecacuanha: Letter to the Director, 15 Aug. 1914, pp. 295-296; Letter from Burkill, 6 Feb. 1916, p. 309; E. M. Holmes, "Note on Ipecacuanha Cultivation," Agricultural Bulletin of the Straits and Federated Malay States 8, 8(1909): 363-364; RBGK: MR/345/Ipecacuanha: Letter to the Director, 23 Dec. 1913, pp. 292-293; Letter to Director, 10 Nov. 1915, p. 302.

亚咖啡植物并供应全球市场。它们是"植物界的商业产品"。但是，如果没有向感兴趣的种植者传达有关这些植物信息的方法，那么关于这些植物的知识是毫无用处的。1891 至 1911 年间，里德利通过出版物《马来半岛农业通报》(*Agricultural Bulletin of the Malay Peninsula*)（后文简称《农业通报》）向公众宣传，推广新的经济作物，并回答了相关的问题。《农业通报》为大英帝国控制植物学界提供了指南。

　　《农业通报》源自殖民地大臣 A. M. 斯金纳(A. M. Skinner)的一份建议，他于 1889 年建议里德利创办一份"处理农业园艺和其他同类学科"的期刊。这使得马来半岛的植物学家与农学家可以获得他和其他研究人员在新加坡植物园和该地区种植园研发的信息。尽管里德利花了 18 个月的时间才找到出版商，"由于政府部门办公室的懈怠"，但该杂志将成为经济植物学在整个马来半岛向感兴趣的公众传播的重要渠道。①

　　第一期《农业通报》在封面上概述了它的目标：

　　　　建议不时地发表与马来半岛农业和园艺相关主题的简报，视情况而定。希望种植者能够向新加坡植物园园长发送他们维护各种作物的栽培笔记和观察记录。特别要求观察昆虫和真菌害虫，这些观察应始终随附害虫或真菌的标本，这些样本要么是活体，要么保存在烈酒中，除了蝴蝶和飞蛾应当干燥后装在信封里送来。②

　　在 19 世纪 90 年代的大部分时间里，《农业通报》通常每年发表一次，这取决于里德利是否能够为一个专题收集到足够的信息，因为几乎每篇文章都是他撰写的。该期刊的内容侧重于各种可能引起种植者兴趣的问题，从潜在的新型经济作物到栽培问题以及可能感染的病害。例如，第一期关注咖啡的生产，主要包括对咖啡叶病的讨论。③

---

① 反映了他对周围事件的维多利亚式种族主义的世界观，里德利解释说，这个出版商是"（种姓制度中的）杂种姓"，他制作的大多数出版物都是如此不受欢迎，以至于植物园被提供了"大量的……粪肥，因为它是无用的"。在里德利看来，下一位出版商也好不到哪儿去，因为他被描述为更适合担任"酒吧检查员"的工作。HNR/3/2/2；Notebooks，vol. 2，pp. 162-164.

② Agricultural Bulletin of the Malay Peninsula1(1891)；Cover.

③ Wong，"A Hundred Years of the Gardens' Bulletin，Singapore，" p. 2. 为了帮助《农业通报》上信息的分发，政府最初免除了订户的邮费。一旦政府撤回这一特权，里德利就开发出一套系统，在该系统中他将该出版物与其他殖民地的出版物交换。通过这种方式，里德利能够将信息分发给整个半岛上的种植者和政府机构，并在植物园建立了图书馆。到他退休时，《农业通报》的账户余额大约有 3 000 元，这笔钱很容易支付它的维持费。HNR/3/2/2；Notebooks，vol. 2，p. 163；HNR/4/11；Malay Peninsula. Gardens and Agriculture，p. 166.

《农业通报》的第一个系列从 1891 年持续到 1901 年，其中一个重要专题完全聚焦在香料上，从而使人回想起 18 世纪植物园和经济花园的原始产品。[1] 在 30 页的篇幅中，里德利简要介绍了从黑胡椒到野生肉桂等植物的最新知识和历史。以肉豆蔻为例，这个章节涵盖了一系列有关香料的主题，包括它的历史、栽培（包括土壤、遮阴树、种子、粪肥、收割和预期寿命）、害虫、病害甚至"其他敌人"（包括槲寄生）。里德利还对 1860 年摧毁新加坡肉豆蔻作物的病害进行了明确的分析。基于这段时期的描述，他认为罪魁祸首——"毫无疑问"——是肉豆蔻甲虫（*Scolytus destructor*，小蠹属破坏者或榆绒根小蠹），并借此机会解释如果当时殖民地政府聘请了昆虫学家调查枯萎病的原因，就可能避免大量的经济损失，因为沮丧的种植者放弃了种植园。[2]

虽然为蔬菜、水果、香料甚至药用植物的种植提供建议，是新加坡植物园在殖民地社会地位的基石，但它尚未对该地区产生革命性的影响。这种状况很快就会被改变，因为一种具有巨大潜力的植物正在崭露头角，它将改变整个地区。这就是来自巴西橡胶树的橡胶，正是通过新加坡植物园的试验，才揭示了它的真正价值。

橡胶

橡胶并不仅仅来自一个物种。许多植物，从树木到木质攀缘植物都会产生乳胶，当植物被切割，这种树胶脂会分泌出来，作为一种保护形式抵御昆虫和真菌进入伤口。割胶工人就是利用了这个过程。橡胶胶脂的质量和性能取决于原产地。到了 19 世纪中期，橡胶成为世界上最重要的植物之一，因为它已经成为轮胎、垫圈以及工业界运作所必需的各种其他物品的关键部件。正如里德利所描述的那样：

> 因此，橡胶属于日常使用的产品类别，在文明生活中具有非常重要的作用。迄今为止，仅有这种工业产品是完全来自野生资源。它的使用量与日俱增，正是它的供应量有限，才没能被更广泛地使用。因此，未来这种物质的培育对世界上每一个文明国家都至关重要。[3]

橡胶是现代生活的关键，而将其从"野生资源"转变为农产品的研究使新加坡

---

① Ridley，"Spices．"里德利退休后，该文本的一个版本被作为专著出版，并进行了大量的修改和补充。H. N. Ridley，Spices（London：Macmillan，1912）．

② H. N. Ridley，"Nutmegs，" Agricultural Bulletin of the Malay Peninsula 6（1897）：98-112．

③ H. N. Ridley，"India-rubber，" The Straits Chinese Magazine 9,4（1905）：143．

植物园里的经济花园变得重要。这项研究在经济上拯救了植物园，并证明了经济植物学对整个社会的价值。

19 世纪的植物学家需要鉴定最高产的橡胶植物，以及其生长和收获的理想条件和技术。虽然许多野生植物可以产生橡胶，例如古塔胶就是其中之一，但在 19 世纪晚期只有四种——"帕拉橡胶（Para）、印度橡胶（Indian，被称为印度橡胶树 Rambong）、巴拿马（Panama）或墨西哥（Mexican）橡胶和塞亚拉橡胶（Ceara rubber）"——被认为适合种植。[①] 最好的橡胶树产自巴西的帕拉地区（Pará，贝伦的旧称），生产这种橡胶的植物是巴西橡胶树（*Hevea brasiliensis*），它反映了巴西在现代橡胶产业起源上的重要性。正如里德利在上面的引文中所暗示的那样，巴西橡胶种植面临的问题主要在于它是由闲荡的劳动者从野生树木上随机采集得来。巴西割胶工人使用的技术往往会对树木造成致命伤害，导致人们不断搜寻开采新的橡胶树木。然而，整个 19 世纪中期，这种做法足以满足全球需求。

随着橡胶在工业化经济中越来越重要，皇家植物园邱园的官员支持将橡胶植物从巴西转移到世界各地的英国热带种植园。1870 年，莱门茨·马卡姆开始担心全球橡胶供不应求，因为工业需求的增加以及最高等级橡胶产品的生产被巴西垄断。马卡姆在 19 世纪 60 年代植物园发展金鸡纳树上发挥了重要作用，同时也是吐根的拥护者。马卡姆联系了伦敦药学会博物馆馆长詹姆斯·科林斯（James Collins），一起编写了一份报告，内容是关于驯化各种当时通常被称为"天然橡胶"（Caoutchouc）的物种适应新环境的可能性。科林斯收集了有关当地生产橡胶的所有可用信息，并在 1872 年编写了一份报告。在报告中，科林斯"强烈建议在整个帝国范围内尽可能多地引进产生大量天然橡胶的植物，以满足商业目的"，这样就可以获得其盈利潜力。他继续补充说，来自南美洲的巴西橡胶具有的潜力最大，并且基于与巴西气候的相似性，应该在"锡兰、马六甲和婆罗洲部分地区"进行驯化试验。[②]

---

① Ridley, "India-rubber," p. 141.

② James Collins, Report on the Caoutchouc of Commerce: Information on the Plants Yielding It, Their Geographical Distribution, Climatic Conditions, and the Possibility of Their Cultivation and Acclimatization in India(London: Her Majesty's Stationery Office, 1872), pp. 44-45; P. R. Wycherley, "The Singapore Botanic Gardens and Rubber in Malaya," Gardens' Bulletin Singapore 17, 2(1959): 175-176; Purseglove, "History and Function of Botanic Gardens," p. 134.

根据科林斯《关于天然橡胶的商业报告》(*Report on the Caoutchouc of Commerce*)的建议,皇家植物园园长约瑟夫·胡克安排人带了些巴西橡胶树的种子到邱园。随后,他将其中的 6 棵树移栽到加尔各答植物园。与科林斯的建议相反,这些植物被送往锡金(Sikkim),并死于寒冷的气候。19 世纪 70 年代中期,当罗伯特·克罗斯(Robert Cross)和亨利·威克姆(Henry Wickham)在巴西收集橡胶种子的时候,一些进展中次要但最终更有成效的线索出现了。经过不懈的努力,超过 7 万粒种子从南美洲运到了邱园。发芽率低于 4%,只长出 2800 棵橡胶树幼苗。1876 年 8 月,英国政府将其中 1919 棵植物送往锡兰。两天后,又有 50 棵植物被送往新加坡。但只有 5 棵植物存活了下来,因为这些船运箱子在抵达后被扣留在码头上一个多月。幸存下来的 5 棵植物也迅速死亡。第二年,即 1877 年,邱园的官员又将另外 22 棵橡胶树幼苗直接送到新加坡。[①]

默顿在当时的苗圃附近种植了 11 棵这样的橡胶幼苗。他还把 9 棵巴西橡胶幼苗以及咖啡和其他橡胶植物带到霹雳州(Perak),种在居民休·洛(Hugh Low)的房屋后面。巴西橡胶在这两个地方开始苗壮生长。它似乎很适应东南亚的气候。新加坡植物园里的一些橡胶植物被移植到园长之家附近地势低洼的地方之后,这一点变得更加明显,证明了最佳生长条件是潮湿且排水良好的场地。默顿还观察到直接从种子发育而来的巴西橡胶会生长良好。当新加坡植物园的橡胶树于 1881 年开始结果(生产种子)时,这就成为可能。这两组种在霹雳州和新加坡植物园的植物成为东南亚橡胶工业的起源。[②]

这些橡胶早期种植是全球范围内努力的一部分,旨在确定和更好地了解如何可持续发展并且有组织地培育这种生产乳胶的植物。在殖民地植物园网络中,每个植物园都聚焦在一系列不同的植物上,希望找到最高产的物种。例如,佩勒代尼耶植物园的植物学家们把大部分时间都花在了塞阿拉(Ceará,福塔莱萨的旧称)橡胶上,它主要适合干燥的气候,而茂物的荷兰人则把注意力集中在无花果属树木

---

① J. H. Drabble, Rubber in Malaya, 1876-1922: The Genesis of an Industry (Kuala Lumpur: Oxford University press, 1973), pp. 2-4; Wycherley, "The Singapore Botanic Gardens and Rubber in Malaya," p. 176; Purseglove, "History and Function of Botanic Gardens," pp. 134-135; Brockway, Science and Colonial Expansion, p. 158.

② Murton, "Report on the Botanic and Zoological Gardens, 1897," p. 3; Wycherley, "The Singapore Botanic Gardens and Rubber in Malaya," pp. 177, 180; Purseglove, "History and function of Botanic Gardens," p. 135.

(*Ficus*)、塞阿拉橡胶和美胶树(*Castilloa*)上。与此同时,新加坡的植物学家专注于古塔胶(*Palaquium gutta*,山榄科植物胶木)和巴西橡胶植物。[①]

　　古塔胶反映了人们在开发橡胶上所做出的各种努力。在 19 世纪,古塔胶有着许多工业用途,其中最重要的用途是水下电报电缆的绝缘材料。在新加坡植物学方面同样重要的是,它是一种本土的东南亚植物,在 19 世纪末被大多数植物学家称为马来产古塔胶(*Dichopsis gutta*)。如今它是胶木属(*Palaquium*)的一员。虽然在植物园丛林里生长了一些古塔树,但园内这些植物大部分来源于 1877 年默顿从霹雳州带回来的幼苗。第二年,胡克写信给默顿,敦促这位年轻的英国人继续推进这项研究,从而确保它们在新加坡种植园的培育。从这些幼苗中,默顿能够在两年内培育出至少 8000 多棵古塔胶幼苗。[②]

　　到 19 世纪末,由于马来半岛和婆罗洲大量砍伐树木以供应日益增长的橡胶市场,自然资源开始减少,因此需要一个确定的古塔胶培育计划。约翰·塔利(John Tully)估计,仅在 1898 年割胶工人就砍伐了多达 1400 万棵树来供应当年从新加坡出口的 1000 万磅(4500 余吨)古塔胶。[③] 为了扭转东南亚森林古塔胶树木数量下降的局面,里德利于 1897 年开始尝试在经济种植园内种植这种树。两年后,当他从约翰·邓洛普(John Dunlop)那里获得了一些野生的古塔胶样本——"看起来干燥的树枝,大约 8 英寸(20 厘米)或 1 英尺(30 厘米)长,有各种厚度",他们的努力开始取得进展。这些"树枝"被带到经济种植园内"中央山丘顶部的一个相当大的地方"种植下来。其他一些被放置在武吉知马森林保护区。[④]

　　在里德利在经济花园努力振兴古塔胶的同时,一位驻印度的英国林业官员 H. C. 希尔(H. C. Hill)来到这里对英国直接控制下的森林资产撰写官方评估报告。在他的《关于海峡殖民地森林的报告》(*Report on the Forests of the Straits Settle-*

---

① Brockway,Science and Colonial Expansion,p. 158. 早在 1879 年美胶树(*Castilloa*)植物就遭到了害虫的攻击,这反映了巴西橡胶植物生产橡胶时存在潜在竞争者的一些问题,默顿报告说,蠕虫会钻入茎中并留下大洞。Murton,"Report on the Botanic and Zoological Gardens,1897," p. 4.

② Murton,"Report on the Botanic and Zoological Gardens,1897," p. 4; John Tully,The Devil's Milk:A Social History of Rubber(New York:Monthly Review Press,2011),pp. 123-132.

③ John Tully," A Victorian Ecological Disaster:Imperialism,the Telegraph and Gutta-Percha," Journal of World History 20,4(2009):575,559-579; Tully,The Devil's Milk,pp. 4-6.

④ H. N. Ridley,Annual Report on the Botanic Gardens for the Year 1899(Singapore:Government Printing Office,1900),pp. 4-6.

ments）中，希尔呼吁把所有种植胶木属的森林指定为保留地。此外，他还建议"每棵树的周边都应该被清理，通过砍伐或者环割杀死覆盖它、干扰它树冠发育或倾向于抑制它生长的树木。"[1]这些建议导致政府再雇了三名苦力去清理武吉知马保护区的低处斜坡，上一年在那里种植古塔胶的尝试导致了植物的死亡和过度生长。清理和种植工作的进行产生了局部遮阴和阳光直射的组合，使武吉知马山上种植的 3000 多粒种子和幼苗得以苗壮生长，最终占地 16 英亩（6.5 公顷）。这些努力的目标是确定合适的树种以及乳胶混合物，这将提供最耐用且具有弹性的电缆覆盖物。[2] 1901 年，新加坡植物园生产出了第一粒"真正的马来产古塔胶"种子，人们希望这粒种子能够绕开在繁殖这种经济上重要的植物时遇到的许多问题。里德利最终培育出了 41000 棵幼苗，他将其中 16000 棵送往槟榔屿，马六甲收到 10 000 棵。剩下的树苗被放置在武吉知马保护区。[3]

利用和控制古塔胶培育的尝试导致了小型种植园的发展。第一个这样的种植园于 20 世纪初在柔佛建立，随后荷兰种植者迅速在苏门答腊岛建立了种植园。到 1905 年，槟榔屿、马六甲和新加坡的每个海峡殖民地都出现了种植园。然而，投入古塔胶培育的努力大多都是徒劳的。这些种植园都没有持续很长时间，20 世纪早期收获的所有古塔胶最有可能来自森林中无人看管的树木。[4] 尽管在 20 世纪的最初几十年里，古塔胶仍然是马来半岛经济作物的一个重要部分，但它最终被塑料和其他合成替代品所取代。三叶胶植物（the *Hevea* plants）将成为植物园中最重要的橡胶植物，这是默顿和继任者纳撒尼尔·坎特利，尤其是亨利·里德利努力的结果。

当纳撒尼尔·坎特利于 1880 年抵达新加坡时，他在经济花园内发现的三叶胶植物在橡胶方面最有发展前途。正如他在一份年度报告中所撰写的那样，"帕拉胶植物在苗圃里生长得十分旺盛，我相信，如果最初在这样的环境条件下种植这种橡

---

[1]　Hill，Report on the Present System of Forest Conservancy in the Straits Settlements，p. 6.

[2]　Lum and Sharp，A View from the Summit，p. 22；T. Oxley，"Gutta-percha，" Journal of the Indian Archipelago and Eastern Asia 1(1847)：22-27；H. N. Ridley，"Annual Report on the Botanic Gardens"(1900)，SBG Library，p. 8.

[3]　H. N. Ridley，"Annual Report on the Botanic Gardens"(1901)，p. 6.

[4]　I. H. Burkill，A Dictionary of Economic Products of the Malay peninsula，vol. II(Kuala Lumpur：Ministry of Agriculture，1966)，pp. 1651-1662.

胶植物，它们在开花和生产种子方面就会遥遥领先于东方所有其他植物。"①尽管如此，这些早期的努力仅提供了有限的结果。此时问题之一在于坎特利研究扦插，而扦插这种方法是出了名的难以繁育三叶胶植物。例如，1881 年在六次扦插尝试中只有一次是成功的，并且进一步的试验被暂停，因为担心最终结果只会是树木受损。② 在此期间，19 世纪 80 年代中期灌木植物也入侵了经济花园，导致年轻的橡胶树死亡。只有当植物从种子长到成熟时，情况才会改善。

当里德利于 1888 年抵达新加坡时，9 棵原始橡胶树，连同另外 50 棵未满 4 年的小树，以及 1 000 多棵树苗在新加坡植物园存活下来。1891 年，他在森巴旺种植了超过 8 英亩（3.2 公顷）的三叶胶，次年又在万礼山森林保护区 13 英亩（5.2 公顷）的区域内种下了 2 000 多棵树。所有这些树的长势都"非常好"，他希望"几年后，这些树能从印度橡胶的销售中产生收益，并且在生产良种方面也具有价值。"③由于军事贡献开始削减预算，橡胶树似乎为新加坡植物园提供了支持活动的可能性。与此同时，默顿在霹雳州留下的橡胶树也茁壮生长。马来亚殖民官员瑞天咸（Frank Swettenham）最终从休·洛手中接管了霹雳州的居民，他在霹雳河沿岸和附近的山丘上种植了 200 棵幼苗，这些幼苗都位于新住宅大楼的边界之内。④ 这些产量颇高的植物将成为未来几十年争夺的焦点。

一旦巴西橡胶树在新加坡植物园控制地区生长良好，里德利就开始对树木进行密集的试验计划，特别关注树木的最佳环境以及对乳胶的收割或者敲击方法。关于乳胶的敲击，里德利最初使用木槌和凿子，有时用斧子，在树上做小切口。这是"巴西的做法"，但是这种方法会使以后再在树上敲击变得十分困难，因为作为对伤口的反应，树身被大量肿块所覆盖。随后，他尝试了螺旋式切割，这是佩勒代尼耶的植物学家们推荐的方法，但这种做法导致了产量的下降，以及"每天都在树的一侧或者两侧进行敲击，每周只有一天不敲击树（让树休息）（结果第二天产量更

① N. Cantley，"Annual Report on the Botanic Gardens, Singapore, for the Year 1883," Straits Settlements Government Gazette, 27 June 1884, p. 736.

② Fox，"Annual Report on the Botanical and Zoological Gardens, 1881," p. 4.

③ Ridley, Annual Reports on the Forests Department Singapore, Penang and Malacca, 1890, p. 4; Ridley, Annual Report on the Botanic Gardens, 1891, p. 9; H. N. Ridley, Annual Reports on the Forests Department Singapore, Penang and Malacca for the Year 1892 (Singapore: Government Printing Office, 1893), p. 8; Drabble, Rubber in Malaya, pp. 6-7.

④ Wycherley，"The Singapore Botanic Gardens and Rubber in Malaya," p. 177.

少），还有许多其他试验，同时记录结果。"由于缺乏进展，里德利变得非常沮丧，他甚至向树木开枪射击。出于好奇，他随后检查了树木，查看子弹是否影响了乳胶的流动。[①]　最终，通过耐心地不断试验，他改良了一种树木敲击方法，这种方法后来被称为"伤口反应"，里德利经常称之为"召唤橡胶"。这种切割方法没有切开形成层，减少了切口太深的情况下对树木造成的潜在伤害。早在 1890 年的新加坡农业博览会（the Singapore Agricultural Exhibition）上，里德利就开始推广种植巴西橡胶和这种切割方法。然而，种植者的反应却很"平静"。[②]

马来半岛的种植者很保守，他们对尝试这种新作物以及里德利正在开发的方法并不感兴趣。在一封致西塞尔顿-戴尔的信中，园长表示只要马来半岛的定居者表现出缺乏"种植兴趣"，也"不关心橡胶、胡椒或文化产品"，那么橡胶几乎没有成功的可能。里德利沮丧地回忆，"每个人都排斥科学农业的概念。为什么采用某种培育方法以及何时应该或不应该使用这种方法，都是无关紧要的。"他把当地人的态度总结为"一切皆贸易"。为了促进巴西橡胶的种植，1893 年里德利开始向当地居民和地区官员分发种子，要求他们在住所附近播种。除非里德利能说服种植者种植橡胶并证明其有利可图，否则他在开发一种可行的种植园作物方面的努力将是错误的。[③]

里德利早年在新加坡植物园对橡胶的悲观态度，与他早期培育和切割巴西橡胶树受到的挫败以及他和殖民地商业精英之间的隔阂有关。当霹雳州早期使用的敲打技术产生的橡胶被送往邱园进行分析而返回的报告令人失望时，这些紧张关系开始加剧，导致瑞天咸建议里德利"减少在橡胶这类不经济产品上的时间浪费"。[④]　瑞天咸甚至下令摧毁瓜拉江沙地区（Kuala Kangsar）的一些原始树木。在 19 世纪 80 年代末和 90 年代初的大部分时间里，里德利开始把瑞天咸视为政府反对经济植物学的化身。在此期间，马来半岛的许多种植者都与瑞天咸的意见一致，对橡胶的兴趣不大。橡胶需要 7 年时间才能成熟，结果也不乐观。这一点尤其明

---

① 　HNR/4/11；Malay Peninsula. Gardens and Agriculture，p. 237.

② 　Ridley，"India-rubber，" p. 142；Brockway，Science and Colonial Expansion，p. 159；Purseglove，"History and Function of Botanic Gardens，" p. 135；Wycherley，"The Singapore Botanic Gardens and Rubber in Malaya，" pp. 178-179；Drabble，Rubber in Malaya，pp. 8-9.

③ 　HNR/4/23；Agriculture，p. 1；Ridley to Dyer，vol. 166，30 Jan. 1889；Purseglove，"History and Function of Botanic Gardens，" p. 135.

④ 　Purseglove，"History and Function of Botanic Gardens，" p. 135；Wycherley，"The Singapore Botanic Gardens and Rubber in Malaya，" p. 178.

显,因为其他作物,尤其咖啡,在当时都是有利可图的。只有当全球咖啡价格暴跌时,他们才开始将种植橡胶视为一种可能。①

当殖民地精英和政府不赞成橡胶种植时,唯一愿意遵循里德利建议的农学家是中国种植者,他们在咖啡或木薯等其他作物中间种下了巴西橡胶种子。第一位是陈齐贤(Tan Chay Yan),他于 1896 年在马六甲郊外的林塘山(Bukit Lintang)种植了 40 英亩(16 公顷)的橡胶。几年之后,陈齐贤在亚沙汉山(Bukit Asahan)种植了更大面积的橡胶树,并迅速扩大了橡胶种植面积,与之前的种植地相邻。到了1901 年,里德利报告称橡胶种植正在超越大型种植园,就连来自中国的非法土地占有者也"开始将注意力转向橡胶种植"。②

到 19 世纪 90 年代后期,当新加坡植物园对橡胶种子的需求激增时,代表该地区农学家对橡胶的兴趣日益增加。1897 年,植物园产出了 83 000 粒种子,第二年则收获了 98 000 多粒种子。这些种子以及 10 000 多棵橡胶树被出售给急需种子储备的种植园。两年后,也就是 1899 年,157 000 多粒种子被售出,植物园里的苦力不得不开始人工收种,而不是等待成熟的种子从树上掉下来。即使这样的数量,里德利报告称,植物园也难以满足所有订单,因为售出的种子数量"绝不可能满足市场对这种植物的巨大需求"。③

随着橡胶种子销售收入的增长以及橡胶支撑经济的潜力越来越明显,马来半岛其他植物园和农业研究站的工作人员很快开始支持里德利的试验。1896 年,槟榔屿植物园的查尔斯・柯蒂斯开始向里德利发送数据,罗伯特・德里和伦纳德・雷(Leonard Wray)则分别从瓜拉江沙(Kuala Kangsar)和太平(Taiping)发来数据。最重要的试验始于 1904 年,当时德里移居新加坡,并在 A. D. 马沙多(A. D. Machado)和 C. 博登・克洛斯(C. Boden Kloss)的协助下建立了一套基础种植技术,这些技术后来成为橡胶工业的标准做法。④

---

① Wycherley,"The Singapore Botanic Gardens and Rubber in Malaya," p. 178; Drabble,Rubber in Malaya, pp. 5-8,14-19; Purseglove,"History and Function of Botanic Gardens," p. 135.

② Wycherley,"The Singapore Botanic Gardens and Rubber in Malaya," p. 180; Drabble,Rubber in Malaya, pp. 19-21; H. N. Ridley,"Annual Report on the Botanic Gardens"(1901),SBG Library,p. 5.

③ H. N. Ridley,Annual Report on the Botanic Gardens for the Year 1898(Singapore:Government Printing Office,1899),p. 6; Ridley,Annual Report on the Botanic Gardens,1899,p. 5.

④ Wycherley,"The Singapore Botanic Gardens and Rubber in Malaya," pp. 178-179; Drabble,Rubber in Malaya,pp. 8-10.

经济花园是这项试验工作的主要场地，也是橡胶被驯化的地方。经济花园由三个自然分区组成，包括低地、山坡和山顶。到了 20 世纪初，山坡上建有一个树木园，而低地和山顶被用于"特殊种植"。树木园大部分由巴西橡胶构成，大约包括 500 棵橡胶树，这些橡胶树种植在十字形沟渠旁，这些排水沟的挖掘是为了保持该地区干燥。[1] 里德利和他的助手们利用这片区域在新加坡经济花园内改良了橡胶的种植、采集和加工技术。在 1897 年至 1912 年这 15 年间，研究橡胶"从种子到树桩的所有部位"（图 5-3）。试验产生了如此多的信息以至于《农业通报》必须被重组成有时称为"第二系列"（the 2nd Series）的刊物。1901 年以后，该期刊的新版本开始每月出版一次，通过清晰的写作和实用的建议，里德利能够传达有关植物尤其是橡胶种植的广泛信息。这使得马来半岛和整个地区建立了一个成功的种植园系统。[2]

通过研究和试验，里德利和他的同事们很快就了解到，在黎明之前切割比下午切割产生的乳胶多，相对较宽的树木间距（每英亩 150 棵树）可以使植物更加高产。也许最重要的进展是发明了橡胶切割的基本技术，这种技术改进了里德利之前所追求的"伤口反应"方法。经过多年的试验，里德利和德里开始建议切割者抛弃流行的环绕树木倾斜螺旋的切割方法。他们开始使用一种"改良过的蹄铁匠刀"，并以一种后来被称为"鱼脊形"技术的方式切割，因为这种技术类似于鱼的骨骼。里德利将这个过程描述为：

> 这里使用的方法首先是穿透树皮切开一个中央凹槽，侧面凹槽有通入。在中央凹槽的底部放置一只铝杯，每棵树各放一只杯子。大约半个小时后乳胶液停止流动，收集杯子，将乳胶液倒入罐子里。[3]

① H. N. Ridley,"Annual Report on the Botanic Gardens"(1900),SBG Library,p. 6；H. N. Ridley,"Annual Report on the Botanic Gardens"(1903),SBG Library,p. 7；H. N. Ridley,"Annual Report on the Botanic Gardens"(1904),SBG Library,p. 9；H. N. Ridley,Annual Report on the Botanic Gardens Singapore and Penang,for the Year 1905(Singapore：Government Printing Office,1906),p. 7；H. N. Ridley,Annual Report on the Botanic Gardens Singapore,for the Year 1911(Singapore：Government Printing Office,1912),p. 4.

② 该期刊的正式标题也从《马来半岛农业通报》改为《海峡和马来联邦农业通报》(Agricultural Bulletin of the Straits and Federated Malay States)。Wong,"A Hundred Years of the Gardens' Bulletin,Singapore," pp. 3-6；Harold L. Johnson,"Who was Henry Nicholas Ridley?" Gardenwise 25,2(2005)：4-5.

③ Ridley,"India-rubber," p. 142. 这种方法并不是里德利或德里发明的。詹姆斯·科林斯 1872 年提到这种方法在巴西很常见，所以建议尝试。Collins,Report on the Caoutchouc of Commerce,pp. 35-36.

图 5-3：巴西橡胶（*Hevea brasiliensis*）的样图。亨利·里德利于 1903 年从经济花园为植物标本馆采集了这个标本。来源：新加坡植物园 SING 植物标本馆。

这种方法不会对树木造成损害,一棵健康的巴西橡胶树可以在它 4 岁至 7 岁时切割,比之前假设的 25 岁要早得多。[①]

将橡胶转变为可行的工业化商品的另一个重要进展是对乳胶的处理有了更好的理解。美洲原住民会把浆浸入一大桶乳胶中,然后慢慢地将它放在油火上翻烤,当最外层干了之后,不断地把它浸没在烟雾里,慢慢地将它变成橡胶。通过试验,里德利发现"在乳胶中滴入一滴或两滴木馏油可防止分解,并且干燥过程中不会产生异味"。他和其他研究人员最终研制出一种替代方法,在乳胶中添加乙酸,使树脂硬化成"橡胶块"。里德利在 1905 年的一次演讲中描述了这个过程:"从那以后,通过滤网取出所有树皮碎片等杂物,然后将乳胶液倒入锅中,添加少许乙酸,这样橡胶就凝固了。第二天早晨将每只平底锅里的橡胶块铺开、清洗、晾干,干燥之后就可以装船待运。"使用这种技术生产的橡胶块纯度为 97%,它们在伦敦市场上的价值高于当时任何其他橡胶。[②]

另一位帮助改良橡胶种植和处理的植物园研究人员是 A. D. 马查多(A. D. Machado)。马查多来自澳门,曾在马来半岛各地从事各种工作,包括担任霹雳州天定岛(Dinding Islands)的警官以及为佛柔苏丹监管锡矿。1902 年,马查多开始在新加坡植物园担任代理助理园长,当时沃尔特·福克斯在休假。马查多专致于开发更好的橡胶加工技术。当时,橡胶是用搪瓷铁板压成薄片。作为一名狂热的摄影师,马查多开始使用的是为大型照片设计的托盘,逐渐开发出一套处理橡胶的系统,并迅速传播到马来半岛的种植园。[③]

随着橡胶在全球的重要性日益增长,世界各地的种植者和政府继续联系新加坡植物园购买种子——1000 粒种子的价格为 10 元。种子只是橡胶影响力的一种物质表现,从新加坡植物园出口的种子数量很快就变得惊人。1905 年,植物园向"殖民地和土邦"(Colony and Native States)输送了超过 39 万粒种子。运往马来

① Wycherley," The Singapore Botanic Gardens and Rubber in Malaya," p. 179.
② 在经济花园里进行的这项研究也带来了稳定的客流量——"早上多达六人"——来找里德利商量策略并寻求建议。H. N. Ridley, Annual Report on the Botanic Gardens Singapore and Penang, for the Year 1906(Singapore:Kelly and Walsh,1907),p. 1;Anonymous,"Annual Report of Botanic Gardens," Eastern Daily Mail and Straits Morning Advertiser,15 May 1907,p. 3;H. N. Ridley,"Annual Report on the Botanic Gardens"(1900),p. 7;Ridley,"India-rubber," pp. 141-142;H. N. Ridley,"Annual Report on the Botanic Gardens"(1904),pp. 9-10.
③ HNR/4/11;Malay Peninsula. Gardens and Agriculture,pp. 75,239.

半岛以外地方的种子被包装在罗伯特·德里研发的包裹里。这些特殊的锡罐铺垫了一层烧焦的稻壳（*padi arang* 阿伦稻），里面有 12 层，每层 50 粒种子，这意味着每罐可以容纳 600 粒种子。然后把这些罐子放置在帆布上并缝合起来，在帆布表面贴上手写的地址和海关申报单。十周后，种子的发芽率为 50% ~ 90%。1911年，新加坡植物园向世界各地运送了 837500 粒橡胶种子，从古巴到埃及，仅往尼日利亚运送的橡胶种子就超过 35 万粒。当年出口的种子中，有 37.2 万粒来自新加坡植物园，其余的种子都是从当地的种植园购得，导致植物园当年寄出了 1300 多份包裹。①

新加坡植物园销售橡胶种子以及加工橡胶产生的收入对预算产生了影响。例如，在 1909 年，它带来了 4300 多元的收益，另外还提供了 3800 元的制备橡胶。因此，经济花园能够在一段不景气的衰退时期创造收入。这使得里德利提议植物园直接控制这些资金，从而绕过植物园委员会和他认为是"麻烦"的其他政府机构。在此期间，里德利召集了一次会议，要求批准改善场地，包括要求一个新的书柜和植物标本馆的标本箱，这些将通过销售橡胶种子获得资金资助。只有一名植物园委员会成员出席了会议。里德利愤怒地写道，"我们应该将经济花园置于委员会之下，这样才能确保橡胶及橡胶种子的销售收入永久属于植物园，否则政府可能会吞并它用以支付军事税。"②

军事贡献在 19 世纪 90 年代已经削弱了林业的努力，直到 20 世纪这种为军事贡献服务的可能性继续威胁着新加坡植物园，尤其是因为橡胶种子的销售收益无法像最初的速度那样持续下去。正如里德利解释的那样：

> 政府拨款 8000 元用于维护，这笔费用只够支付维持植物园良好状态所需的最低劳动量，其他所有的改善、工具、仓库等都必须通过销售收益来支付。所得收益来自帕拉橡胶种子的销售、实验期间制造的生橡胶以及观赏植物销售的一部分。然而，种植园的种子非常丰富，并且售价如此低，如果不是因为植物园的声誉，我们根本无法维持植物园种子的高价。

---

① HNR/4/11；Malay Peninsula. Gardens and Agriculture，p. 81；Ridley，Annual Report on the Botanic Gardens Singapore，1911，pp. 5-6；Ridley，Annual Report on the Botanic Gardens，1906，pp. 5-8；Ridley，Annual Report on the Botanic Gardens Singapore，1911，pp. 5-6.

② HNR/3/2/6；Notebooks，vol. 6，p. 218；Ridley，Annual Report on the Botanic Gardens Singapore，1911，p. 6.

任何价位出售帕拉橡胶种子都不太可能持续太久，或许在一年之内，它就可能不再是植物园的收入来源了。[1]

此外，虽然橡胶带来的收入使植物园避免运营赤字约 4 000 元，但却扭曲了植物研究的重点。里德利认为，如果工作人员必须全身心投入这项任务，他们就会偏离"通过实验和推广帮助国家农业发展的合法工作"。那么，他们只是成了"种植园主"。[2]

植物园委员会和殖民地政府都没有将经济花园的收入直接交给新加坡植物园。如果有什么不同的话，那就是里德利与非科学当局之间的争议关系给了官员借口，去寻找人替代他在这段重要的经济和植物学研究期间所扮演的角色。里德利的主要对手仍然是瑞天咸。1902 年，由于持续的预算困难，里德利失去了一位助手，这是许多轻微羞辱的开端。那年访问邱园期间，里德利与西塞尔顿-戴尔共进午餐时讨论了这个问题，在访谈间，他经常用"骗子"类似的词眼来指代瑞天咸，以及选择诸如"腐败、卑鄙、淫乱、下流"之类的描述。争议中一个特别的焦点是，在关于橡胶成为殖民地经济的重要组成部分这个问题上，瑞天咸认为休·洛比新加坡植物园更值得称赞，因为在 19 世纪 90 年代霹雳州居民就已经将默顿提供种子的样品送往邱园进行早期测试。里德利反驳道，这位英国居民"什么都没做只是看着他们"。这激怒了瑞天咸，正如里德利讽刺地描述的那样，他也认为里德利在 1905 年书写的官方报告中忽略了 1898 年自己种植 200 粒种子的巨大努力。[3]

这些争议对新加坡植物园及其在 20 世纪殖民社会中的作用产生了深远的影响，反映了帝国管理结构在科学领域的调整。在此之前，至少在植物和农业方面，政策和办法都是直接在邱园的指导下进行。起源于约瑟夫·班克斯开发的项目，并通过约瑟夫·胡克和威廉·西塞尔顿-戴尔的管理延续至今，里德利是该体系的最后支持者之一。这在很大程度上是由于约瑟夫·张伯伦（Joseph Chamberlain）的上台，以及建立新的国家机构来监督科学及其在帝国中的应用。[4] 1901 年至

[1]　H. N. Ridley, Annual Report on the Botanic Gardens Singapore and Penang, for the Year 1909 (Singapore: Government Printing Office, 1910), p. 7.
[2]　Ridley, Annual Report on the Botanic Gardens, 1909, p. 7.
[3]　与瑞天咸的不和，似乎起因于《农业通报》中一篇文章的印刷错误，导致里德利的薪水减少，以及在植物园建立博物馆的建议受阻。HNR/4/11: Malay Peninsula. Gardens and Agriculture, pp. 122-128; HNR/3/2/4: Notebooks, vol. 4, pp. 163-173.
[4]　Worboys, "Science and British Colonial Imperialism."

1904 年,瑞天咸被任命为海峡殖民地总督,当时殖民地当局在未同新加坡植物园协商的情况下,就启动了马来联邦政府的农业部发展工作,此后,马来半岛自然环境的管理发生了明显的变化。这个新部门于 1906 年开始在吉隆坡建立自己的橡胶种植园,在里德利和他的植物学同盟的管辖范围之外。

这些新部门的发展令里德利感到困惑,因为植物园"已经连续 30 多年以植物、援助和建议的形式为马来半岛提供农业必需品"。里德利抗议这些让他在新加坡孤立的新政策。由于农业部许多员工来自锡兰和印度各种各样的殖民地办事处,他们对当地的植物学和农业不熟悉,里德利用他惯常的尖刻言辞指责了他们,表达了他对这些发展难以接受。吉隆坡第一位农业部部长 J. B. 卡拉瑟斯(J. B. Carruthers)就是一个例证。卡拉瑟斯与里德利在 1880 年初次见面时,被里德利视为一个"吵闹的小男孩"。作为一名成年人,里德利认为卡拉瑟斯是一个"很难在农业工作上取得巨大成功"的人。尽管里德利提出了抗议,但经济植物管理部门现在把注意力从新加坡植物园转移到对马来半岛的橡胶进行更多研究。所有这些措施导致植物园离马来半岛的农业发展越来越远,并且这种趋势在里德利退休后仍将继续。[①]

尽管他们与大多数政府官员的合作并不融洽,但里德利及其同事为行业转型奠定了基础。结果是令人震惊的,统计数据反映了新加坡植物园对促进殖民世界发展的植物学知识所产生的影响。为了建立这个行业,新加坡植物园分发了 700 多万粒橡胶种子。从 1897 年到 1922 年,马来半岛橡胶种植面积从 345 英亩(139 公顷)扩大到 2304231 英亩(900000 公顷或 9000 平方公里)。[②] 在整个南亚和东南亚,也发生了类似的扩张,另有 90 万公顷的橡胶种植在锡兰、荷属东印度群岛、缅甸和法属印度支那,同时橡胶也扩展到了非洲。结果是取代了南美尤其是巴西作为世界橡胶供应商的地位。1900 年,来自南美和非洲的"野生橡胶"占全球出口量的 98%。在 20 年内,它们控制的总量下跌到 6% 以下,而马来半岛生产了全球 50% 以上的橡胶出口。东南亚在世界橡胶市场的主导地位持续了数十年。例如,到 20 世纪 30 年代,东南亚的种植园每年生产超过 100 万吨橡胶,而世界其他地区

---

① HNR/4/11;Malay Peninsula. Gardens and Agriculture,pp. 245-247; HNR/3/ 2/4;Notebooks, vol. 4, pp. 205-211.

② 译者注:英文原著第 150 页,2 304 231 acres(900 000 hectares,or 900 square kilometers)疑有误。

在同一时期只生产了 14000 吨。[1]

　　除了原始的经济统计数据之外,大型工业化橡胶种植园的发展对许多社会产生了社会和地理影响。在第一次世界大战之前,马来半岛大部分的橡胶种植园都相对较小,由园主亲自监督。1909 年,马来人和来自中国的农场主种植了 18200公顷的橡胶,而两年后的 1911 年,他们总共种植了 103600 公顷的橡胶。在两次世界大战期间,股份制公司开始投资大规模种植企业,从而将许多小型企业赶出了这个行业,同时由于来自亚洲其他地区(甚至是殖民地内部)的移民增加——因为经济作物需要劳动力,也加速了该地区的变化。[2] 在马来半岛,橡胶种植园对南亚工人的依赖导致了移民的增加。1929 年,马来半岛的南亚工人数量比 1900 年增加了 80 多万。同期,在马来半岛的中国和印尼社区,净移民总数增加了数十万,创造了新的社会现实。[3]

　　在马来半岛以外地区,由于橡胶种植的增加,社区的社会构成也发生了巨大的变化。越南南部种植园的发展导致越南来自北部工人移民的增多,随后社会和劳动力紧张局势加剧,这对该地区的历史发展起了重要作用。在同一时期,荷属东印度群岛的爪哇劳工迁移到印度尼西亚的"外岛",为相互交流创造了新的机会,特别是在苏门答腊和婆罗洲,这使得民族团结意识日益增强。[4]

　　经济花园所做的工作改变了全球的社会和经济。这是帝国科学如何巩固帝国经济基础的终极例证,并以一种约瑟夫·班克斯和约瑟夫·胡克几乎无法想象的规模改变了帝国。这种成功体现在里德利对新加坡植物园的态度上。当他抵达海峡殖民地时,他认为新加坡植物园不过是"红路和绿草"。当他离开时,他估计它是"世界上第三好的和最富有的"。[5]

[1]　Drabble,Rubber in Malaya,pp. 212-230;Purseglove,"History and Function of Botanic Gardens," p. 132;Brockway,Science and Colonial Expansion,p. 141.

[2]　印度尼西亚有更多的小型橡胶企业,是乳胶的重要供应商之一。

[3]　Colin Barlow, The Natural Rubber Industry:Its Development, Technology, and Economy in Malaysia (Kuala Lumpur:Oxford University Press,1978),pp. 37-53.

[4]　Tully,The Devil's Milk,pp. 188-190,225-237;Colin Barlow,The Natural Rubber Industry:Its Development,Technology,and Economy in Malaysia(Kuala Lumpur:Oxford University Press,1978).

[5]　里德利或许认为第一和第二好的是邱园和茂物。HNR/3/3/1:Life of a Naturalist,p. 150.

第六章　新加坡植物园

　　经济植物学在 19 世纪末 20 世纪初主导了新加坡植物园,因为该领域的各种研究人员开发了利用自然改善帝国的新方法。虽然植物园的北部是改变整个东南亚社会和经济的活动焦点,但是植物学研究也正在该地区的丛林和森林以及克兰尼路和纳皮尔路交会处附近的办公楼和建筑物内进行。研究工作涉及东南亚岛屿植物世界的收集、分类和记录,为该地区的植物学知识奠定了基础。该研究代表了殖民时期的知识,即对世界进行记录和分类(使之有意义)的渴望,这是 19 世纪和 20 世纪启蒙运动、帝国扩张和科学好奇的基石。

　　殖民知识(Colonial knowledge)是指"使欧洲殖民者能够在全球范围内对其殖民对象实现统治的知识形式和体系"[①]。各方面的学者已经发展了这些基于福柯(Foucault)和葛兰西(Gramsci)研究成果的理念,并认为欧洲人不仅能够通过优越的军事和经济实力,还能够通过"知识"来控制全球广大地区。在其颇具影响力的著作《殖民主义及其知识形式》(*Colonialism and Its Forms of Knowledge*)中,伯纳德·科恩(Bernard Cohn)描述了大英帝国的殖民官员如何通过界定和编纂周围的世界来确立和扩大他们对领土的控制。正如科恩所说,欧洲人"进入了一个新世界,他们试图用自己的认知和思维方式来理解这个世界。"[②]"调查模式"(Investigative modalities)是收集有关这些新领域信息的主要方法。调查模式包括"对所需信息体系的定义、恰当知识收集的程序、信息的排序和分类,以及如何将其转化为可用的形式,例如出版的报告、统计报表、历史记录、地名录、法律法规和百科全书。"这些方式不仅描述了一种客观现实,而且还以一种服务于殖民地利益的方式帮助创造和组织这种现实。[③]

---

① Phillip B. Wagoner,"Precolonial Intellectuals and the Production of Colonial Knowledge," Comparative Studies in Society and History 45,4(2003):783.

② Bernard Cohn,Colonialism and Its Form of Knowledge:The British in India(Princeton,NJ:Princeton University Press,1996),p. 4.

③ Cohn,Colonialism and Its Form of Knowledge,p. 5;Wagoner,"Precolonial Intellectuals and the Production of Colonial Knowledge";Arnold,The Tropics and the Traveling Gaze;Paula Pannu,"The Production and Transmission of Knowledge in Colonial Malaya,"Asian Journal of Social Science 37,3(2009):427-451.

　　来自邱园的植物学家及其遍布整个帝国的大规模植物园网络,在通过"调查模式"定义自然世界方面发挥了重要作用。该调查模式围绕一系列活动展开,例如绘制领域地图和确定商品及服务的货币价值。对于与新加坡植物园联盟的研究人员来说,调查模式包括探索自然世界和收集植物标本。虽然调查植物世界具有经济植物学的实际用途,但植物的鉴定和分类是这项事业的核心。一旦建立了这个基础,自然世界就可以被理解和利用。①

　　近代早期欧洲游客开始调查马来半岛的植物群,但就英国而言,它始于1822年纳撒尼尔·沃利克访问新加坡时开展的工作。在接下来的几十年里,其他几位植物学家,例如威廉·格里菲思(William Griffith)在1841年以及亚历山大·卡罗尔·马盖耶(Alexander Carroll Maingay)在19世纪60年代对该地区进行了探索,并在植物学方面获得了重要的研究成果。19世纪80年代,赫尔曼·孔斯特勒(Hermann Kunstler)和贝内代托·斯科尔泰基尼(Benedetto Scortechini)也对霹雳州的研究作出了贡献。他们收集的所有植物都直接运往加尔各答,然后转交给邱园进行鉴定和分类。然而,无法深入内部限制了这些研究的有效性。当大英帝国的势力开始扩展到马来半岛,这种情况开始改变;第一批进入这些"未知领域"的欧洲人通常是植物收藏家。到第二次世界大战时,他们能够通过收集7000多种独特的开花植物来建立对自然世界的控制,其中大部分植物存放在新加坡植物园。②

　　在18世纪晚期,约瑟夫·班克斯实行了这样一种做法,即派遣探险家到世界各地,带着特定的指令去收集植物标本并将其送回英国,并对植物标本进行记录、鉴定和分类。作为英国皇家植物园邱园的园长,约瑟夫·胡克在19世纪延续了这种做法。至于马来半岛,纳撒尼尔·坎特利和亨利·里德利直接受命在马来半岛为胡克收集标本,胡克希望这些标本可以作为该地区完整植物群的基础,他希望与加尔各答植物园主管乔治·金(George King)共同开发该地区。然而,大量的标本流入邱园,胡克无法彻底处理好这项工作,但是有些标本确实出现在《英属印度植物志》(The Flora of British India)上,这本书在1875年至1897年间出版超过了七卷。虽然胡克在去世之前无法对马来半岛的植物群进行研究,但是金最终在20世纪初开始出版《马来

---

① Cohn,Colonialism and Its Form of Knowledge,p. 7;Drayton,Nature's Government;Reisz,"City as a Garden," pp. 124-127.

② HNR/4/3:Notes on Distribution,f. 1.

半岛植物志资料》(*Materials toward a Flora of the Malay Peninsula*)。[①]

胡克和金的工作是东南亚英属领土系统植物群的起源，也是一种调查模式的起点，在这种方式下自然界及其内部的边界将被定义和探索。邱园等西方科学机构收集的资料是殖民知识的关键组成部分之一，并且与科学知识在整个帝国世界从殖民地流向西方的一些理论非常吻合。然而，这不是一种静态的关系。随着网络的扩展，知识的流动以及当地收藏家和机构的作用发生了变化。从20世纪开始，情况变得更加多元化，正如新加坡的科学家开始在这些日益复杂的植物学网络中发展自己的收藏和相应的自主权，同时他们也进行了更多的跨国努力来了解周边的环境。[②]

在《马来半岛植物群资料》最后一卷出版十年之后，植物学家在新加坡的兴起以及他们监督自身环境的收藏品和记录的能力变得明显，当时另外五卷作品记录了大约6000种物种，超过了金和甘布尔（Gamble）的记录。到20世纪30年代中期，另外两卷作品，内容长达2402页，进一步确立了新加坡植物园作为该地区植物学知识的基础地位。[③] 这些史诗般的分类纲要反映了对马来半岛植物世界的象征性掌控，正如19世纪后期植物园中的动物园对该地区的动物群所产生的影响。这也反映了新加坡作为一个独立的科学知识中心的发展，因为参与其中的植物学家越来越多地将植物园作为他们的基地。这些对马来半岛殖民地花园和植物学知识的调查，最终植根于新加坡植物园的植物标本馆。

调查殖民地植物园

植物标本馆是收藏保存植物标本的地方，是任何一个植物园的关键组成部分之一。大多数植物标本馆中的标本可以保存在装有液体防腐剂的罐子中或储存在盒子中，这样可以保持种子的形状。然而，绝大多数标本都是干燥的并固定在板片上。在固定之前，这些干燥的标本通常被冷冻或涂上杀虫剂以减少昆虫的威胁。

---

① H. N. Ridley, "Obituary. Sir George King," Agricultural Bulletin of the Straits and Federated Malay States 8,4(1909):169; J. D. Hooker, The Flora of British India, 7 vols(Reeve and Co, 1875-1897); George King and J. Sykes Gamble, Materials for a Flora of the Malayan Peninsula(London:West, Newman, 1904-1914).

② Chambers and Gillespie, "Locality in the History of Science"; MacLeod, "On Visiting the Moving Metropolis"; Kapil Raj, Relocation Modern Science: Circulation and the Construction of Knowledge in South Asia and Europe, 1650-1900(Basingstoke: Palgrave Macmillan, 2007).

③ HNR/3/3/1: Life of a Naturalist, p. 149; H. N. Ridley, The Flora of the Malay Peninsula, vol. I-IV(London:L. Reeve, 1922-1925); Burkill, A Dictionary of the Economic Products of the Malay Peninsula.

板片上写有关于植物的重要数据，例如收集的日期和地点。最后，板片通常被保存在一个盒子里，该盒子一般包含来自同一科或属的植物。

新加坡植物园的第一位主管亨利·默顿于 1876 年抵达后不久就监督了植物标本馆的建造。这是一个重要的早期步骤，因为它标志着新加坡将与其他植物机构建立联系，特别是皇家植物园邱园。植物标本馆原始的标本来自世界各地包括马来半岛的植物汇编，有些甚至可以追溯到 19 世纪 20 年代纳撒尼尔·沃利克访问新加坡的时候。在接下来的三年里，默顿收藏了超过 3000 个命名的标本。虽然这些标本植物的存在标志着现代植物园的发展，但由于默顿在 19 世纪 70 年代后期面临重重困难，植物标本馆陷入了混乱和破损的境地，这促使他离开新加坡。默顿在一阵狂怒中摧毁了这些藏品，但这个时期仅有的原始标本已经被送往邱园。

不能面对任何植物园缺失这样一个关键组成部分，默顿的继任者纳撒尼尔·坎特利于 1882 年监督了新植物标本馆的建设，更新后的馆藏主要由莱佛士学派（the Raffles School）的大师赫利特（R. W. Hullett）提供给植物园。虽然在接下来的十年中标本收藏不断增加——但用坎特利的话来说，是"为科学调查提供材料"——在此期间对海峡殖民地森林的关注意味着植物标本馆是他领导下的次要关注点。①

1888 年，亨利·里德利作为植物园的新园长来到新加坡，第二年他对抵达时就存在的植物标本馆进行了评估。馆内藏品很分散，用沃利克、赫利特甚至摩拉维亚传教士（Moravian missionaries）送给植物园的礼物拼凑而成。在默顿管理期间没有收集到任何标本。尽管坎特利监督了从霹雳州、新加坡、马六甲和雪兰莪州收集标本的工作，"但令人遗憾的是，很多标本的标注不全，只记录了国家名称，而且在很多情况下还是错误的。显然是在植物园种植的南美植物被标记为来自新加坡……相当多的植物也没有任何标签，因此毫无用处。"②

---

① Ruth Kiew,"The Singapore Botanic Gardens Herbarium-125 Years of History," Gardens' Bulletin Singapore 51,2(1999):151-152; I. H. Burkill,"Botanical Collectors,Collections and Collecting Places in the Malay Peninsula," The Gardens'Bulletin Straits Settlements4,4/5(1927):128; Cantley,"Annual Report on the Botanic Gardens,Singapore,1882," pp. 2-3; H. N. Ridley,"The Herbarium,"Agricultural Bulletin of the Straits and Federated Malay States 6,10(1907):329-330.

② 里德利还发现这些标本"处于非常破旧的状态,被随意堆放在一些大木柜里"。它们被安装在"纸片上,浸满了碳酸"。HNR/4/11;Malay Peninsula. Gardens and Agriculture,p. 35；Ridley,Annual Report on the Botanic Gardens,1889,p. 7.

需要改进设施和更有组织的努力来整理该地区的植物信息。里德利总结,"没有植物的帮助,任何类型的植物工作都不可能完成"。"植物标本馆构成了一个参考系列,通过它我们不仅可以识别任何有用的植物,而且通过与植物标本馆中已命名的标本进行比对,我们可以为任何目的确定获得所需的植物,并且在需要时也能知道在哪里可以找到它。"①正如里德利对当时英国植物学知识状况的评估,"对马来国家的植物一无所知,对半岛上生产藤条、达马树脂、橡胶、药物或木材的植物知之甚少或根本不知道。"②里德利随后为该地区未来的植物收集和鉴定奠定了基调。"在这样一个国家的植物标本馆里,每个地区的标本都必须正确标记。因此,我正试图从每个州获取每种植物的标本,由于植物群的相似性,我把苏门答腊、婆罗洲和邻近岛屿的标本也加了进去。"③

为了收集这些标本,收集者从 19 世纪 80 年代开始梳理该地区的森林,寻找独特的、从未见过的物种或常见品种的变种。1927 年出版的与新加坡植物园有关的收集者名单,按字母顺序列出了数百个名字,从 J. 艾布拉姆斯(J. Abrams)开始,他是森林卫队的一名警长,后来成为槟榔屿的森林护林员,在 1888 年至 1910 年负责收集标本。收集者名单以耶布·阿卜杜勒·拉赫曼(Yeob Abdul Rahman)结束,他从 1916 年开始在马来半岛各个工作站为林业部工作。新加坡植物园及其马来半岛附属场地的园长们也参与了这些探索活动,只要他们能够从日常的职责脱身而出。例如,亨利·里德利在探索该地区森林的过程中获得了极大的乐趣,他发现槟榔屿的查尔斯·柯蒂斯和马六甲的罗伯特·德里所做的努力帮助非常大(图6-1)。④

这些收集探索活动往往是典型的殖民地事务,有很多搬运工和"本地助手"。几名西方收集者通常会引领这些人进入周围的森林。里德利认为,在一次"大型露营探险"中,至少应该有三名欧洲人参加,"假如两名白人领队中有一人死亡,这些

① Ridley,"The Herbarium," pp. 332-333.

② Ridley,"The Herbarium," p. 330;HNR/4/11;Malay Peninsula. Gardens and Agriculture,p. 63.

③ Ridley,Annual Report on the Botanic Gardens,1889,p. 7.

④ Burkill,"Botanical Collectors,Collections and Collecting Places," pp. 116-134;HNR/4/11;Malay Peninsula. Gardens and Agriculture,p. 69;Ridley,"The Herbarium," p. 331;Timothy P. Barnard,"Noting Occurrences of Every Day Daily:H. N. Ridley's 'Book of Travels'," in Fiction and Faction in the Malay World,ed. Mohamad Rashidi Pakri and Arndt Graf(Newcastle upon Tyne:Cambridge Scholars Publishing,2012),pp. 1-25.

图 6-1：亨利·里德利（站在水中，右边），前往大汉山（Gunung Tahan）考察（HNR /1/3：Henry Ridley Papers）。来源：皇家植物园邱园董事会。

搬运工立即回家，报告说另一名白人死亡，他们将被指控谋杀。"里德利还认为，四名或者更多的欧洲人出行需要太多的搬运工运送食物和行李。对于短途旅行来说——比如去柔佛，里德利偶尔会"单独"出行，即"带上 8 或 9 到 20 个搬运工"。大部分行李都是食物，为搬运工准备的主要是大米和干鱼，而西方人则食用桂格燕麦、罐头沙丁鱼、饼干、茶和咖啡，偶尔还会补充一些可以被猎杀的野生动物。其余的行李是额外的衣服、临时住所的防水布和收集装置。在森林中的徒步将持续到下午四点，之后搬运工将扎营。其中有些人会去砍竹竿，而其他人则收集藤条和棕榈叶，为欧洲的收集者搭建"旅行小屋"。①

　　从早餐后收集植物直到下午晚些时候。收集者会把有趣的标本放在收藏簿中

---

① 根据里德利的指导方针，除了一瓶白兰地之外，禁止饮酒，"以防意外"。HNR/4/11：Malay Peninsula. Gardens and Agriculture, pp. 147-149.

以便妥善保管。这与欧洲通常采用的"植物罐头"方法形成了对比,后者在热带地区是无用的,因为标本往往很大,会塞满整个容器。里德利推荐的"收藏簿"长度为1.5～2 英尺(45～60 厘米),宽度为 8 英寸(20 厘米)。每本簿都是用硬纸板制成,上面覆盖着"美国布",还有两条灯芯做成的肩带。收藏簿里的纸张呈棕色并且十分硬挺,来自中国商店,最初设计用作包装货物。最富有成效的考察是使用 30 多台压印机,每台压印机只有几张干燥薄板。①

　　一旦收集者返回营地,标本就被放入最初由竹条或椰子茎制成的网格压印机中。经过多年的实验,里德利建议使用更易运输的电话线网格。压制后,将薄板置于阳光下干燥。在幽深又潮湿的丛林里,几乎没有阳光穿透树冠,压印机经常围绕火堆互相支撑,以便干燥。②

　　里德利喜欢在整个地区参与这样的探索活动。退休去邱园后,他会深情地回忆起自己作为一名"撑船人"在河上漂流的日子,直到晚上他们在河边扎营时才停下来。为了食物,他会射击鸽子或黑白犀鸟("它们非常好吃")。他保留了一份详细的日记,描述了许多这样的旅程,包括收集的植物以及所遇见景观和人物的细节。这些旅行使里德利能够对比马来世界的各个地方,他总结说它们的河流和景观有相似之处。例如,在一次去荷兰管辖下的苏门答腊岛夏克(Siak)旅行中,他注意到"整体植物群类似于马来半岛的植物群……这是一个值得探索的优秀收集地。"通过记录所到的地方以及所遇到的植物群,里德利和其他收集者正向未知区域推进,特别是西方人,进一步加深了对该地区景观和人民的了解。③ 这些考察活动的报道定期刊登在期刊上,尤其是《皇家亚洲学会海峡分会期刊》(*Journal of the Straits Branch of the Royal Asiatic Society*),里德利从 1890 年至 1911 年担任该刊编辑。④

　　植物标本馆迅速发展起来,这得益于一个大规模收藏者网络的努力,例如欧亚

①　HNR/4/11:Malay Peninsula. Gardens and Agriculture,p. 148.
②　HNR/4/11:Malay Peninsula. Gardens and Agriculture,p. 148.
③　HNR/5/1:H. N. Ridley,Travels,1888-1904,p. 277;Barnard,"Noting Occurrences of Every Day Daily," p. 8;H. M. Burkill,National Archives [Singapore] Oral History Centre,002152,Reel 5;Wong,"A Hundred Years of the Gardens'Bulletin,Singapore," p. 6.
④　然而,里德利对 *JSBRAS* 的贡献常常招致批评,因为"有些论文的内容过于技术性"。Wai Sin Tiew, "History of Journal of the Malaysian Branch of the Royal Asiatic Society(*JMBRAS*)1878-1997:An Overview,"Malaysian Journal of Library and Information Science 3,1(1998):47;J. M. Gullick,"A Short History of the Society," JMBRAS 68,2(1995):68-69.

森林检查员 J. S. 古迪纳夫（J. S. Goodenough）从马六甲向植物园送来了 486 件标本，还有莱佛士博物馆馆长哈维兰（G. D. De Haviland），他于 1893 年从婆罗洲送出了 454 件标本。这使得里德利报告说植物标本馆"正在成为真正具有代表性的马来亚植物群之一"。标本一旦被送达植物园，馆长塔西姆·达乌德（Tassim Daud）和他的继任者艾哈迈德·卡西姆（Ahmad Kassim）就开始干燥和处理这些新增加的标本。标本处理的主要障碍通常是气候，因为高湿度和常降雨使得标本难以干燥。里德利最终开发出一套系统，在一个专门建造的"干燥室"里用火来驱除标本中的水分，同时标本还经过葡萄酒中加入"升汞"（氯化汞）处理，以防止毛虫或飞蛾造成任何破坏。[①]

　　通过这些努力，越来越多的植物标本开始摆满新加坡植物园的标本馆。这些植物标本可以用来鉴定新物种，也用于开发更清晰的热带植物分类法。除了正模标本（holotype）（一个新物种的原始样本），任何额外的副本或同种型，都被送到邱园和世界各地的其他机构。几十年后，新加坡植物园园长解释道："把复制品送出去就能得到半打任何东西；邱园总会有一个……还有莱顿……以及那些拥有当时认为重要的某一特定科植物的其他机构。"虽然这些标本构成了新加坡植物园植物标本馆的基础，但它也为世界各地的众多机构提供服务，包括柏林、悉尼、马尼拉的植物园，当然还有邱园和加尔各答植物园。通过这个过程，随着标本、出版物和研究在全球范围内共享，该区域植物群更清晰的画面开始出现。[②]

　　存储在植物标本馆中的植物不只是深奥的植物群收藏。分类学研究经常将图书馆和植物标本馆所做的工作与全球经济植物学联系起来。[③] 在这方面，新加坡植物园跨国努力的一个例子是在 20 世纪初期尝试确定生产古塔胶的最佳物种。古塔胶

---

①　"升汞"也是梅毒的一种常见治疗方法，最终因其毒性而被禁止使用。Peter Lewis Allen, The Wages of Sin: Sex and Disease, Past and Present (Chicago, IL: University of Chicago Press, 2000), pp. 52-56; Ridley, "The Herbarium," p. 332; Ridley, Annual Report on the Botanic Gardens, 1890, p. 5; Ridley, Annual Report on the Botanic Gardens, 1892, p. 3; Ridley, Annual Report on the Botanic Gardens, 1893, p. 2; Kiew, "The Singapore Botanic Gardens Herbarium," p. 153.

②　H. M. Burkill, National Archives [Singapore] Oral History Centre, 002152, Reel 4; HNR/4/11; Malay Peninsula. Gardens and Agriculture, p. 159.

③　Brett M. Bennett, "The El Dorado of Forestry: The Eucalyptus in India, South Africa, and Thailand, 1850-2000," International Review of Social History 55, S18 (2010): 27-50; Prakash Kumar, "Planters and Naturalists: Transnational Knowledge on Colonial Indigo Plantations in South Asia," Modern Asian Studies 48, 3 (2014): 720-753.

是当时工业产品的重要组成部分，随着东南亚岛屿整体野生种群的破坏，古塔胶变得越来越稀少。由于这种珍贵的树木越来越少，新加坡植物园和茂物植物园需要确定胶木属（Palaquium）的最佳物种，这样他们就可以专注于受控条件下品种的培育。当时，古塔胶可以从四种不同种类的胶木属植物中获得。这导致荷兰和英国植物学家在东南亚进行了大量的通信、取样、试验和推测（图 6-2）。正如里德利在 1901 年解释的那样，当时使用首选的命名法（Dichopsis），"马来半岛常见物种的名称问题，无论是古塔胶 Dichopsis gutta 还是 D. oblongifolia，都具有超过植物学的重要性，因为这些名称下的树木的产品价值和品质据说不同。"他还补充道，"从植物学的角度来说，这个问题很重要，也许从经济学的角度来说也是如此。因此，无论如何必须记住，在过去五十年或更长的时间里，古塔胶的大部分贸易都来自 D. oblongifolia。"[1]到了第二年，植物学家确定它们实际上是同一个物种。[2]

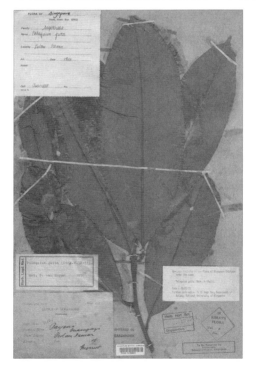

图 6-2：古塔胶的标本页。标注了与其收藏和分类相关的大量注释。来源：新加坡植物园 SING 植物标本馆。

① 　Ridley, Annual Report on the Botanic Gardens, Singapore(1900), p. 9.

② 　Fox, Annual Report on the Botanic Gardens, Singapore(1901), p. 6. The species that survives today in the Singapore Botanic Gardens, which Ridley planted in 1897, is Palaquium obovatum.

图 6-3：八角枫（*Alangium ridleyi* King）的植物插图，以马来亚植物群的两个早期编纂者命名。詹姆斯·德阿尔维斯和查尔斯·德阿尔维斯与亨利·里德利一起绘制了这幅插图。来源：新加坡植物园图书馆和档案馆。

致力于记录该地区的植物群也意味着注重物种的正确鉴定，并且为了捕捉植物生命的活力，里德利在抵达新加坡后不久就安排了来自锡兰的两兄弟。詹姆斯·德阿尔维斯（James De Alwis）和查尔斯·德阿尔维斯（Charles De Alwis）两兄弟都是艺术家，他们的父亲和祖父曾在佩勒代尼耶植物园（Peradeniya Botanical Gardens）担任植物插画师，在那里他们因精美的画作而享有些许名望。第三代德阿尔维斯插画师于 19 世纪 90 年代来到新加坡，曾在植物园工作过很多次，他们的雇佣关系取决于植物园委员会是否批准为他们的工资提供资金。[1] 1890 年 3 月，查尔斯·德阿尔维斯带着"绘制半岛上罕见且更有趣的植物"的任务来到这里，这些植物被指定用于孕育已久的《马来半岛植物志》（*The Flora of the Malay Peninsula*）。查尔斯在新加坡的第一年绘制了 78 幅植物插图。詹姆斯·德阿尔维斯于 1893 年加入了他兄弟查尔斯的工作（图 6-3）。

---

[1] 乔杜里被遣返印度之前在精神病院度过了一段时间。Rohan Pethiyagoda，"The Family De Alwis Senevi-ratne of Sri Lanka: Pioneers in Biological Illustration," Journal of South Asian Natural History 4, 2 (1998): 102; Bonnie Tinsley, Visions of Delight: The Singapore Botanic Gardens through the Ages (Singapore: The Gardens, 1989), pp. 26-27. 译者注：原著如此。疑有误，此处注释对应的似是 P130 注①。

在 1899 年之前,植物标本馆中没有艺术家的相关记载,因为这对兄弟经常以不同身份在行政部门任职。然而,在那一年,有人试图重新雇用查尔斯·德阿尔维斯为植物插画师。他无法接受任命,并且之前在加尔各答植物园工作的乔杜里(D. N. Choudhury)正从事这项工作。根据里德利的说法,1900 年乔杜里"患了脑疾,开始精神失常",同年 11 月份查尔斯·德阿尔维斯不得不从他曾经担任摄影师的公共工程部调到植物园。①

在新加坡任职期间,德阿尔维斯兄弟创作了 260 多件艺术作品,记录了"从未被描绘"的植物。② 通常脾气暴躁的里德利对他们的工作十分满意,称之为"优美",他甚至安排在经济花园内为两兄弟建造了一座房子。詹姆斯·德阿尔维斯最终于 1903 年离开新加坡,而查尔斯则继续在新加坡植物园工作了五年。他们都因薪水和合同相关问题而离开,这反映了里德利在植物园任职期间不断承受的压力。最终,总督约翰·安德森(John Anderson)拒绝续签查尔斯·德阿尔维斯的合同,植物园委员会也不愿为他的工作提供任何额外的资金,这迫使他于 1908 年离开。③

为了保存整个地区收集的标本,以及德阿尔维斯兄弟的绘画,一个新的植物标本馆于 1903 年建成。虽然是一座小型建筑,大小只有 100 英尺×28 英尺(30 米×8.5 米),但它将作为一个"收集当地蔬菜等农产品以供参考和研究"的基地。里德利自豪地报告说,"对马来半岛植物来说,这个植物标本馆现在无疑是世界上最好的,里面有来自半岛、婆罗洲、苏门答腊和暹罗的多种类型和共型植物。"④然而,这种乐观并未持续太久。

---

① Ridley, Annual Report on the Botanic Gardens, 1890, p. 6; Ridley, Annual Report on the Botanic Gardens, 1893, p. 2; Ridley, Annual Report on the Botanic Gardens, 1899, p. 2; Ridley, Annual Report on the Botanic Gardens, 1900, p. 3; Ridley, Annual Report on the Botanic Gardens, 1904, p. 7.

② Pethiyagoda, "The Family De Alwis Seneviratne of Sri Lanka," pp. 99-109; R. E. Holttum, "Orchids, Gingers and Bamboo: Pioneer Work at the Singapore Botanic Gardens and its Significance for Botany and Horticulture," The Gardens' Bulletin, Straits Settlements 17, 2(1959): 191; Burkill, "The Role of the Singapore Botanic Gardens in the Development of Orchid Hybrids," pp. 38-39; Taylor, "The Environmental Relevance of the Singapore Botanic Gardens," p. 12; Yam Tim Wing, Orchids of the Singapore Botanic Gardens(Singapore: National Parks Board, 1995), p. 15; HNR/3/2/5: Notebooks, vol. 5, p. 244.

③ Ridley believed Charles De Alwis also wanted to leave Singapore to escape debts. HNR/3/2/5: Notebooks, vol. 5, pp. 244-245.

④ Ridley, "The Herbarium," p. 329; Ridley, Annual Report on the Botanic Gardens, 1903, p. 4.

　　在把标本转移到新的植物标本馆后不久,里德利报告称,"无钱购买家具,而且整个建筑在一年中的大部分时间里都严重漏水且潮湿。"[①]情况继续恶化,第二年,由于白蚁的侵袭,整个植物标本馆"再遭破坏,灭蚁工作耗费了 4 个人 4 个月的时间,并使用了 50 加仑的甲基化喷雾剂和升汞"。为了防止白蚁复发,这栋建筑的易受攻击部分也被涂上了"Jodelite",这是一种常见的热带木材防腐剂,被宣传为"能永久抵御白蚁、干腐和腐烂的侵袭"。[②] 里德利在他任期的剩余时间里继续监督采集探险,甚至参与其中。新建的植物标本馆最终还是令人失望。在下一阶段,它将需要一位新领导者注入精力,他将专注于新加坡植物学的发展,特别强调图书馆和植物标本馆,并使该机构的重点从经济植物学转移。

形容词"植物学的"

　　当亨利·尼古拉斯·里德利于 1912 年 1 月返回英国时,海峡殖民地政府面临着一项艰巨的任务,即取代一位自信、才华横溢且经常性格分裂的人物担任新加坡植物园的园长,领导这个不断发展的港口中的一个主要殖民机构。同月,海峡殖民地总督阿瑟·扬(Arthur Young)致信殖民地办公室,向立法会非官方议员发出请求,要求把新任植物园园长列为"高级官员"。皇家植物园邱园的官员认为,最好的候选人是艾萨克·亨利·伯基尔,他毕业于剑桥大学,有植物标本馆的工作经验。伯基尔曾在加尔各答植物园度过了十年,他从那里参加了对尼泊尔和锡金(Sik-kim)的重大考察,并在印度博物馆组织了"经济产品"的收藏,从而使他在一些促进帝国植物学和殖民知识发展的主要机构中获得经验。伯基尔于 1912 年 9 月抵达新加坡。根据皇家植物园邱园档案馆一本从未出版的传记记载,伯基尔回忆起他的到来,他记得第一次看到新加坡植物园的时候很高兴,因为那里"整齐的草坪和美丽的树木"。[③]

　　新上任的新加坡植物园园长与他的前任截然相反。里德利是一个精力充沛的人,他的影响力遍及殖民时期的马来亚和海峡殖民地,预示着自然世界可以在改变殖民地的知识、经济甚至更大的社会方面发挥作用。在这个过程中,他清楚地表达

① 　Ridley,Annual Report on the Botanic Gardens,1905,p. 4.

② 　Anonymous,"Advertisement for Jodelite," SFP,27 Jan. 1912,p. 11; Ridley,Annual Report on the Botanic Gardens,1907,p. 3.

③ 　BUR/1/3:Burkill's Personal Papers,1899-1966,pp. 24,1-24; H. Santapau,"I. H. Burkill in India," Gardens' Bulletin,Straits Settlements 17,3(1960):342-347.

了自己的观点，同时也哄骗了盟友并侮辱了敌人。相比之下，伯基尔在与同事和工人的关系中彬彬有礼、乐于助人且鼓舞人心。在这方面，殖民地官员理查德·温斯特德（Richard Winstedt）形容伯基尔"谦逊且深受喜爱"，而著名植物学家桑塔帕（H. Santapau）则将这位英国人描绘成一位"好老派的迷人绅士"。①

　　在里德利之后，马来亚的状况迫使温和的伯基尔和新加坡植物园在不断变化的殖民经济和更大的科学社会中寻求新的角色。新加坡对经济植物学的重视程度下降，部门迁往马来亚，而在这些新成立的部门中，又缺乏训练有素的员工来填补职位空缺，这引发了对植物园价值的新一轮质疑，并成为近十年来辩论和讨论的焦点。总的来说，伯基尔支持对植物园进行彻底改造，因为他认为注重经济植物学对植物园不利。正如他所描述的那样，"老的橡胶实验现在已经没有什么可教的了。"②新任园长表示，新加坡植物园几十年来都没有履行其主要职能。"恰如其分地也许可以这么说，1912 年植物园失去了使用形容词'植物学的'的权利。它已经丢失了。我有责任把它带回来，我不得不这么做。新加坡植物园在全世界的声誉需要它。"③虽然伯基尔在接下来的几年里继续种植橡胶，但他确实开始将经济植物园里的经济作物种植转移到水果和蔬菜植物上，重点放在番薯上，这是他自己的研究兴趣。④

　　为了使植物园更加"植物学"，伯基尔重新定位了该机构，以强调植物标本馆和图书馆正在进行的工作，直到它们反映出他在个人研究中所展示的有关植物世界细致和科学的方法。试验驯化潜在的种植园作物适应新环境，以实现帝国的盈利目标，这样的试验性花园再也不会有了。植物学现在将进入实验室、图书馆和植物园（hortus）——新加坡的封闭花园（the enclosed garden）。正如他在 1914 年告诉立法会，植物园的研究工作"尽可能集中在新加坡"。伯基尔在里德利奠定的基础上，开始了一个专注于物种系统描述和编目的计划，从而改变了新加坡植物园在接

---

① R. O. Winstedt, "Isaac Henry Burkill," Journal of the Royal Asiatic Society of Great Britain and Ireland 97, 1(1965): 88; Santapau, "Burkill in India," p. 341; C. X. Furtado and R. E. Holttum, "I. H. Burkill in Malaya," Gardens'Bulletin, Straits Settlements 17, 3(1960): 350.

② I. H. Burkill, Annual Report on the Botanic Gardens, Singapore and Penang, for the Year 1913(Singapore: Government Printing Office, 1914), pp. 2, 4, 6; Furtado and Holttum, "Burkill in Malaya," p. 350.

③ BUR/1/3; Burkill's Personal Papers, 1899-1966, p. 25. Emphasis in the original.

④ 其中一些也与在第一次世界大战期间需要考虑增加粮食产量有关。Nigel P. Taylor, "SBG during the First World War," Gardenwise 42(2014): 17-20.

下来的半个世纪里在当地社会和全球科学界所扮演的角色。在这个过程中，即使园艺活动和研究领域有限且受控，植物园还是成为了解整个地区植物群的中心，同时也进一步发展成为一个多中心的科学网络。①

将植物园建成自己的分类学研究中心，需要从根本上改变场地的精神和物理边界，以及工作人员的职责。在里德利退休前几年，在新成立的农业部领导下，原先与经济植物园有关的研究已经转移到马来半岛的各个站点。这个过程只是继续将卫星植物园重新归类为公园，例如槟榔屿植物园。马来亚各地的研究站继续开展与种植园和木材资源有关的工作，但隶属于新设立的农林部，而不是新加坡植物园。为了反映这种转变，伯基尔开始在经济花园里种植水果和蔬菜植物。虽然马来亚目前正在开展与经济植物学有关的工作，但系统的植物学研究继续集中在新加坡进行，来自吉隆坡和各个研究站的部门官员经常访问新加坡，以便进入植物园的植物标本馆和图书馆。②

随着马来半岛上管理植物界的职责在政府部门之间转移，植物园在殖民地企业中的地位需要被捍卫。虽然它继续监督多种多样的植物群，并且它的工作人员仍然在整个马来半岛发挥着咨询的作用，但是新研究站和部门的发展意味着，为新加坡植物园需要如此广阔场地的辩护变得更加困难。失去部分土地是其继续存在而妥协让步的一部分。曾经进行植物驯化和开发新的收获技术的重要研究，并使其成为亚洲橡胶工业发源地的经济花园不再是必要的了。殖民政府的各个部门对这块土地至少觊觎了20年，这导致了他们与里德利的冲突。里德利为政府官员尤其是瑞天咸的短视感到惋惜。③ 在这样的背景下，政府官员们一直到20世纪还认为植物园北部区块的土地未被充分利用。

立法会最终采取了主动，提议在1917年将土地转让给新加坡住房委员会（the Singapore Housing Commission）。伯基尔觉得这令人担忧，因为它意味着大量试验性植物必须转移，这增加了丢失稀有物种的可能性，在此期间，植物园里仅有的铁檀（*Eusideroxylon zwageri* 坤甸铁樟，一种铁木树）被移出了经济花园。正如里

① Anonymous,"The Botanic Gardens," ST,4 June 1914,p. 10；Furtado and Holttum,"Burkill in Malaya," p. 351；Reisz,"City as a Garden," p. 137.
② Furtado and Holttum,"Burkill in Malaya," pp. 353-354. Kathirithamby-Wells,Nature and Nation,p. 76.
③ 在邱园档案中，可以找到许多有关1893年和1894年试图"废除新加坡植物园"的信件。RGBK；MR/345；Miscellaneous Reports,Singapore Botanic Gardens,1874-1917,in the sectionon Ridley.

德利所希望的那样,这个物种将解决该地区在 19 世纪末面临的重新造林问题,而它的死亡象征着一个时代的结束,在这个时代,该机构在保护和经济植物学方面曾发挥了重要的作用。但是,在制定提案方面的常规性拖延,意味着土地的转让被进一步推迟。①

次年,也就是 1918 年,伯基尔公开抱怨植物园和政府之间的关系,特别是关于植物园的预算和需要不断地为它的存在辩护。在财政方面,政府始终表现出有限的支持。自从政府从农业园艺学会手中接管这个机构,三十多年来用于植物园维护的"公开投票"一直维持在 8000 元左右,而且没有采取任何措施来解决通货膨胀和劳动力成本上升的问题。第一次世界大战期间的预算困境进一步加剧了资金的短缺问题。任何额外开支都必须通过经济花园产生的收益来支付,而且随着橡胶种植园建立得更加牢固,对种子储备的需求减少,因此这种收入在不断减少。1911 年和 1912 年,经济花园的收入构成了预算的 57%;到第十年末,随着橡胶价格和种子需求的下跌,经济花园只能提供预算的 39%～47%。②

关于资金以及新加坡植物园在 20 世纪殖民社会中可以发挥的作用问题,导致 1923 年 12 月形成了一份委员会报告,该报告呼吁在吉隆坡设立一个植物学部(Botanical Department),在那里它可以与森林研究所(Forest Research Institute)建立更紧密的联系。吉隆坡的公共花园将升级为植物园,而槟榔屿和新加坡的植物园将成为服务于这个中心的分支。根据这项计划,在 1925 年伯基尔退休后,莱佛士博物馆的动物学家莫尔顿(J. C. Moulton)将负责监督新加坡的这片场地。伯基尔强烈反对整个提案。③ 他认为,如果要在东南亚的英国殖民地上继续开展任何有意义的植物学研究工作,就必须在新加坡保留现有的设施和经验丰富的工作人员。然而,当它的主要支持者弗雷德里克·詹姆斯(Frederick James)(海峡殖民

---

① I. H. Burkill, Annual Report of the Director of Gardens for the Year 1918(Singapore:Government Printing Office,1919),p. 4; HNR/4/11:Malay Peninsula. Gardens and Agriculture,p. 109.

② I. H. Burkill, Annual Report of the Director of Gardens, Straits Settlements, for the Year 1917(Singapore:Government Printing Office,1918),p. 3; HNR/2/1/1:Correspondence, Letter from I. H. Burkill, 19 Mar. 1919,f. 209.

③ 吉隆坡博物馆馆长 H. C. 罗宾逊对此也持反对意见。他觉得伯基尔太老了——他当时是 49 岁——"一个微妙的人……他浪费自己的时间和精力在细枝末节上,没有时间为科学工作",罗宾认为这是一种在丛林中跋涉采集标本的渴望。HNR/2/1/5:Correspondence, Letter from H. C. Robinson, 4 July 1919,ff. 196-197.

地的殖民大臣)被提拔为加勒比背风群岛(Leeward Islands)的总督时,这项将植物学的全部职责转移到吉隆坡机构的计划宣告失败。橡胶价格的暴跌进一步削弱了对该计划的支持,因为当时将人事调动和物资转移到吉隆坡被认为过于昂贵。①

虽然将马来亚的主要植物园迁往吉隆坡的计划被搁置,但新加坡植物园和它的场地因政府部门的扩大而缩小。1925年末,莱佛士学院委员会(the Raffles College Committee)最终接管了经济花园,并开始为大学建筑清理场地。正如1925年的年度报告所总结的那样,"因此,不会从经济花园获得更多橡胶树产生的收入。"②新加坡植物园保留了下来,但是它的土地面积和收入以及它在社会中的作用都减小了。

在预算和空间减少的背景下,在政府支持下降的这段时期,新加坡的科学家们也为数不清的责任捉襟见肘。在政府试图削弱他们作用的时期,植物园官员有责任从枯萎病的治疗到种植园作物的恰当施肥等问题提供咨询意见。甚至法庭案件也需要他们的专业知识。在伯基尔抵达新加坡后不久就发生了这样的事情,当时新任园长在一场涉及泰米尔(Tamil)被告的审判中提供了专家证词,被告被控拥有印度大麻(bhang),印度大麻是一种多用于吸食的大麻,在南亚是一种流行的麻醉剂。据报纸报道,伯基尔辨识出了印度大麻,但不知道它的价值。③

在这些不同的职责以及对植物学价值的质疑中,伯基尔在新加坡的任期内几乎没有时间进行植物学研究。正如马来联邦博物馆馆长罗宾逊(H. C. Robinson)所描述的那样,伯基尔"如此沉浸在日常工作中,以至于他每周只能抽出一个小时左右的时间去做植物标本馆的工作。"④这使得伯基尔开始质疑自己为何要接受这样的职位。"如果这个植物园是为了履行那些建造者与享受它的公众之间的契约,那么肯定还有比给树木贴标签更多的事情要做。植物园是为了文化(一种特殊的

① H. M. Burkill,"Murray Ross Henderson,1899-1903,and Some Notes on the Administration of Botanical Research in Malaya," Journal of the Malaysian Branch of the Royal Asiatic Society 56,2(1983):91-92.
② Furtado and Holttum,"Burkill in Malaya," pp. 353-354; R. E. Holttum,Annual Report of the Director of Gardens for the Year 1925(Singapore:Government Printing Office,1926),p. 2; Taylor,"The Environmental Relevance of the Singapore Botanic Gardens," p. 128; Wong,"One Hundred Years of the Gardens' Bulletin,Singapore," pp. 14-15.
③ Anonymous,"Friday," The Weekly Sun,30 Nov. 1912,p. 5; Furtado and Holttum,"Burkill in Malaya," pp. 353-354; I. H. Burkill,Annual Report on the Botanic Gardens,Singapore and Penang,for the Year 1912(Singapore:Government Printing Office,1913),p. 5; HNR/3/3/1:Life of a Naturalist,f. 228.
④ HNR/2/1/5:Correspondence,Letter from H. C. Robinson,22 Oct. 1915,f. 192.

文化),是为了对植物的理解。"①考虑到这一点,伯基尔开始发展设施和工作人员,以便更好地了解该地区的植物群。

组织殖民花园

    一个充满活力的植物标本馆,配备了全新培训的工作人员,将在殖民时代的剩余时间里成为新加坡植物园的重点。伯基尔在 1912 年到达时遇到的植物标本馆是里德利于 1903 年建造的。罗伯特·德里当时负责管理植物标本馆,里面简直一团糟。尽管德里曾是该地区植物学的关键人物,负责管理槟榔屿植物园,并协助里德利进行橡胶研究,但在妻子死于天花后,他变得郁郁寡欢,不再是一名工作高效的员工。伯基尔很快安排德里前往英国休假;他再也没有回新加坡。在德里留下的植物标本馆里,许多标本被放错位置、没有标记或储存不当,它们受到了白蚁等害虫的侵害。在看到它的状态后,伯基尔表示该建筑"非常需要关注",最大的问题是腐烂的屋顶。至于干燥的标本,它们被存放在"因钉子生锈而破碎的"柜子里。公共工程部修复了这座建筑。柜子也被重新布置,以减少潮湿,同时为了增加阳光照射,移走了遮挡窗户的树木。伯基尔高兴地报告说,结果是一个"更干燥"的植物标本馆。②

    作为修复后的植物标本馆的对应物,1920 年还建造了一座新建筑,其中包括园长办公室、一间实验室和一间新图书馆。在这座新建筑开放之前,图书馆已经进行了整顿。书籍被放置在一个有序的分类系统内,方便取阅,而对于未装订的书籍,则采用了带金属门的书柜。这样做是必要的,因为图书馆经常被老鼠入侵所困扰。为了防治害虫,这些装订好的书籍被刷上了一层"升汞"和一层清漆,监狱里的囚犯负责了大部分的保护工作。此外,还对目录进行了检查和更新,并订购替换缺失的期刊。③

    在确认德里不会返回新加坡后,伯基尔雇用了新员工在图书馆、植物标本馆和植物实验室工作。正如伯基尔所回忆的那样,"我挑选了两个马来人,一个在图书

---

①   BUR/1/3:Burkill's Personal Papers,1899-1966,p. 24. 里德利不喜欢伯基尔。这位退休的植物学家在 20 世纪 10 年代末访问新加坡后抱怨说,他的继任者"无比虚弱和可怜"。里德利接着补充道,伯基尔"每次都在喊'啊! 这是一个令人厌倦的世界。'。"HNR/3/2/10:Notebooks,vol. 10,f. 291.

②   Furtado and Holttum,"Burkill in Malaya,"p. 351;HNR/2/1/1:Correspondence,Letter from I. H. Burkill,17 Mar. 1913,ff. 172-173;Burkill,Annual Report on the Botanic Gardens,1913,pp. 2-3.

③   I. H. Burkill,Annual Report of the Director of Gardens for the Year 1920(Singapore:Government Printing Office,1921),p. 2;Burkill,Annual Report on the Botanic Gardens,1913,pp. 3-4;Burkill,Annual Report of the Director of Gardens,1914,p. 2.

馆，另一个在植物标本馆，并吩咐他们把馆内整理好"。在培训工作人员和收集资料后，标本的装裱成为植物标本馆的一项主要任务。如此多的标本需要被整理，工作人员的进度很快就落后了。例如，在1918年，主要由于第一次世界大战，缺乏足够的供应，意味着有6000多件标本等待着装裱。这些短缺问题只能在1921年之后得到妥善处理。那年，伯基尔雇用了三名妇女来帮助植物标本馆装裱标本，这使他希望到1924年，"大量堆积难以整理的标本"将不复存在。[①]

到20世纪20年代初，伯基尔还有权聘请一名受过植物学培训的新助理园长以及两名植物分类学家，并建立了"一个可以进行清洁工作和使用显微镜的实验室"。在这些新员工中，埃里克·霍尔特姆（Eric Holttum）和卡埃塔诺·泽维尔·弗塔多（Caetano Xavier Furtado）分别于1922年和1923年加入。费塔多最终接管了图书馆和活体收藏，他经常在那里鉴定植物，或同样经常地，为植物园里的许多植物正确地重新分配身份。1924年，默里·罗斯·亨德森（Murray Ross Henderson）与费塔多一起成为了植物标本馆的馆长。亨德森在植物园工作了30年，在新加坡的最后五年里，他担任了园长。[②]

在此期间，伯基尔还致力于扩大收藏。虽然里德利在探险期间收集了许多新物种，但其主要目的是促进种植园农业或检查林业的工作，导致种子植物的标本占满了收藏。现在，许多这些任务已经转移到以马来半岛为中心的各个部门，例如农业部，因此伯基尔把收集工作从"需要活的经济植物"转移到集中于园艺植物，特别是"低等植物"。例如对蕨类植物感兴趣的霍尔特姆，以及后来专门研究真菌的科纳（E. J. H. Corner），这样的新员工支持这一举措，因为它适合他们自己的研究计划（图6-4）。[③]

---

① 此外，到1924年，图书馆在弗塔多完成了卡片索引之后得到了很好的安排，卡片共有3780个条目，涉及4755卷。Burkill, Annual Report of the Director of Gardens, 1918, p. 3; I. H. Burkill, Annual Report of the Director of Gardens for the Year 1922 (Singapore: Government Printing Office, 1923), p. 4.

② I. H. Burkill, Annual Report of the Director of Gardens for the Year 1924 (Singapore: Government Printing Office, 1925), p. 4; BUR/1/3: Burkill's Personal Papers, 1899-1966, pp. 24-25; Bonnie Tinsley, Gardens of Perpetual Summer: The Singapore Botanic Gardens (Singapore: National Parks Board, Singapore Botanic Gardens, 2009), pp. 48-49; Burkill, "Murray Ross Henderson, 1899-1903," p. 92.

③ BUR/1/3: Burkill's Personal Papers, f. 28; BUR/1/5: Malaya Botanical Diary Kiew, "The Singapore Botanic Gardens Herbarium," p. 154.

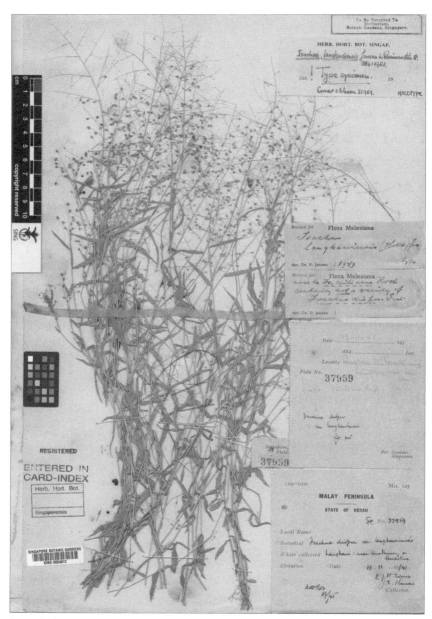

图 6-4：柳叶箬属（*Isachne langkawiensis*）的模式标本页，一种禾本科植物。科纳（E. J. H. Corner）和瑙恩（J. C. Nauen）于 1941 年 11 月在兰卡威岛（Langkawi Island）收集。该表包含许多注释，表明其在植物标本馆收藏的历史。来源：新加坡植物园 SING 植物标本馆。

　　伯基尔发布了这些指令,因为他很少对马来亚及周边地区进行远程探索,尽管部分原因是他担任园长期间与第一次世界大战以及随后的预算问题时期重叠。当伯基尔离开新加坡进行探险时,他的探访通常仅限于马六甲和槟榔屿的植物园以及林业部门设有实验园的场地。伯基尔没有探索未知的区域,大多数情况下都是乘坐定期列车和汽船前往这些地点。这些探险考察反映了新加坡植物园在马来亚以及更大的科学界所扮演的角色的转变。它现在是一个系统地、科学地鉴定新植物的中心,而不是对具有潜在经济效益植物群的驯化,也不是遥远的探险者绘制和识别新领土和新植物群的动力。①

　　尽管伯基尔监督的收集探险活动有所不同,但他们仍然有所收获,帮助充实了新加坡植物园的植物标本馆。例如,在 1923 年,近 1900 种"半岛上鲜为人知的植物群"被收集。一旦这些标本被编目,它们就可以进入全球植物研究网络。虽然正模标本仍然留在新加坡,但复制品被送往许多机构,从哈佛大学到地理学会(Société de Géographie)会长罗兰·波拿巴亲王(Prince Roland Bonaparte)。作为这种做法的一部分,邱园每年都会从新加坡收到数百份标本,1923 年就收到了 508份标本。②

　　为了确保其他机构也有这些标本的样例,伯基尔在植物标本馆外种植了数百种不同的植物,并对它们进行了细致的记录。例如,1913 年对木材收藏中所有标本进行了编号和编目。标识号被钉在木头上,目录也被更新,因为无法看清"破旧的标签"。③ 这促使他产生了一个更简单也更出色的创新做法。最终,每种植物在生长过程中都会被贴上一个小标签,标签上带有数字,通常还附上学名。这种做法确保了植物被系统地识别,并防止品种相同的标本最后被送往植物标本馆时出现混淆。在伯基尔任职期间,外国植物学家访问新加坡植物园时,往往会带着野外标签样品离开,这项技术很快就被世界各地的植物园采用。④

---

① 　BUR/1/3;Burkill's Personal Papers,f. 30; Barnard,"Noting Occurrences of Every Day Daily," pp. 1-25.

② 　在里德利管理时期,当新物种被发现时,标本通常被送到邱园或加尔各答,导致这些机构比新加坡植物园拥有更完整的马来亚植物群。这使得胡克以及金和甘布尔可以在最少访问该地区次数的条件下开展该地区植物群的研究。Furtado and Holttum,"Burkill in Malaya," p. 351; Ridley,The Flora of the Malay Peninsula; I. Henry Burkill,Annual Report of the Director of Gardens for the Year 1923(Singapore:Government Printing Office,1924),pp. 3-4.

③ 　Burkill,Annual Report on the Botanic Gardens,1913,p. 3.

④ 　Furtado and Holttum,"Burkill in Malaya," p. 352.

　　伯基尔在新加坡植物园研究中灌输的命令延伸到了公共场所。1913 年，在警察局长的帮助下，他开始着手解决植物园交通流量增加所带来的问题。这一点变得很有必要，因为汽车的出现加剧了植物园道路的磨损。尽管几乎没有采取什么措施来阻止富裕的英国和中国司机，但仍保留了一份"不合理地快速行驶"的车辆清单。道路终于被命名，这也有助于游客在诸如"正门路"和"环路"等交通要道上穿行。[①] 由于汽车可以全天使用这些道路，车主们很快就开始在日落时分涌向植物园喂猴子，导致道路上层被过度使用。在乐队之夜（Band Night）——一直延续下来的军乐队在月光下演出的月度活动——情况变得更糟，因为将近有 500 辆汽车停放在音乐台附近，造成了许多空间的问题。[②] 在 1922 年 3 月一起严重的事故之后，一些上层道路被改窄，变成了行人专用道，植物园的规章制度也被修订。新规定禁止卡车和公共汽车进入场地，并规定植物园在日落后一小时关闭。[③]

　　从植物标本馆、图书馆到植物园的实际布局，植物园内各种机构的系统重组也扩展到新加坡植物园出版的出版物。《海峡和马来联邦农业通报》（*Agricultural Bulletin of the Straits and Federated Malay States*）于 1913 年更名为《海峡殖民地植物园通报》（*The Gardens Bulletin, Straits Settlements*）。这个转变是如此突然，以至于 1912 年出版的《农业通报》前五期被简单地"吸收纳入"新出版物。伯基尔还更改了标题，以避免与马来联邦的农业出版物混淆。期刊的内容也发生了变化。正如他在最初的编辑笔记中所写的那样，"封面上的原创内容将比以前更多，但不会有市场报告，也不会有会议记录。"[④]在这个新方向下的第一期刊物中，伯基尔撰写了一篇关于椰子甲虫的文章，并且他还发表了许多关于植物园里植物的短文。刊物新的重点是远离经济植物学，因为新加坡植物园的出版物开始专注新植物的鉴定，而不是向种植园主提供建议。

① Burkill, Annual Report on the Botanic Gardens, 1913, pp. 4-5.

② Burkill, Annual Report of the Director of Gardens, 1920, p. 4.

③ 然而，并不是所有的游客都被新系统和植物园的外观所吸引。当里德利于 1918 年回到新加坡时，发现植物园"比以前更糟糕。伯基尔没有园艺品位，也没有欣赏风景的眼光。他改变了一切不必要改动的地方，改变了道路等等，从未完成任何事情。"HNR/4/11；Malay Peninsula. Gardens and Agriculture, pp. 213-215. Burkill, Annual Report of the Director of Gardens, 1922, pp. 5-6.

④ "Editor's Note," The Gardens' Bulletin, Straits Settlements 1, 6 (Dec. 1913): 1; Burkill, Annual Report on the Botanic Gardens, 1913, p. 3; Wong, "A Hundred Years of the Gardens' Bulletin, Singapore," pp. 9-11; Anonymous, "The Gardens' Bulletin," ST, 15 Dec. 1913: 9; Furtado and Holttum, "Burkill in Malaya," p. 353; Burkill, "Murray Ross Henderson, 1899-1903," p. 90.

植物标本馆是所有这些变化的核心。关于新加坡植物园将在全球科学中扮演的角色,在伯基尔的愿景里植物标本馆至关重要,这一点反映在他向立法会提交的上一年《年度报告》中。在1924年的这份报告中,伯基尔解释道:

> 植物园的植物标本馆从未在部门的年度报告中提及;因此有必要对其进行记录。其目的是保持栽培植物的正确名称。它起源于1913年,当时所有来自植物园的标本页都从普通植物标本馆(the general herbarium)撤出,形成一系列独立的分类。这些系列被德希穆克先生(G. B. Desh-mukh)扩充,他是第一位野外助理,负责走遍植物园,从头到尾检查标签上的名字,并纠正错位。记录保管员和植物标本馆助理进一步扩充;所有相关信息都被纳入"内部植物"书籍。然而,由于战争的原因,装裱是不可能完成的,这种情况一直持续到1924年。但是,园长已经能够通过标本和记录,在适当的基础上开始编排一个新的植物园目录,即记录栽培上的失败和成功,一个"新加坡植物园"(Hortus Singapurensis);他认为没有理由反对他退休后与员工合作完成这项工作。它的价值是显而易见的。[①]

通过他以及继任者们的努力,伯基尔为植物标本馆增加了2万个新标本,这些标本构成了当前收藏的核心,被认为是新加坡植物园最重要的科学遗产之一。[②]

这些变化的高潮是1930年1月植物标本馆的重建竣工,那时伯基尔已经退休五年了。植物标本馆现在是一座两层楼的建筑。一般的收藏品储存在七排双列12只柚木箱子中,总共84个存储单元。一楼的剩余空间由分拣桌组成。二楼包括栽培植物、精髓收藏和博物馆标本,以及俯瞰一楼的中心开放空间。[③] 从这个系统的马来亚植物群组织中出现了重要的分类学研究,反映了新加坡植物园从自然界收集殖民知识所起作用的转变。它现在成了一个自治中心,是更大的跨国网络的一部分,专门收集和整理马来半岛及周边地区的植物学知识。

---

① Burkill,Annual Report of the Director of Gardens,1923,p. 4.

② R. E. Holttum,Annual Report of the Director of Gardens for the Year 1930(Singapore:Government Printing Office,1931),p. 3;Furtado and Holttum,"Burkill in Malaya," p. 351.

③ Kiew,"The Singapore Botanic Gardens Herbarium," p. 155.

英属马来亚植物调查

最终体现该地区植物群收集和鉴定的调查模式是出版了英属马来亚植物调查。虽然约瑟夫·胡克在他的《英属印度植物志》(*Flora of British India*)中收录了一些有关东南亚的资料，并且是在坎特利和里德利的帮助下完成了这项工作，而且许多其他植物学家也发表了关于科和属的专门研究，但是在乔治·金的指导下，该地区第一本专用的植物志在 1904 年至 1914 年的十年间出现。① 《马来半岛植物志素材》(*Materials for a Flora of the Malay Peninsula*)这本著作是从整个 19 世纪在马来亚收集的标本发展而来的，这些标本随后在加尔各答和邱园进行了编制和鉴定。金只访问过马来亚一次，只能听从收藏家和科学家们为他描述该地区。正如几乎所有分类学著作一样，随着新发现的出现，文本的修订也是必要的。里德利甚至早在 1907 年就开始修订单子叶植物（开花植物的主要类群之一）章节，而主体文本仍在继续出版。当金于 1909 年去世时，他的《马来半岛植物志素材》仍未完成。曾在印度工作的植物学家 J. 赛克斯·甘布尔(J. Sykes Gamble)帮助完成了这项工作，他于 1899 年退休后居住在邱园。②

里德利自己完成了该地区一本单独的植物志，因为这不仅反映了他对马来亚自然界的广博知识，也反映出新加坡植物园的植物标本馆对植物研究的扩展。里德利随后的著作《马来半岛植物志》在内容的深度上是革命性的。第一卷出版于1922 年，即他从新加坡植物园退休十年后，主要研究离瓣花群(Polypetalae)（一种分类群，不再用于花瓣分离的花）。在讨论植物的分类学特征之前，里德利先介绍了该地区的气候、地质和降雨量。此外，他还描述了马来半岛的植物亚区以及某些物种的丰富度。然后，里德利赞扬了从纳撒尼尔·沃利克到伯基尔这些发展《植物志》的标本收藏者。③ 在接下来的三年里，里德利又出版了四卷《植物志》。

《马来半岛植物志》巩固了新加坡作为了解马来亚植物群的地方，并不是建立在加尔各答的研究基础上。虽然里德利在邱园汇编了这些信息，但他还是依赖于

---

① 例如，大卫·普兰(David Prain)曾经研究过豆科植物(Leguminosae)，这是胡克《英属印度植物志》第二卷的补充. David Prain, "Some Additional Leguminosae," Journal of the Asiatic Society of Bengal 66, 2 (1897):347-518; King and Gamble, Materials for a Flora; Hooker, The Flora of British India.

② H. N. Ridley, Materials for a Flora of the Malay Peninsula, Part I (Singapore: Methodist Publishing House, 1907); Ridley, "Obituary. Sir George King"; Kiew, "The Singapore Botanic Gardens Herbarium," pp. 153-154.

③ Ridley, Flora of the Malay Peninsula, vol. 1, pp. ix-xx.

伯基尔转交给他的标本。此外,正如伯基尔所描述的,他对该地区的了解是在 24 年的时间里发展起来的,在为北纬 7°以南发现的"高等植物"准备"分类学基础"方面发挥了关键作用。在里德利的整个职业生涯中,他鉴定了 4 000 多个新物种,而《植物志》是他为该地区识别植物生命努力的结晶。它包含了对自然界的一种新视角和理解,使得亨德森重新安排了植物标本馆中的所有材料。①

然而,里德利的著作并不完美。每次收集过程以及分类法的较大变动,都需要对其进行修订。此外,当亨德森按照里德利的分类法安排植物标本馆时,他很快就发现了没有记录在《植物志》中的物种。这导致了对这部著作的重新评估,正如在分类植物学中经常发生的那样,即这部五卷本的著作包含"不完善的材料",使其在某些方面"不令人满意"。为了解决这些问题,里德利发表了一系列题为《马来半岛植物志增补》(Additions to the Flora of the Malay Peninsula)的论文,试图保持著作的相关性。最终,埃里克·霍尔特姆贡献了兰科、蕨类和禾本科植物的分类处理,而 E. J. H. 科纳则致力于树木和棕榈的分类处理。除了不断分类更新之外,这几乎包含在每期的《植物园通报》(Gardens' Bulletin)中。②

里德利的分类学著作以及早期金、甘布尔和许多其他植物学家的努力,对于了解马来亚和更大区域的生物多样性至关重要。然而,这些作品也有其局限性;它们特别注重以科学为中心,以至于这些分类法只对科学家有吸引力。如果想让殖民地官员和感兴趣的公众也能获取有关植物界的信息,那么他们就需要换一种更容易理解的描述方法,这一点早在 20 世纪 20 年代就得到了共识。作为新加坡植物园的园长,伯基尔认为他的主要任务之一就是向公众普及植物学知识。为了解决这种差距,并努力更好地理解前辈们的工作,他开始编制植物园内植物的大量清单,记录它们的起源、种植日期以及属和种,方便市民查阅。③

在这个过程中,伯基尔痴迷地在 3×5 英寸的纸片上记录了每株植物的信息,

① 我要感谢戴维·米德尔顿(David Middleton)让我看到一份关于里德利新鉴定的 4000 多种物种的电子表格。I. H. Burkill,"Botanical Collectors, Collections and Collecting Places," p. 113; H. Burkill,"Murray Ross Henderson, 1899-1903," p. 96.
② Holttum,"Orchids, Gingers and Bamboos," p. 193; Wong,"A Hundred Years of the Gardens' Bulletin, Singapore," p. 8.
③ 这也体现在新加坡植物园的第一部成文历史中。Burkill,"The Establishment of the Botanic Gardens, Singapore," pp. 55-72; Burkill,"The Second Phase in the History of the Botanic Gardens, Singapore," pp. 93-108.

最终收集了 10 盒材料。然后，他开始添加关于许多物种的趣闻趣事，包括当地名称或历史记载。对于较长的条目，需要许多卡片，并用橡皮筋绑定在一起。这些卡片现在存放在邱园皇家植物园的档案馆。① 例如番荔枝属（Annona）收藏，可以在第一个盒子里的卡片中找到，盒子中包含了许多在马来半岛众所周知的物种，包括刺果番荔枝（Annona muricata），更广为人知的名字是为红毛榴梿（soursop）（图 6-5）。有 51 张卡片与番荔枝属有关，它们被潦草地写在索引卡、信封背面，甚至是红色的吸墨纸上。每张纸都记录了在分类学文献中对该属及其各种物种的不同引用，或者陈述一个事实。例如，红毛榴梿并不是东南亚的本土植物。它起源于美洲，在哥伦布航行（Columbus'voyages）之后，动植物在新旧世界之间大规模转移，随着哥伦布大交换（the Columbian Exchange），它被转移到了亚洲。这种转移反映在水果的当地名称上，例如"红毛榴梿"（Durian Belanda，荷兰榴梿），它是从 17 世纪开始作为东南亚联合东印度公司的副产品而引入。此外，伯基尔指出，红毛榴梿在马来亚市场的销售时间为 2 月、8 月和 9 月。

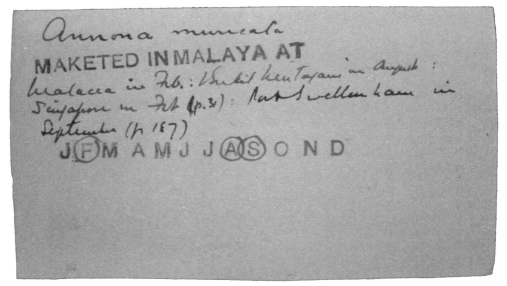

图 6-5：刺果番荔枝卡片，来自伯基尔的索引（BUR/4/6：Isaac Henry Burkill Papers：Index Cards on Economic Botany）。来源：皇家植物园邱园董事会。

---

①　BUR/4/6：Index Cards，Economic Botany.

伯基尔在抵达新加坡后不久就开始汇编这些卡片,当时他意识到图书馆的官方索引有许多"不准确之处"。他觉得"有必要把它放在一边"并且"开始自己制作卡片索引,在卡片上记录有关物种的信息,包括用途。这个索引非常有用,我在整个服务期间不断增加它的内容。"[1]为了补充卡片索引,他还记了一本"植物日记"。这本日记于 1940 年存入邱园档案馆,正如伯基尔在日记序言中所描述的那样,"这是我在整个东部服务期间的习惯,每当我必须旅行时,我都要在休息之前把当天的观察记录下来。"日记中所收集和提到的植物也被系统地归类为"已制作和确定的收藏清单",在他担任园长期间,最终收集共计 17 500 多个标本。[2] 伯基尔收集了大量关于马来半岛植物群的信息。

1920 年,伯基尔把他的卡片索引展示给森林管理员 G. E. S. 丘比特(G. E. S. Cubitt),并问他是否有用。[3] 丘比特向总督劳伦斯·吉尔马(Laurence Guillemard)提到了索引,吉尔马随后安排马来亚的森林、渔业和地质部门与伯基尔合作,目的是编制一份资料指南或汇编。吉尔马还承诺政府总有一天会出版这本书。由于在这段时间里,伯基尔一直在殖民地体制内捍卫新加坡植物园,并在图书馆和植物标本馆发展其分类能力,他几乎没有时间整理这些卡片。1925 年他从新加坡退休,五年之后出现了这个机会。他便可以自由地专注于这项任务。正如伯基尔在他的个人文章中所指出的那样,"劳伦斯·吉尔马先生为我开辟了一条道路,我只能顺着它走下去。"[4]

伯基尔带着他的卡片索引来到英国,开始在邱园工作。他花了十多年时间才完成这项任务。这种延迟在很大程度上是因为伯基尔起初拒绝写作,直到他认为卡片应该尽可能完整。他解释说:"在邱园开始工作的前三年,邱园图书馆、皇家学院及其他伦敦图书馆收集的信息大大扩充了卡片索引。"直到它最终由 10 个盒子组成时,伯基尔才开始写作,这项任务又花了三年时间。当伯基尔终于完成了这本大部头巨著时,"愚蠢的"的政府官员拒绝出版。这项工作实在太过庞大,自吉尔马

① BUR/1/3:Burkill's Personal Papers,1899-1966,ff. 27-28.

② BUR/3/14:List of Collections Made and Determined During My Time as Director of the Gardens,1912-1925；BUR/1/5:Malaya Botanical Diary.

③ 这次会议很可能发生在 1920 年 9 月 15 日。BUR/1/5:Malaya Botanical Diary,f. 176；Kathirithamby-Wells,Nature and Nation,p. 88.

④ BUR/1/3:Burkill's Personal Papers,ff. 30-31.

提供最初的支持以来,时间和优先权都已经过去了。伯基尔开始写信给殖民地办公室,甚至得到了邱园园长的背书,希望得到出版的支持。①

《马来半岛经济作物词典》(*A Dictionary of Economic Products of the Malay Peninsula*)终于在 1935 年问世,伯基尔认为这两卷书"不言自明"。这本词典不同于以前出版的任何有关该地区的词典。"它没有遵循《瓦特词典》(*Watt's Dictionaries*)的模式,并且远离统计数据。"②在这两卷本的著作中,植物是按"属"的字母顺序排列的。在包括其科、分布以及属内每个物种的简要描述等信息的简短介绍之后,伯基尔讨论了每种植物的各个部分,然后引导读者探索每种植物的一系列令人难以置信的特性,例如它们的药用价值或作为木材的用途。例如,榴梿(榴梿属 *Durio*)的条目长达 5 页,描述了从这种带刺水果的味道到它的根如何用于治疗发烧等一系列问题。③

整本书到处引用了荷兰和英国植物学家、马来亚历史学家、民族志学家的著作,以及经典的马来语文本。通过这种易于获取但非常厚重的作品,伯基尔综合了马来世界的殖民知识。他将自己的影响从新加坡植物园范围扩展到了该地区,他以植物标本馆、图书馆和档案馆的方式做到了这一点,体现了该地区科学研究的成熟。新加坡的植物学家不再是他们邱园导师的收集者。他们是更复杂网络的一部分,在这个网络中,信息共享且来源复杂。

虽然与邱园的联系仍然很重要,同时当地的出版物反映出日益增长的自主权,但是在殖民时代后期,新加坡植物园继续被纳入不断扩大的跨国科学知识网络,其密集的分类学研究与 C. G. G. J. 范斯蒂尼斯(C. G. G. J. Van Steenis)及其《马来西亚植物志》(*Flora Malesiana*)有关,他于 1947 年开始与新加坡的植物学家合作。范斯蒂尼斯是一位荷兰植物学家,曾在茂物植物园工作,最终成为莱顿大学(Leiden University)和阿姆斯特丹皇家热带研究所(Royal Tropical Institute in Amsterdam)的植物学教授。在三十多年的时间里,范斯蒂尼斯一直负责《马来西亚植物志》项目,该项目发展了"整个马来西亚地区的本地、引种和主要栽培植物的现代

---

① BUR/1/3:Burkill's Personal Papers,f. 31; Humphrey Morrison Burkill,National Archives〔Singapore〕Oral History Centre,002152,Reel 4.

② BUR/1/3:Burkill's Personal Papers,f. 31.

③ Burkill,Dictionary of Economic Products of the Malay Peninsula,vol. 1,pp. 885-889.

关键目录"。① 虽然该项目与范斯蒂尼斯的关系比新加坡植物园更为紧密,但它是众多植物学家的共同成果,他们通过出版许多卷本和期刊文章,创造了该地区的完整分类,这是植物标本馆一项值得骄傲的工作。历史学家安德鲁·戈斯(Andrew Goss)认为,这种分类法反映了在整个地区和更大的全球范围内聚集在植物标本馆的更大的国际科学网络。在胡克、金、里德利和伯基尔的基础上,《马来西亚植物志》及其在线复现仍然是该地区植物分类学进入 21 世纪的标准工作。②

当伯基尔于 1925 年退休时,他留下了一个与 1912 年截然不同的植物园。它现在是一个跨国网络中更独立的研究中心,用植物分类学家 K. M. 王(K. M. Wong)的话来说,它已经呈现出"明显的系统倾向"。它已经成为 20 世纪的科学机构。在伯基尔雇用的许多人员的指导下,这种对植物分类学的关注仍在继续。例如,在新加坡植物园的整个职业生涯中,弗塔多一直专注于"植物命名事宜",这通常与他自己的兴趣、寻求标本的植物学家网络以及对东南亚植物群的更清晰了解有关。③ 尽管研究仍在持续,而且一直持续到 21 世纪时,各种植物包括蕨类植物、海藻和红树林的树木,现在不仅进入了植物标本馆,而且还进入了实验室,植物学家试图创造出兰花杂交品种,在新加坡和马来亚的植物园和市场供公众消费。

① Van Steenis,"Singapore and Flora Malesiana," p.161.
② Goss,The Floracrats,pp.137-139.
③ Wong,"A Hundred Years of the Gardens' Bulletin,Singapore," p.16. 第 6 章.

第七章　实验室中的自然改善

  数个世纪以来,兰花一直是植物园的支柱。在新加坡植物园,情况尤其如此,自从 1875 年邱园训练有素的植物学家首次掌管这片场地以来,大量的档案和报告中都出现了关于兰花的记载。甚至更早的时候,这个独特的花卉家族在新加坡花园中就很重要,因为农业园艺学会的成员坚持在新建成的花园里种植兰花。兰花对当地园艺的重要性促使劳伦斯·尼文(1859—1875 年担任植物园管理员)建造了一栋兰花房,用于展示兰花新品种和植物学专业知识。尼文还在这片场地上种植了许多兰花,包括他在 1861 年种植的一株至今仍存活的老虎兰(巨型兰花 *Grammatophyllum speciosum*),这使它成为世界上已知最古老的兰花。1875 年,当亨利·默顿作为新加坡植物园的首任主管从皇家植物园邱园来到这里时,兰花仍然是这片场地上的一种重要植物。它们对游客来说如此重要,以至于默顿最终不得不安排把兰花"固定在园内各处的树上,远离游客,以防被盗"。[①]

  新加坡植物园里的兰花是植物学家和小偷早期关注的重点,它们是一个极其多样化和庞大家族的成员。兰花科中至少有 880 个属,25 000 多种已被认可的物种,以及超过 15 万种杂交种。兰花几乎可以在任何环境中生存,从热带到北极,它们既可以作为附生植物生长(即非寄生地从另一种植物获得支撑和营养),也可以在地面上生长。在澳大利亚,甚至发现了一种寄生地面(实际上是地下)的兰花,被称为西部地下兰(*Rhizanthella gardneri*)。虽然兰花种类繁多,但它们也有一些共同的特征,例如花的左右对称,高度改良的花瓣和种子非常小,以至于它们没有必要的食物储备,这使得它们依赖共生真菌来提供营养。[②]

  兰花独一无二的特性使得植物学家和探险家们几个世纪以来一直在新加坡和

---

① H. J. Murton,"Annual Report on the Botanical Gardens for the Year 1879," SBG Library and Archives,p. 2; H. M. Burkill,"The Role of the Singapore Botanic Gardens in the Development of Orchid Hybrids," in Orchids:Commemorating the Golden Anniversary of the Orchid Society of South-East Asia,ed. Teoh Eng Soon(Singapore:Times Periodicals,1978),p. 38; Nigel P. Taylor,"An Old Tiger Caged," Gardenwise 45(Aug. 2015):8-11.

② Yam,Orchids of the Singapore Botanic Gardens, pp. 9-13; K. Dixon,"Underground Orchids on the Edge," Plant Talk 31(2003):34-35.

马来半岛搜寻新物种。自 1875 年以来,兰花以及其他植物的鉴定和分类已经在新加坡植物园的植物标本馆和图书馆中进行。在收集到的数千种植物中,有一种台湾香荚兰(*Vanilla griffithii*),它是世界上最著名的兰花——香荚兰的近缘种。香荚兰起源于墨西哥的丘陵地区,在哥伦布大交换之后成为一种受欢迎的香料,而且是珍稀植物适应新环境并茂盛生长的绝佳例子。目前有 100 多种不同种类的香荚兰。可惜的是,台湾香荚兰不适合大规模种植,因为它不像普通的扁叶香荚兰(*Vanilla planifolia*)那样结出可口的豆荚,而后者是唯一被广泛用于工业用途的兰花。19 世纪的时候,虽然植物学家和种植者曾尝试在马来亚和新加坡种植扁叶香荚兰,但由于降雨量大,结果并不乐观。[①]

　　尽管在经济花园内未能实现香荚兰的工业化种植,但新加坡植物园在 20 世纪发展成为了兰花研究与种植的中心。正是在植物园内进行了大规模的兰花杂交——结合两种基因不同的兰科物种的特征——从而产生了数以千计的杂交种和变种。这个杂交项目始于 20 世纪 20 年代,代表了新加坡作为跨国科学网络中自治中心的发展。在这个项目中,英国人、新加坡人和荷兰人运用了美国最先开发的技术,在一个独立于邱园的东南亚实验室里创建了一种研究文化。兰花随后在新加坡的身份认同中扮演了重要的文化和园艺角色,因为它们主宰了切花贸易,同时也对当地和全球园艺产生了长期影响。[②] 新加坡兰花有国际影响力的一个例子是新加坡的国花——卓锦万代兰(Vanda Miss Joaquim)(凤蝶兰属 Papilionanthe Miss Joaquim)——自 20 世纪 20年代以来一直是夏威夷花环的主要用花(图 7-1)。[③]不仅是卓锦万代兰,还有其他数千种新加坡培育的杂交兰花,它们产生的影响一直持续到 21 世纪初,使得这个民族国家目前在世界兰花市场上保持着 15% 的份额。通过他们的努力,用他们培养的两个关键人物的话来说,"改善自然",新加坡植物园在20世纪的园艺界确立了一个

---

① 　H. N. Ridley, "Vanilla," *Agricultural Bulletin of the Malay Peninsula*, 6(1897):124-126; Patricia Rain, Vanilla: A Cultural History of the World's Favorite Flavor and Fragrance(New York: Penguin, 2004).

② 　Chambers and Richard Gillespie, "Locality in the History of Science"; Hodge, "Science and Empire," pp. 22-24.

③ 　杂交品种不遵循通常的植物命名惯例。传统上,一种植物有一个属名和种名,它们以斜体印刷的拉丁文名称表示,属名大写。然而,对于杂交种,虽然保留拉丁属名,但特定的名称为特定亲本杂交群(grex),大写且不是斜体。特定亲本杂交群名称仅在一些非常早期的杂交种中以拉丁语形式出现。本章遵循该惯例。至于卓锦万代兰,它现在属于凤蝶兰属。在这本书中,我将继续使用它的流行名称,而不是斜体。Mary Ede and John Ede, Living with Orchids(Singapore: MPH Publications, 1985), pp. 7, 11; Elliott, Orchid Hybrids of Singapore, p. 33.

图 7-1:卓锦万代兰。来源:克里斯托弗•扬
(Christopher Yong)。

颇具影响力的生态位,并使新加坡成为全球植物研究的重要中心。[1]

从大自然到植物园再到实验室

在兰花进入新加坡植物园研究实验室之前的几十年时间里,它们作为本土植物在公共花园中发挥了重要作用,为场地带来了园艺的光辉。兰花的展示和栽培是负责管理植物园的主管和园长最重要的职责之一。在纳撒尼尔•坎特利于1880年出任第二任主管后不久,他将默顿放到室外的许多兰花移回植物房内,把它们放在"更合适的,由镀锌钢丝做成的篮子里",因为这样它们显得更整洁、更耐用。然而,正如默顿一样,他很快就发现兰花在植物房内表现不佳,主要是因为白蚁通过低矮平坦的木屋顶入侵。覆盖在脆弱屋顶上的攀缘植物的重量进一步使情况恶化,随后导致屋顶倒塌。这些情况迫使坎特利在沃尔特•福克斯的帮助下,把新加坡植物园的兰花栽培移到户外,直到一个更合适的植物房建成。[2] 兰花的栽培和维护将成为新加坡植物园未来所有园长的一项重要职责。

---

[1]　R. E. Holttum and John Laycock,"Editorial Notes," Malayan Orchid Review [hereafter MOR] 1,2(1932):1.

[2]　Walter Fox,"Annual Report on the Botanical and Zoological Gardens,Singapore,for 1881," 30 Jan. 1882,Singapore Botanic Gardens Library,p. 2.

1888 年,亨利·里德利成为新加坡植物园园长,这是第一个获此头衔的人。里德利从小就对兰花着迷。在他来海峡殖民地之前的几年里,他在大英博物馆工作时写了几篇论文来鉴定新物种,其中包括两篇关于东南亚兰花的论文。[①] 最终,他写了至少 16 篇关于兰花的学术论文,并且他在该地区的多次探险中成为一名狂热的收藏家。兰花在里德利众多研究兴趣中是如此重要的组成部分,促使他在 1888 年前往新加坡的旅途中顺路去佛罗伦萨拜访了意大利博物学家奥多阿尔多·贝卡里(Odoardo Beccari),并参观了新发现的白玉簪(Corsia),他称之为"五蕊兰花"。之后的旅途中,里德利在锡兰的佩勒代尼耶植物园停留,花了很多时间绘画和研究兰花。[②]

里德利对新加坡植物园的兰花种植投入了大量的精力,特别是在他初来海峡殖民地的头几年。到任后不久,他就把兰花从坎特利使用的花盆中取出来,开始将它们种在篮子里或木块上,"这种栽培条件似乎会改善它们。"[③]里德利还在 1889 年负责监督建造了一座新的兰花房。新建筑大小为 54 英尺×45 英尺(16 米×14 米),内有三张桌子和四条走道。屋顶是敞开的,装有百叶窗,可以遮挡阳光或防止暴雨。此外,建筑的木架构被固定在铁的电车轨道上,砌入砖石,这样木材就不会与地面接触,从而限制了白蚁的侵扰。兰花在这个新设施以及附近的兰花苗圃中长势良好。到 19 世纪 90 年代初,20 多个属的兰花开花,在兰花房及整个植物园内可以找到 5000 多株兰花。在 1912 年里德利退休时,他和员工已经培育了超过 276 种不同种类的兰花,使它们成为新加坡植物园公开展示和研究的重要组成部分。[④]

里德利任职期间,新加坡最著名的兰花也被鉴定出来。殖民社会知名的成功园艺家阿格尼丝·卓锦小姐(Miss Agnes Joaquim)在 19 世纪 80 年代末与里德利取得联系,分享她自己花园里的一种兰花。这种兰花是生长在新加坡的两种常见兰花——克氏万代兰(Vanda hookeriana)和棒叶万代兰(Vanda teres)的杂交品种。在里德利看来,杂交结果是"一种非常美丽的植物,介于两者之间"。里德利接着补充说,它有着克氏万代兰的花形,棒叶万代兰的颜色,并将其命名为卓锦万代兰(图7-2)。

① HNR/4/6;H. N. Ridley,Orchids,1880-1887; H. N. Ridley,"A New Bornean Orchid," The Journal of Botany,British and Foreign 22(1884):333; H. N. Ridley,"A New Dendrobium from Siam," The Journal of Botany,British and Foreign 23(1885):123.

② HNR/3/2/2;Notebooks,vol. 2,pp. 124,126.

③ Ridley,Annual Report on the Botanic Gardens,1888,p. 3.

④ Ridley,Annual Report on the Botanic Gardens and Forest Department,1889,pp. 2-3; H. Burkill,"The Role of the Singapore Botanic Gardens in the Development of Orchid Hybrids," p. 39.

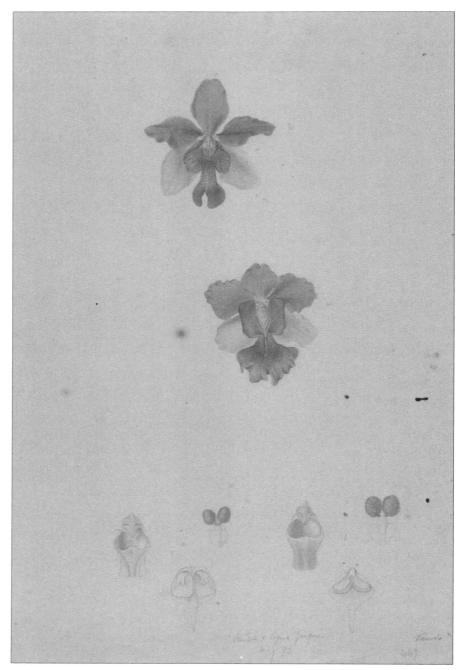

图7-2：卓锦万代兰插图。这幅作品未署名，但可以追溯到1893年。来源：新加坡植物园图书馆和档案馆。

随后，他通过扦插的方式开始在新加坡植物园内培育它。1893 年，它成为第一个注册登记为杂交品种的万代兰属(Vanda)物种。[①]

　　卓锦万代兰的起源在园艺界引起了大量的争论。最基本的分歧在于它是自然的还是人为的杂交品种。里德利和 M. R. 亨德森(他于 20 世纪 30 年代负责管理植物标本馆，并在 1945—1954 年间担任植物园园长)都认为这是一个刻意的杂交。卓锦小姐很有可能在亲本植物的基部"撒"种子，这是当时唯一已知的技术。后来的园长们，例如 A. G. 阿方索(A. G. Alphonso)认为这是偶然的结果，最有可能的授粉媒介是木蜂。这场争论充斥着各种出版物的版面，并成为花展上会议的主题，但分歧依然存在。大多数植物学家都同意归功于阿格尼丝·卓锦，是她引起了里德利对这种兰花的注意。借用一位著名的兰花培育家的话来说，任何更进一步的猜测都是"没有风度的"。[②]

　　作为新加坡植物园 1912 年至 1925 年的园长，I. H. 伯基尔继续进行兰花种植，尤其是将植物园的重点从经济植物转移到与园艺和植物标本馆更相关的地方。在他抵达后不久，伯基尔开始沿棕榈谷(the Palm Valley)边缘种植两排鸡蛋花(Frangipani)，并几乎在每一期的《植物园通报》上推广兰花的收集与种植。[③] 在这方面，他一直在找寻马来亚花园培育兰花的新技术，并不只是经常从邱园得到建议和帮助。这可以从他在该地区的笔记窥知一二。1922 年，他访问了爪哇岛，并与荷兰植物学家约翰尼斯·雅各布斯·史密斯(Johannes Jacobus Smith)会面。史密斯专门研究兰花，是茂物植物园的园长。伯基尔注意到史密斯如何处理从整个群岛送往茂物的兰花，他评论说，"这些植物像附生植物一样被安装在支架上，编

① 　H. N. Ridley,"Vanda Miss Joaquim," The Gardeners' Chronicle, A Weekly Illustrated Journal of Horti-
culture and Allied Subjects, series 3, 13(1893):740; Choy Sin Hew, Tim Wing Yam and Joseph Arditti,
Biology of Vanda Miss Joaquim(Singapore: Singapore University Press, 2002), pp. 41-48; Taylor,"The
Environmental Relevance of the Singapore Botanic Gardens," p. 127; John Elliott, Orchid Hybrids of Sin-
gapore, 1893-2003(Singapore: Orchid Society of South East Asia, 2005), p. 221.
② 　J. Laycock,"Vanda Miss Joaquim," Philippine Orchid Review 2, 1(1949):3; Yam Tim Wing, Joseph Ar-
ditti and Hew Choy Sin,"The Origin of Vanda Miss Joaquim," MOR 38(2004):86-95; Harold Johnson,
"Vanda Miss Joaquim," MOR 38(2004):99-107; Elliott, Orchid Hybrids of Singapore, pp. 221-223;
Choy, Yam and Arditti, Biology of Vanda Miss Joaquim, pp. 46-52.
③ 　I. Burkill, Annual Report on the Botanic Gardens, 1913, p. 5; Wong "A Hundred Years of the Gardens'
Bulletin, Singapore," p. 13. Examples include I. H. Burkill,"Orchid Notes," Gardens Bulletin, Straits
Settlements 1, 10(1916):349-353.

号后被放在架子上观察，叶片被湿布清洗，植物保持非常干净。当它们开花的时候就会被鉴定和研究。之后，它们挂着名签被放在兰花园内的鸡蛋花树上。不难看出他是如何完成这么多工作的。"[①]随着他在公众中推广兰科植物，伯基尔将这些经验移植到了新加坡植物园。

因此，兰花成为新加坡植物园成立以来的一个重要元素，因为它们是园内公众展览和感兴趣的园艺家以及更广泛的植物网络之间的重要纽带。纵观植物园的历史，主管和园长们研究了兰花的结构和授粉机制，甚至为极其多样化的物种分类制定了方案。然而，在 20 世纪 20 年代之前进行的研究，主要是将兰花作为本土植物来研究。这种情况随着理查德·埃里克·霍尔特姆（Richard Eric Holttum）的任命而改变——他于 1922 年作为新加坡植物园的助理园长来到新加坡——1925 年伯基尔退休后，霍尔特姆担任植物园园长。[②]

霍尔特姆是一个温和谦逊的人，在实验室和植物园里自由自在地种植植物和进行研究。虽然他发表了大量关于蕨类植物的文章和书籍，这是他的研究兴趣所在，但他尝试培育适合热带低地植被的兰花，却成为他在植物园、新加坡更大的园艺界和更广阔的世界留下的永恒遗产。这主要是通过将东南亚的许多兰花引进实验室，以及利用美洲和亚洲其他地区的植物培育新的杂交品种来实现的，为当地的花园带来了活力。他最著名的出版作品《马来亚植物志修订》（*A Revised Flora of Malaya*）和《马来亚低地园艺》（*Gardening in the Lowlands of Malaya*）反映了他的这些兴趣，它们成为整个地区书架上的标配，促进了马来亚花园中自然开花植物的应用，并最终改变了整个地区绿化的外观。对常年开花植物的应用，并最终改变了这个地区的绿化。第一版分类学的《马来亚植物志修订》重点研究兰花，正如标题所示，它更新了自里德利的《马来西亚植物志》发表以来的大部分信息。更重要的是，霍尔特姆在引言中包含了基本的技术和科学概念，这样科学家和园艺师都可以使用它。第一版《马来亚植物志修订》的卷首插画中甚至展示了他帮助培育的普通苞舌兰（*Spathoglottis aurea*）第四代杂交种的例子，这在植物界是一个革命性的

---

① 　BUR/1/5：Malaya Botanical Diary，f. 200.

② 　R. E. Holttum，"Memories of Early Days，" in Orchids：Commemorating the Golden Anniversary of the Orchid Society of South-East Asia，ed. Teoh Eng Soon（Singapore：Times Periodicals，1978），p. 15.

声明。① 通过这样的杂交项目,霍尔特姆为数百万美元的杂交产业奠定了基础,并且改变了整个地区的花园外观。

　　对兰花杂交的理解必须从探究它们的自然环境开始。在新加坡植物园的范围之外,一群感兴趣的业余收藏家带着帮助霍尔特姆和其他植物学家收集信息的目的,到该地区的丛林和森林中探险。在这些盟友中有一位卡尔(C. E. Carr),他出生于新西兰,在英国长大,1913 年作为一名橡胶种植园主来到马来亚。到了 20 世纪 20 年代,卡尔花了大量空余时间在马六甲和彭亨(Pahang)自己经营的橡胶园内种植兰花。出于这份兴趣,卡尔于 1928 年开始加入新加坡植物园的工作人员去邻近国家探险,并很快与霍尔特姆建立了友谊。卡尔在对这些旅行的描述中写道,一个收藏家如果有"两条独木舟,四个马来人,其中至少有两个应该是攀爬好手和一个私人助理",以及搭建庇护所的材料,那么他就能参加一次非常富有成效的远足。每当发现一株兰花时,卡尔或他的助手将其放入麻袋中,并小心翼翼地确保它保持干燥,因为"腐烂的风险相当高"。② 卡尔参与最重要的一次探险活动发生在 1933 年,地点是北婆罗洲(northern Borneo)的基纳巴卢山(Mount Kinabalu),他在那里收集了 700 多种不同的兰花种以及其他各种植物。同年,他离开马来亚,前往邱园的植物标本馆工作,并很快赢得了兰花专家的声誉。卡尔最终返回该地区,在新几内亚(New Guinea)工作,并于 1936 年在此去世。然而,他在兰花培育方面留下的遗产是毋庸置疑的,因为他把自己的许多研究笔记和材料留在了新加坡植物园,霍尔特姆和其他研究人员可以在那里找到它们,以便更好地了解野生兰花。③ 有了

① 我要感谢约翰·埃利奥特(John Elliott)让我注意到《马来亚植物志修订》卷首插画上的杂交种。B. Molesworth Allen, "Dr. R. E. Holttum: An Appreciation," The Gardens' Bulletin, Singapore 30,1(1977):1-3; K. C. Cheang and A. G. Alphonso, "Holttum's Contribution to Horticulture in the Malaysia-Singapore Region," The Gardens' Bulletin, Singapore 30,1(1977):9-12; Margaret Tan, "From the Archives," Gardenwise 37(2011): 42; Elliott, Orchid Hybrids of Singapore, p. 28; R. E. Holttum, Gardening in the Lowlands of Malaya(Singapore:Straits Times Press,1953); R. E. Holttum, A Revised Flora of Malaya:An Illustrated Systematic Account of the Malayan Flora, Including Commonly Cultivated Plants, Volume I, Orchids(Singapore:Government Printing Office,1953). 第二卷和第三卷分别关注蕨类植物和禾本科植物。

② Carr, "Habitats and Collection of Malayan Orchids," pp. 14-15; Ruth Kiew, "'Kinabalu Diary and Orchid Determinations':C. E. Carr's Kinabalu Field Diary," Gardenwise 20(2003):8-12.

③ Anonymous, "Late Mr. C. E. Carr," ST, 18 June 1936, p. 12; Holttum, "Orchids, Gingers and Bamboos," p. 191; Tinsley, Gardens of Perpetual Summer, p. 53; C. E. Carr, "Habitats and Collection of Malayan Orchids," MOR 1,1(1931):12-18; Yam Tim Wing, "The Legacy of Cedric Errol Carr(1892-1936)," MOR 29(1995):52-56; Kiew, "Kinabalu Diary and Orchid Determinations."

这份初步的研究，霍尔特姆和新加坡其他感兴趣的园艺家很快就开始了一项兰花育种计划。

这些发展中的另一位重要人物是约翰·莱科克(John Laycock)，他出生于英国兰开夏郡(Lancashire)，在剑桥大学学习法律，于1920年到了新加坡。莱科克是新加坡最具影响力的殖民晚期律师事务所之一——莱科克和翁(Laycock and Ong)的创始人。也许最为人所知的是在1951年创立了亲英的新加坡进步党(the pro-British Singapore Progressive Party)，并在20世纪50年代成为李光耀(Lee Kuan Yew)的雇主。除开这些公众活动，莱科克还是一位充满激情的兰花种植者。[①]他对兰花的独特之美很感兴趣，并着迷于20世纪20年代新加坡唯一自然开花的兰花——卓锦万代兰。他开始从欧洲引进兰花，但很快就发现这些温带花卉在热带气候下生长不佳。然后，他开始试验研发更好的培育处理方法，使它们能够蓬勃生长。在这些努力中，他会拜访在新加坡的中国园艺家，并会见来自爪哇的兰花经销商，他们将从整个群岛带来不同的植物。为了收集新的兰花，莱科克还游历了荷属东印度群岛、锡兰，甚至英国。莱科克和霍尔特姆成了密友，并最终在为马来亚花园发展兰花的愿望上结成了盟友。他们最后建立了一种共生合作关系，霍尔特姆提供设施，莱科克提供种子。例如，仅在1929年，莱科克就向新加坡植物园捐赠了300株兰花，并在第二次世界大战之前，他被允许在植物园内自由活动进行杂交试验。[②]

新加坡杂交兰花早期发展的最后一位关键人物是埃米尔·加利斯坦(Emile Galistan)，他是一名出生于柔佛并在新加坡接受教育的欧亚公务员。[③]19世纪90年代，加利斯坦还是一个青少年的时候，当他在野外采集标本时，开始对兰花产生了兴趣。他很快就开始在位于蔡厝港他家附近的山坡上种植兰花。当新加坡的其他兰花种植者致力于兰花种植时，加利斯坦把兰花发展到了另一个水平。他对此充满激情。据霍尔特姆所言，他是"一位无与伦比的优秀植物生产者，也是我们所有人的灵感来源"。而其他朋友则记得他喜欢"抚摸并与他的植物对话"。加利斯

① Elliott，Orchid Hybrids of Singapore，pp. 19-20；Holttum，"Orchids，Gingers and Bamboos，" p. 192.
② Holttum，"Memories of Early Days，" pp. 15-16；Yam，Orchids of the Singapore Botanic Gardens，p. 20.
③ 加利斯坦的父亲是柔佛军乐队王公的乐队指挥。Nadia H. Wright，"Emile Lawrence Galistan：A Tribute，" MOR 37(2003)：72.

坦拥有大量的兰花藏品,他很乐意与任何感兴趣的人分享信息和建议。约翰·莱科克到达新加坡后,他很快就和这位英国律师成了朋友。他们一起成为兰花社区的中流砥柱,并且帮助组织了以兰花为特色的年度花展。[①]

霍尔特姆、卡尔、莱科克和加利斯坦这四个人用他们的科学知识、植物材料、园艺技能为充满活力的兰花和园艺产业奠定了基础。他们每个人都热衷于收集和种植兰花,互相激励,为这些植物的发展做出贡献,这些植物已经成为新加坡和植物园的象征。[②] 可能卡尔在一篇期刊文章中最好地总结了他们对兰花种植的热情,在这篇文章中,他鼓励其他园丁们不断探索新品种:

> 小型兰花的培育,用便宜的手持放大镜观察它们,并将它们与大型兰花进行比较,这些都将证明是一种引人入胜、令人快乐的兴趣。唇瓣当然是这些研究中最有趣的部分,因为它在花的授粉过程中起着最重要的作用。唇瓣的作用像是昆虫的着陆平台,捧瓣通常充当屏障以防止它向一侧徘徊,龙骨瓣和胼胝体起到了通向花朵中心的引导作用,常见气味器官,多汁的赘生物甚至松散的淀粉颗粒和蜜腺都是为作为食物提供的,即便是在亲缘关系很近的物种中,唇瓣也有完全不同的附属物。没有任何一种植物的结构比它更多样化。[③]

正是怀着这般的乐趣与痴迷,他们都不断地探索兰花,从而将该地区园艺师的兴趣与园林科学结合起来。

这些探索的核心是兰花杂交,在第二次世界大战之前,兰花杂交是一个艰难的过程。兰花的种子非常小,是开花植物中种子最小的几种植物之一。这具有重要意义,因为胚乳或者子叶(本质上是种子周围的果肉)是如此之少,以至于它提供的营养很少。这导致兰花进化出与特定的真菌共生的特性,真菌为种子发芽提供了所需的营养。由于真菌对每一种兰花都非常特定,因此如果没有确切的真菌,杂交种通常无法茂盛生长。[④]

① Wright,"Emile Lawrence Galistan," p. 74; A. G. Alphonso,"A Short History of the Orchid Society of South-East Asia," in Orchids:Commemorating the Golden Anniversary of the Orchid Society of South-East Asia,ed. Teoh Eng Soon(Singapore:Times Periodicals,1978),p. 12; Elliott,Orchid Hybrids of Singapore,p. 20; Yam,Orchids of the Singapore Botanic Gardens,p. 20.
② Elliott,Orchid Hybrids of Singapore,p. 30.
③ Carr,"Habitats and Collection of Malayan Orchids," p. 18.
④ Elliott,Orchid Hybrids of Singapore,pp. 28-29.

1928 年初,来自德国维尔茨堡大学(University of Würzburg)的植物学家汉斯·布格夫(Hans Burgeff)参观了新加坡植物园。在维尔茨堡大学,布格夫负责管理其植物园。在结束了茂物植物园的研究工作回欧洲的路上,他礼节性地拜访了霍尔特姆。布格夫是兰花方面的专家,对真菌如何帮助腐生兰花(从死亡的有机物质而不是光合作用获取营养的植物)的生长特别感兴趣。当他见到霍尔特姆的时候,他们讨论了杂交品种的培育问题,布格夫将刘易斯·克努森(Lewis Knudsen)的研究成果介绍给了这个英国人。克努森是康奈尔大学(Cornell University)的植物学教授,他发明了一种使兰花种子在非共生条件下萌发的方法。基本上,在没有先前必需真菌的情况下,克努森已经在实验室的烧瓶中种出了兰花。该过程始于在氯化物和石灰溶液中对种子进行灭菌处理。然后,将种子放入试管或者玻璃烧瓶中,管或瓶中含有琼脂和糖的无菌培养基。琼脂在这个步骤中提供支撑作用,而糖为生长提供营养和能量,从而消除了令人沮丧的真菌需求。这种方法不仅大幅度提升了成功率,而且加速了幼苗的生长,从而大大减少了等待结果的时间。一旦种子发芽,"通常一年后",它们就被转移到"正常环境中"。[①]

在 1933 年发表的一篇文章中,霍尔特姆和卡尔详细描述了培育过程。他们首先用一根火柴棍从一株兰花上取下花粉,然后将其转移到另一株兰花的柱头上。在授粉之后,种荚会在几周至几个月不等的时间内成熟。一旦成熟,种荚便会裂开。这时候植物学家们会万分小心,因为这些种子"非常小,像尘埃一样,若不仔细观察,它们就会被风吹走"。为了防止这种情况的发生,成熟的荚果会用纸包裹起来,并且只在实验室里打开。这些干燥的种子会在装有氯化钙溶液的试管中进行灭菌处理,然后转移到锥形玻璃烧瓶中(已经在高压灭菌器中彻底灭菌,以防止霉菌和细菌存活),烧瓶内含有 1 英寸(2.5 厘米)的溶液,由"某种盐和少量普通糖"用滤纸和琼脂溶解在水中形成。然后用棉花塞住瓶口,并将烧瓶置于"光线充足但避免阳光直射"的地方。如果这个过程成功了,那么种子会在一周后膨胀变绿,大约一个月后长出一片叶子。两三个月后,这些兰花幼株会充满烧瓶,需要将它们移

① Lewis Knudson,"Nonsymbiotic Germination of Orchid Seeds," Botanical Gazette 73,1(1922):1-25; R. E. Holttum,"Cultivation of Orchid Hybrids at the Botanic Gardens,Singapore," MOR 1,1(1931):9; Holttum,"Memories of Early Days," p. 15; Elliott,Orchid Hybrids of Singapore,p. 29; Merle A. Reinikka,A History of the Orchid(Portland,OR:Timber Press,1995),pp. 90-92.

植到新的烧瓶中。一旦兰花的叶片长到 5 厘米长,就可以将它们从烧瓶中取出,移植到装有碎砖和木炭混合物的小盆里。对于大多数杂交兰花来说,成熟的过程需要数年的时间。①

为了实施这项杂交计划,霍尔特姆订购了一台小型高压灭菌器和玻璃烧瓶,并与他聘请的实验室助理 J. L. 佩斯塔纳(J. L. Pestana)一起,在 20 世纪 20 年代后期开始进行实验。利用从新加坡和槟榔屿采集的样本,霍尔特姆首先从苞舌兰属(*Spathoglottis*)的种子开始,因为它们不是附生植物,更容易培育。1931 年,第一批植物在播种 27 个月后开花。在此期间,1928 年 2 月初,霍尔特姆在新加坡植物园举办了关于兰花种植的公开讲座,该讲座触及了当时最前沿的植物技术。在讲座中,他讨论了兰花根部的各种特征,以及真菌在提供营养物质方面所起的作用。真菌的存在(或者实际上不存在)经常会阻碍在人工环境中培育兰花的尝试,并且一直是兰花栽培的主要绊脚石。不过,霍尔特姆补充道,克努森最近已经证实了在基质中添加糖可以排除对真菌的依赖,并且促使"旺盛生长"。② 现在正尝试用这种方法在植物园里种植兰花。

最终要实现的目标是发展兰花,使其生长旺盛,自然开花,展现出赏心悦目的花朵和耐久性。然而,这个过程很困难,因为野生兰花很少表现出这些特征。③ 正如霍尔托姆在半个世纪后所描述的那样,他们开始培育"用作园林种植和切花的兰花新品种"。④ 只有一小部分的兰花品种对克努森研发的过程反应良好,因此霍尔特姆和莱科克必须培育更多杂交品种才能达到可接受的结果。霍尔特姆很快意识到他们需要把重点放在万代兰属、蝴蝶兰属(*Arachnis*)和火焰兰属(*Renanthera*)上,作为杂交兰花的来源。虽然石斛属(*Dendrobium*)因易于繁殖而在新加坡的兰花杂交中占主导地位,但是万代兰属的兰花更加多样化,因此更具美感。⑤ 在不到

① 该配方含有不到 1 克的各种盐,包括硝酸钙、磷酸钾、硫酸镁、硫酸铵以及 20 克糖和 1 升水。R. E. Holttum and C. E. Carr, "Notes on Hybridization of Orchids," MOR 1,2(1932):15-17.

② Anonymous, "Singapore Natural History Society," ST,15 Feb. 1928, p. 10; Holttum, "Memories of Early Days," pp. 15-16.

③ Holttum, "Orchids, Gingers and Bamboos," p. 192.

④ Holttum, "Orchids, Gingers and Bamboos," p. 191.

⑤ 这主要是由于花瓣的颜色。万代兰杂交种也很受欢迎,因为它们易于繁殖,并能很好地适应属间繁殖。在此过程中,创造了新的属。蝴蝶兰属和万代兰属的杂交种促进了阿兰达属(*Aranda*)的发展;而蝴蝶兰属和火焰兰属则形成了蜻蜓兰(*Aranthera*)。Elliott, Orchid Hybrids of Singapore, pp. 116-117; Yam, Orchids of the Singapore Botanic Gardens, p. 102.

十年的时间里，这种对万代兰、蝴蝶兰和火焰兰的关注——"人类改善自然"——"使马来亚的园林花卉今非昔比"。①

在他们改善自然的尝试中，霍尔特姆和他的兰花种植盟友们遭遇了数不清的挫折。本地兰花的花期往往较短或者断断续续，而外来兰花在热带气候下往往表现不佳。这使得能够吸引当地种植者的品种少之又少。此外，杂交兰花预期所能表现出的任何特性，在数年内都不会显现出来。为了最大限度地减少这些问题，杂交实验必须"在每种情况下都有一个明确的目标，而不是随意地进行"。② 因此，霍尔特姆开始了采用非共生摇瓶培养兰花的集中计划。第一批幼苗于 1931 年开花，在接下来的十年里，大约有 4000 株杂交兰花在日本入侵新加坡时期处于不同的发育阶段。③

在实验室之外，新加坡兰花发展史上一个关键的进展是 1928 年马来亚兰花学会（the Malayan Orchid Society）的成立。这个新社团的创始人分别是约翰·莱科克、埃米尔·加利斯坦和埃里克·霍尔特姆，他们的目标是"传播兰花文化知识，尤其是适应当地的最佳栽培方法"。④ 这主要是通过兰花学会和新加坡植物园组织的花展来实现的。1931 年 3 月，首届新加坡兰花展（the First Singapore Orchid Show）在斯坦福德路的 YMCA 大楼举办，展出了 300 株兰花，代表 18 个属和 77 个不同的种。莱科克是主要的参展人之一，他展示了自己种植羚羊石斛（Dendrobium lineale）的努力，这是一种原产于新几内亚的兰花，创造了一种"春天里可爱的日式花园"的外观。⑤

在第一次兰花展期间，杂交尚未在当地栽培中发挥很大的作用。兰花是野生植物，主要与乡村郊游和探索发现有关。毕竟，据估计至少有 770 种兰花在马来亚被发现，并且更多的物种等待着被发现。正如《海峡时报》在 1931 年兰花展期间的一篇文章所设想，"还有什么比深入内陆寻找兰花更好的野营之旅呢？希望看到自己的名字以拉丁化的形式永远与一朵美丽的花联系在一起，作为它的发现者这是

① Holttum and Laycock，"Editorial Notes，" p. 1.
② Holttum and Carr，"Notes on Hybridization of Orchids，" pp. 13-14.
③ Holttum，"Orchids，Gingers and Bamboos，" p. 192；Alphonso，"A Short History of the Orchid Society of South-East Asia，" p. 13.
④ John Laycock，"Letters to the Editor. Malayan Orchid Society，" SFP，17 Feb. 1928，p. 8.
⑤ W. L. Wood，"The Singapore Orchid Show of 1931，" MOR 2，1（1932）：32；Anonymous，"Malayan Orchid society，" SFP，28 Mar. 1931，p. 10；Alphonso，"A Short History of the Orchid Society of South-East Asia，" pp. 9-10；Elliott，Orchid Hybrids of Singapore，p. 21.

多么的荣耀。"①然而,兰花的研究开始转向花园和实验室。正如同一篇文章所指出的那样,现在可以将花园里兰花栽培的大部分工作作为一种爱好,这样就没有必要到丛林里去远足了。

在 20 世纪 30 年代之前,兰花的种植在很大程度上仍然是殖民精英的一种活动。这导致莱科克在评估 1931 年的新加坡兰花展时,对中国园艺者的参与(或缺乏参与)感到惋惜。据莱科克所说,"委员会的几位成员多次来回亲自拜访花匠,竭尽全力说服他们参展。看来,人们必须修正自己以前对中国人商业素质的看法,至少在园艺方面是这样。"②这种情况很快就会改变,至少在非欧洲精英中如此。

在 1932 年的新加坡兰花展上,与中国精英居民和园艺者接触的努力做得更为成功。这次展览扩大到 400 多种开花植物,并形成以中国兰花经销商为特色的专用摊位。到了 20 世纪 30 年代中期,几乎所有的中国园艺者都储备了"相当数量"的兰花品种出售。马来亚花园的面貌正在发生改变,因为"品位正在慢慢得到培养"。③ 这使公共活动进一步扩大。1933 年的展览从 YMCA(基督教青年会,Young Men's Christian Association)大楼搬到了新世界游乐园(New World Amusement Park),并且得到了一些社会名流的赞助,例如总督金文泰爵士和柔佛苏丹。到 20 世纪 30 年代中期,新加坡社会精英的多种族融合与兰花种植有关。例如,1935 年的年度兰花展委员会成员包括郑连德(Tay Lian Teck)(来自中华总商会,the Chinese Chamber of Commerce)、A. 安纳马莱·切蒂亚尔(A. Annamaly Chettiar)(来自切蒂亚尔商会,the Chettiar Chamber of Commerce)、A. M. 阿沙戈夫(A. M. Alsagoff)和胡文豹(Am Boon Par)。凯佩尔高尔夫俱乐部(the Keppel Golf Club)也举办了兰花展。④ 兰花逐渐成为新加坡富人互动的共同点,并将他们与新加坡植物园联系起来。

1931 年 3 月,伴随着《马来亚兰花评论》(*The Malayan Orchid Review*)第一期的出版,一个为园艺家和训练有素的植物学家搭建的论坛应运而生。该期刊是

---

① Anonymous,"Notes of the Day," ST,25 Mar. 1931,p. 10.

② John Laycock,"Lessons of the Singapore Show of 1931," MOR 1,2(1932):38.

③ Emile Galistan,"Singapore Orchid Show of 1932," MOR 1,3(1933):31; R. E. Holttum and John Laycock,"Editorial," MOR 2,1(1934):1.

④ Emile Galistan,"Singapore Orchid Show of 1933," MOR 2,1(1934):33; Emil Galistan,"Singapore Flower Show of 1935 Held at the New World Grounds on 29th,30th and 31st March," MOR 2,2(1935):87.

马来亚兰花学会的主要机构，虽然是一个独立的实体，但它与第二次世界大战之前新加坡植物园的发展密切相关。在早期的《农业通报》中，它的目标是"为当地种植者提供切实可行的服务"。这本期刊在 20 世纪三四十年代通常每年出版一次，它对新加坡和马来亚兰花杂交的进展进行了调查，并促进了该地区公共园艺对兰花的应用。埃米尔·加利斯坦是第一期的编辑，而在整个 20 世纪 30 年代剩余的时间里，霍尔特姆和莱科克一直是该期刊的共同编辑。期刊中大部分的文章都是由这三个人所写。反思之前向公众普及兰花的努力，加利斯坦在第一期中宣称兰花种植是一种爱好，"所有拥有几平方英尺花园的人都可以做到。"他还敦促马来亚的每一个人都要种植兰花，尤其是卓锦万代兰，因为它的大小、形状、颜色和易于繁殖，"对我们来说，它可能是世界上最好的兰花"。[①]

在《马来亚兰花评论》的第一期中，霍尔特姆还对新加坡植物园杂交计划头两年的进展进行了调查。该计划的目标是培育出"更多种类的自然开花和有用的观赏植物"。[②] 为此，霍尔特姆和莱科克集中研究了万代兰、蝴蝶兰和苞舌兰（以及蜘蛛兰和火焰兰），因为它们更有可能成功。霍尔特姆随后列出了在该计划开始仅仅三年后已经完成的工作。这些成功的案例包括蝴蝶兰的杂交种，它们是第一批成功的杂交植物，因为仅仅 20 个月后它们就长势喜人，尽管还未开花。然而，霍尔特姆不愿再作任何成功的保证。1931 年，该计划的进展并不明朗，并且"任何预言都是不保险的"。[③] 杂交的尝试仍在继续。

尽管有很多顾虑，但也取得了进展。马来亚兰花学会的成员们继续向植物园捐赠样本，但过多的幼苗开花很快使空间成了一个问题。兰花幼苗很快就占据了盆栽院（the Potting Yard）——其他植物也需要这块场地——甚至蔓延到其他地块。在霍尔特姆等待资金为兰花拓展更多空间的同时，他在园长之家下面设置了工作台以满足其中一些需求，并在太阳假山（Sun Rockery）为更成熟的兰花建造了温床。[④] 为了减轻一些相关的工作，霍尔特姆在 1935 年任命了来自百慕大的英国

---

① Emile Galistan, "Editorial Notes," MOR 1, 1(1931): 1; Anonymous, "Orchid Growing as a Hobby," ST, 25 Mar. 1931, p. 14; Arthur George Alphonso, National Archives [Singapore] Oral History Centre, 002522, Reel 9.

② R. E. Holttum, "Cultivation of Orchid Hybrids at the Botanic Gardens, Singapore," p. 9

③ Holttum, "Cultivation of Orchid Hybrids at the Botanic Gardens, Singapore," p. 10.

④ R. E. Holttum, Annual Report of the Director of Gardens, for the Year 1936 (Singapore: Government Printing Office, 1937), p. 12.

人约翰·C.瑙恩来监督杂交幼苗计划。在第二次世界大战之前,霍尔特姆还持续努力招募当地植物学家,包括佩斯塔纳、A.G.阿方索和 K.C.郑(K.C. Cheang),从而为新加坡植物园独立后的管理人员和科学家奠定了基础。①

到 20 世纪 30 年代中期,大约在杂交实验开始七年后,唯一成功的是苞舌兰和万代兰—蜘蛛兰的杂交。霍尔特姆很快就意识到,为了使杂交计划取得成功,他必须培育出在马来亚花园里受欢迎的植物。他把注意力转向改进自然开花的切花杂交种上,这些杂交品种可以用于商业种植,并重点关注它们的颜色、质地、形状和生长速度。到了1936 年,他相信“普通种植者拥有一系列优良新品种的时代即将来临,这些新品种也将比许多自然物种更容易管理”,而这些物种一直是马来亚花园的主要支柱。②

霍尔特姆之所以能够如此专注于杂交计划和植物园,是因为他有一个能干但脾气暴躁的副园长——E.J.H.科纳,他从 1929 年开始在新加坡植物园工作。作为一名真菌学家,科纳在抵达新加坡之后,对该地区的热带雨林产生了浓厚的兴趣,用他自己的话来说,很快就“成为一名自然资源保护主义者”。③ 在他的大力监督下,新加坡植物园于 1939 年重新控制了新加坡现存的三个森林保护区,包括武吉知马以及位于克兰芝和裕廊的两片红树林区域。在这些森林保护区中,植物园开发了“植物保护区”。在这些保护区中,尤其是武吉知马,工人们开始给树木贴标签,为了方便游客而开辟新的路径,同时也记录包括兰花在内的现存植物群。虽然这些保护区比以前大大缩小,但它们现在是受保护的场地,而不是开发的场所。正如埃里克·霍尔特姆所描述的那样,这么做是为了“便于管理,而不是因为它们将会像森林一样被开发”。④

① R.E. Holttum, Annual Report of the Director of Gardens, for the Year 1935 (Singapore: Government Printing Office, 1936), p.16; Cheang and Alphonso, "Holttum's Contribution," p.11; Arthur George Alphonso, National Archives [Singapore] Oral History Centre, 002522, Reel 2.
② R.E. Holttum and John Laycock, "Editorial," MOR 2,3(1936):95; Yam, Orchids of the Singapore Botanic Gardens, p.21.
③ 从这项研究中,E.J.H.科纳撰写了许多重要的著作,包括 The Wayside Trees of Malaya, 2 vols(Singapore: Government Printing Office,1940)和 The Freshwater Swamp-Forest of South Johore and Singapore (Singapore: Botanic Gardens, Parks and Recreation Department,1978)。科纳是这样描述自己的:在殖民时期的新加坡“这个追求享乐的社会里,我是个怪人”。E.J.H. Corner, The Marquis: A Tale of Syonan-to(Singapore: Heinemann Asia,1981), p.21; J. Corner, My Father in His Suitcase, p.50.
④ Corner, Annual Report,1937, pp.7-8; R.E. Holttum, Annual Report of the Director of Gardens, for the Year 1938(Singapore: Government Printing Office,1939), p.3; R.E. Holttum, Annual Report of the Director of Gardens, for the Year 1939(Singapore: Government Printing Office,1940), pp.2-3; Corlett, "Bukit Timah," pp.39-40; Corner, My Father in His Suitcase, p.37; Lum and Sharp, A View from the Summit, p.26.

　　除了管理新加坡保护区外,霍尔特姆和其他工作人员也做出了相当大的努力来影响岛上和该区域大部分地区的植物景观。他们希望能够对植物园之外的社会样貌产生积极的影响。为了将在植物园中进行的园艺研究推广到更广泛的社会中,并激发大众对园艺的普遍兴趣,霍尔特姆和瑙恩于1936年组织了新加坡园艺学会(the Singapore Gardening Society)的第一次会议。该学会公开声明的目标是提高新加坡的园艺水平,安排展览,跟踪新引进的物种,并增加园艺方面的文献。随后会议每月召开一次,内容包括阅读有关园艺各方面的短文,以及植物和花卉的讨论和展览。此外,科纳还为公众授课。讲座主要关注园丁在热带湿度和降水方面遇到的具体问题,或者肥料在建立健康花园中的重要性。园丁们很快就加入了这个社团,他们开始组织年度花展,到目前为止,花展一直都是临时举办的。[①]

　　为了提升新加坡的园艺水平,霍尔特姆认为让所有海峡社团都参与进来很重要。他联系了中国花卉园艺师们,因为他不想让该组织仅仅成为欧洲人在殖民地的一个关注点。[②] 在这方面,霍尔特姆非常平易近人,成为新加坡植物园的外交官,也是新加坡园艺界的领军人物。当地报纸上提到一则轶事:一位居民在下班时间给他打电话,询问关于网球场草坪上生长的蘑菇的信息。"在没有离开电话的情况下,霍尔特姆先生用非技术性语言描述了可食用与有毒蘑菇品种之间的确切差异。"[③]

　　到1938年,新加坡植物园的兰花收藏情况非常好。许多杂交幼苗第一次开花。[④]虽然在创造杂交种的无数尝试中很容易陷入困境,但也许最好还是把重点放在一种"普通蝎子兰"——蜘蛛兰(*Arachnis hookeriana*)和窄唇蜘蛛兰(*Arachnis flosaeris*)之间的杂交进展上。对这两个物种之间的杂交尝试始于1935年,蜘蛛兰(*hookeriana*)具有"自然开花的习性",这是一个重要的考虑因素,因为许多植物能生长但不易开花。虽然那年种子已经被移入烧瓶中,但霍尔特姆报告称,它们"已经达到了可以开花的大小,但还没有开花"。次年花开了,但霍尔特姆抱怨说,由此产生的杂交种与马六甲、婆罗洲、苏门答腊常见的蜘蛛兰(*Arachnis maingayi*)没有什么区别。这可能意味着后者是一种自

---

①　新加坡植物园的工作人员主要从事此类园艺和植物活动。与此同时,新加坡和该地区也在努力促进农业生产,但这些工作是由吉隆坡和新加坡农村委员会指导的。Anonymous,"Gardens Society for Singapore," ST,23 May 1936,p. 12; Anonymous,"Singapore Gardening Society meets," SFP,7 July 1936,p. 9; Anonymous,"Singapore Gardening Society," ST,15 Aug. 1936,p. 16.

②　Anonymous,"Improving Mr. Holttum's Lecture:New Society's Objects," ST,8 July 1936,p. 16.

③　The Onlooker,"Mainly about Malayans," ST,5 July 1936,p. 16.

④　Holttum,Annual Report of the Director of Gardens for the Year 1938,p. 9.

然发生的杂交种。虽然这次他很失望,但霍尔特姆确实感到安慰,因为它是第一个人工培育的蜘蛛兰杂交种。这种杂交花当时没有被命名,因为"它在新加坡不是自然开花的,似乎不太可能是一种有用的园林植物"。[①] 它的潜力尚待挖掘。

为了挖掘这种蜘蛛兰杂交种的潜力,莱科克开将注意力集中在蜘蛛兰(*Arachnis hookeriana*)的一个被称为黄花蜘蛛兰(*luteola*)的品种上,这个品种与早期使用的白色(*alba*)品种形成对比。到 1940 年,这种杂交品种已经具备了霍尔特姆和莱科克所期望的许多特征,特别是在自然开花方面。这种兰花的花瓣上展示了红色、白色和黄色带状的鲜明组合。它是一种美丽的花。霍尔特姆总结道:"它是一种非常漂亮的兰花,应该会很受欢迎。"由于它是一个成功的杂交种,霍尔特姆督促莱科克注册登记这种兰花。1941 年,莱科克以他情妇的名字为这种花命名,它叫玛吉·黄蜘蛛兰(*Arachnis* Maggie Oei)(图 7-3)。[②]

图 7-3:玛吉·黄蜘蛛兰。来源:劳伦斯·伍德(Lawrence Wood)。

---

① R. E. Holttum,"Arachnis Hybrids and Varieties," MOR 3,2(1941):67; Holttum, Annual Report,1936, pp. 5,12; R. E. Holttum,"The Scorpion Orchids with a Description of Varieties Now in Cultivation," MOR 2,2(1935):71; Elliott,Orchid Hybrids of Singapore,pp. 126,128-129; R. E. Holttum,"New Hybrid Orchids Raised at Singapore," MOR 2,3(1936):105.

② 根据汉弗莱·伯基尔(Humphrey Burkill)的说法,莱科克与妻子分居了很长一段时间,但从未离婚。对黄来说,"他能做的最好的事"就是"用她的名字来称呼他最好的兰花"。莱科克的女儿埃米·伊德(Amy Ede)在 1985 年写道,"我们对这位女士一无所知",尽管她猜测黄是"印度尼西亚华人。"

对于埃里克·霍尔特姆实验室培育出的杂交兰花来说,以一位朋友或者同事的名字命名一种新兰花品种将成为一项惯例。第一个机会是用来纪念那些与植物园有关的人,或者对那些在兰花项目中工作的人很重要,例如玛吉·黄蜘蛛兰。另一个例子是蜘蛛火焰兰属穆罕默德·哈尼法(*Aranthera* Mohamed Haniff),它是以一名员工的名字命名的,这名员工在植物园工作了 36 年,并在去暹罗探险时帮助收集了其中一个亲本。用杰出人物或事件来命名兰花的愿望很快变得太诱人了。1935 年,苞舌兰(*Spathoglottis veillardii*)和南亚苞舌兰(*Spathoglottis affinis*)的杂交幼苗开花,带来了这样一个机会。由于这种兰花在乔治五世国王(King George V)禧年期间盛开,霍尔特姆决定将这种新兰花命名为禧年苞舌兰(*Spathoglottis* Jubilee)。[①]

在这些通过命名兰花来纪念个人或事件的努力中,新加坡植物园的做法在1939 年 8 月欧洲爆发第二次世界大战后开始发生变化。虽然兰花的研究工作仍在继续,但人们担心日本可能的入侵会如何影响植物园甚至整个新加坡。E.J.H.科纳负责该市的粮食生产,许多工作人员都接受了军事训练。1942 年 2 月,当日军最终登陆新加坡时,植物园里没有发生任何战斗,因为袭击在距离新加坡边界大约一公里的地方结束了。虽然散落的炸弹摧毁了植物园丛林树冠下的一些树,以及园长之家的一部分屋顶,但在军事入侵的背景下,新加坡植物园受到的破坏相对较小。英国和澳大利亚军队在入侵之前挖掘的战壕实际上对场地的布局造成了更大的破坏。[②]

在英国向日本投降之后,大部分欧洲工作人员被遣往樟宜战俘营(Changi prisoner-of-war camp)。科纳则是个例外。由于担心植物标本馆和图书馆内的藏品会遭到破坏,从而失去几十年来所做的有价值的科学工作,他找到日本官员,请求保护这些藏品。他的担忧没有应验,日本人早已计划让田中馆秀三(Hidezo Tanakadate)教授来新加坡监督所有与殖民知识有关的事物。田中馆安排霍尔特姆、科纳和亚洲员工,包括 C.X.弗塔多(C.X.Furtado)和阿方索,留在植物园并继续他们的工作,同样的情况也发生在莱佛士博物馆的威廉·伯特威斯尔(William

①　Holttum,"New Hybrid Orchids Raised at Singapore," pp. 100,104;Holttum,Annual Report,1936,p. 12.

②　R. E. Holttum,"The Singapore Botanic Gardens during 1941-1946," The Gardens' Bulletin,Singapore 11,4(1947):1-3;Taylor,"The Environmental Relevance of the Singapore Botanic Gardens," p. 131.

Birtwistle)身上。[①]

1942 年底,京都大学(University of Kyoto)的郡场宽(Kwan Koriba)教授来到新加坡,受命管理植物园。郡场宽是一位备受赞誉的植物学家,新加坡植物园的许多工作人员早已通过国际植物学网络认识了他。由于郡场宽的到来,霍尔特姆不再担任任何行政职务,可以专注于他的研究。他工作高效,撰写了关于兰花物种分类和描述的大部分著作,并确保所有新杂交种的记录都被完好保存,还利用海藻作为培养基质,研发了几种新的杂交种。这段时期,虽然对许多人来说是一段动荡的时期,但却使新加坡植物园进行了大量无阻碍的研究。[②]

"霍尔特姆工作"的成果

尽管在日本占领期间,霍尔特姆对兰花的研究工作相对自由,但新加坡的总体园艺状况在 20 世纪 40 年代变弱。《马来亚兰花评论》在 1941 年至 1949 年期间停刊,但当它重新出版后,也只持续了两年。兰花学会的成员在这十年里也很少见面,并且在将新加坡置于更大的园艺界方面也没有做多少推进工作。此外,大量的私人兰花收藏在日本占领时期丢失。从积极的方面来说,据莱科克称,存活下来的蜘蛛兰和万代兰的杂交种,比 19 世纪 30 年代繁盛时期的要好,这证明了新加坡植物园培育出来的杂交品种确实是自然开花的。[③]

然而,在这个暂时平静时期,兰花园艺走出了新加坡植物园的大门,奠定了商业花卉产业的基础。就像战前时代一样,这涉及约翰·莱科克和埃米尔·加利斯坦的巨大影响力。虽然莱科克多年来一直在自己的花园里种植兰花,但他希望扩大这些努力,同时保护在日本占领时期幸存下来的杂交品种。参观了加利斯坦在万礼地区的兰花园之后,莱科克决心开发自己的兰花园。1950 年,莱科克和李金洪(Lee Kim Hong)在五公顷的土地上开设了万礼兰花园(the Mandai Orchid Garden),随后扩建到十公顷。同年,莱科克写信给霍尔特姆说明他的意图,"在我和兰花学会讨论种植兰花作为切花出口的问题时,我在考虑召开一次兰花学会的全体

①　Corner,The Marquis,pp. 21-44; Holttum,"The Singapore Botanic Gardens during 1941-1946"; Corner, My Father in His Suitcase,pp. 123-125; John Elliott,"George Alphonso—A Brief Biography," MOR 35 (2001):37.

②　R. E. Holttum and John Laycock,"Editorial," MOR 4,1(1949):1; Corner,The Marquis,pp. 154-157.

③　John Laycock,"Picture of a Singapore Collection(1949 A. D)," MOR 4,1(1949):3-6; Elliott,Orchid Hybrids of Singapore,pp. 21-22.

大会。"霍尔特姆强烈赞成这个举动，并打算去万礼为花园的布局提供建议。利用新加坡植物园培育和鉴定的杂交品种，莱科克和李金洪从这个私人基地发展出了现代兰花产业。[①]

花展也回归了新加坡，对当地的园艺界越来越重要。虽然在 20 世纪 40 年代后期曾有几次筹备花展的尝试，但没有一个参与者能够筹备一场令人印象深刻足以被认为是成功的花展。1950 年，在新加坡园艺学会自 1937 年成立以来"最美花展"的前夕[②]，62 岁的霍尔顿满怀期待地写信给伯基尔：

> 我们的花展将于 3 月 31 日在欢乐世界体育场(the Happy World sta-dium)(唯一一个足够大的建筑：它可以容纳 10000 名观众观看拳击比赛)开幕。花展应该会比去年好。我看到了一些为花展准备的优质植物，而且这年当中还增加了一些兰花收藏。一位中国人有一种极好的万代兰品种，大约有 20 根茎，开大型纯白色花，可以在花展上展出。蜘蛛兰的杂交品种和阿兰达属(Arandas)仍然是最会开花的。[③]

在 1950 年新加坡花展之后，随着万礼兰花园的建立，兰花尤其是杂交品种的种植，超越了新加坡植物园，成了新加坡花园的重要组成部分。

根据从南非回来的亨德森所说，这些成就大部分"来自霍尔特姆的工作"。第二次世界大战期间，亨德森曾在康斯坦博西植物园(the Kirstenbosch Botanic Gardens)工作，他在 1949 年至 1954 年成为新加坡植物园园长。亨德森接着补充说，新加坡在兰花方面的地位"远远领先于东南亚的其他任何机构"。这是可能的，因为霍尔特姆在植物园已经活跃了 20 多年，并担任马来亚大学(University of Malaya)的第一位植物学教授，继续生活在新加坡一直到 1954 年。在他留下的新加坡植物园里，兰花主导了大部分继续进行的工作。园长的网球场甚至成为杂交兰花温床的基地，霍尔特姆从 20 世纪 40 年代末就开始利用这个空间。一个可靠的兰花销售市场发展得如此之快，以至于一些中国种植者最终恳求亨德森减少特定

---

① Chong Jin Goh and Lee G. Kavaljian,"Orchid Industry of Singapore," Economic Botany 43,2(1989)：243；John Elliott, "The Mandai Orchid Gardens：History Made Alive," Malayan Orchid Review 27 (1993)：30-34；John Anthony Moore Ede,National Archives［Singapore］Oral History Centre,000322, Reel 8.

② Anonymous,"Flower Show Best Ever'," ST,1 Apr. 1950,p.7.

③ BUR/1/1：Correspondence,Letter from E. Holttum,9 Mar. 1950,f.84.

杂交品种的繁殖，以便维持它们的价格。①

"霍尔特姆的工作"也继续超越了新加坡植物园的范围。在 20 世纪 50 年代初，许多中国和欧洲精英居民开始大量收藏兰花杂交品种，根据亨德森写给伯基尔的一封信，有些人甚至"在制作自己的'烧瓶'"。② 为了支持人们对私家花园种植兰花日益增长的兴趣，园艺技巧开始定期刊登在报纸上。例如 20 世纪 50 年代《海峡时报》的每周专栏"你的花园"（"In Your Garden"）。匿名作者"kebun"（马来语中的"花园"之意）会回答一系列问题，从种植石斛兰（Dendrobium）和文心兰（Oncidium）的最佳载体（答案：多孔的砖块和木炭）到关于在新加坡樟宜地区种植兰花之外的植物的问题（答案：使用更多的堆肥或表层土）。③

陈云祥（Tan Hoon Siang），又名罗伯特·陈（Robert Tan），是战后将兰花繁殖努力推广到新加坡植物园之外的典型。陈云祥是陈齐贤（Tan Chay Yan）的儿子，陈齐贤是该地区最早种植橡胶的种植园主之一。作为一名律师，陈云祥在购买了杨本庆（Yeo Ben Keng）的收藏来资助杨的遗孀之后便开始种植兰花。战争结束后，陈云祥开始进行杂交实验。霍尔特姆于 1954 年写信给里德利，描述了几年前，陈云祥"对两种万代兰进行杂交，获得的种子放在植物园培育，结果产生了一种壮观的杂交品种，他将其命名为陈齐贤。这些花是我见过的所有万代兰杂交种中最大的，并且是一种美丽的杏橙色。"陈齐贤万代兰（Vanda Tan Chay Yan）非常漂亮，它是由万代兰 Vanda daerei 和 Vanda van brero 杂交而成。1953 年新加坡花展上只展出了 1 株这种兰花，而 1954 年展出了 15 株。随后，陈云祥把花带到了伦敦，参加了 1954 年的切尔西花展（the Chelsea Flower Show），并获得了一级证书（First Class Certificate），这是园艺界的最高荣誉。这使新加坡成了兰花种植世界版图上的强国。④

在非殖民地化时期，为了利用这次成功给兰花种植者们创造一个更公开的形象，陈云祥在 1957 年改革了马来亚兰花学会，并随着马来西亚的成立，他最终在

---

① BUR/1/1:Correspondence,Letter from E. Holttum,17 Jan. 1949,f. 79；H. Burkill,"Murray Ross Henderson,1899-1903."

② BUR/1/1:Correspondence,Letter from M. Henderson,11 Jan. 1954,f. 75.

③ Kebun,"In Your Garden," ST,30 Mar. 1950,p. 11；Kebun,"In Your Garden," ST,7 Sep. 1950,p. 10.

④ HNR/2/1/3:Correspondence,Letter from E. Holttum,12 Apr. 1954,f. 85；Yam,Orchids of the Singapore Botanic Gardens,p. 22；Taylor,"The Environmental Relevance of the Singapore Botanic Gardens," p. 130；Tan Hoon Siang,National Archives [Singapore] Oral History Centre,000077,Reel 3.

1963 年将其更名为东南亚兰花学会(the Orchid Society of South East Asia, OS-SEA)。[1] 该协会最初只有 20 名成员,但很快发展到 300 多名。杨木春(Yeoh Bok Choon)成为主席,为了重申其作为东南亚卓越兰花学会的地位,成员们将 1960 年在切尔西举办的第三届世界兰花大会(the Third World Orchid Conference)作为他们的亮相盛会。杨木春和格拉西亚·刘易斯(Gracia Lewis)负责协调许多成员的努力,在他们的指导下,该学会向英国运送了 1 600 株兰花。这场展出令人印象深刻,并赢得了一枚金牌。杨木春回来后报告说,参会者"对学会获得金牌感到震惊——这是第一个获得此荣誉的业余学会——并被我们五彩缤纷的花色所震撼"。除了金牌之外,杨木春还在世界兰花委员会(the World Orchid Committee)获得一个席位。在切尔西展出的基础上,杨木春安排 OSSEA 为 1963 年新加坡世界兰花大会的主办方。新加坡的兰花开始在园艺界产生全球性的影响。[2]

举办世界兰花大会也得到了新加坡私人苗圃和花园的支持,它们开始日益商业化,并受益于 OSSEA 成员的努力。学会秘书摩根·许凯安(Morgan Kho Kay Ann)开始敦促政府将重点放在发展兰花种植这一可行的产业上。许凯安认为种植者可以"大规模"种植兰花,直到形成一个严肃而繁荣的产业。如果他们能够做到这一点,兰花就能"为新加坡赚取额外的钱"。[3]

尽管新加坡的第一个兰花农场自 1913 年开始运营,并于 1939 年开始出口,当时从新加坡植物园往皇家植物园邱园发送了一个兰花切花包裹,但 1960 年商业花园处于一个发展中行业的风口浪尖。正如约翰·莱科克在二战后所希望的那样,现代切花产业将建立在他和李金洪在万礼兰花园的努力之上。当李金洪专注于杂交时,莱科克开始研究与兰花出口有关的各种问题。20 世纪 50 年代初,他在每年去香港探亲访友的假期里,就把这个想法付诸实践。在此期间,他会带上多达 50 株玛吉·黄蜘蛛兰,借此观察包裹和运输兰花的最佳方式。到 1956 年,莱科克和

---

[1] John Elliott, "The Orchid Society of South East Asia: A 75th Anniversary Retrospect and Prospect," MOR 37(2003):7.

[2] Yeoh Bok Choon, "After The War," in Orchids: A Publication Commemorating the Golden Anniversary of the Orchid Society of South East Asia, ed. Teoh Eng Soon (Singapore: Times Periodicals, 1978), p. 20; Elliott, Orchid Hybrids of Singapore, p. 22; Anonymous, "World wants to Know how Singapore Grows Orchids Says Dr. Yeoh," ST, 3 Aug. 1960, p. 7; Anonymous, "Seat in World Orchid Committee for Dr. Yeoh," ST, 6 Aug. 1960, p. 7.

[3] Anonymous, "Orchids: 'Help Set Up Big Industry'," ST, 26 May 1960, p. 6.

李金洪开始向公众出售兰花。然而,莱科克想要一个比新加坡更大的市场。①

20 世纪 50 年代末兰花出口的转变发生在莱科克让他的女儿埃米·伊德以及其他家庭成员把这些花运到欧洲之后。约翰·莱科克的女婿约翰·伊德(John Ede)认为,1957 年是新加坡花卉出口产业发展的关键一年。这是由许多因素造成的。其中最突出的是已登记兰花杂交种数量的增长。1955 年有 8 个来自新加坡的杂交种被登记在案;两年之后,这个数字变成了 22。② 此外,1957 年在夏威夷举行了第二届世界兰花大会,随着喷气式飞机旅行的到来,长途距离运输以及进口那些新加坡种植者们能够供应的异国花卉的愿望成为可能。③ 园艺世界距离缩短的另一个标志是伊德在 1957 年把兰花运输到英国和荷兰所做的努力。在这些旅行中,他会把兰花介绍给感兴趣的花商,从而为新加坡的杂交品种建立联系和经销商,这些杂交种迅速扩展到米兰(Milan)、雅典(Athens)和苏黎世(Zurich)。1960 年,玛吉·黄蜘蛛兰被空运到世界各地的英国海外航空公司(British Overseas Airways Corporation,BOAC)办事处,历时三天,既是为了宣传该航空公司的航运能力,也是为了宣传新加坡的花卉。主办 1963 年世界兰花大会,将使马来亚兰花学会的成员以及商业种植者得到进一步的认可。④

第四届世界兰花大会于 1963 年 10 月在新加坡举办。考虑到兰花学会与新加坡植物园之间的相互联系,A. G. 阿方索成了"展览经理"(Show Manager)。大会官方的主持者是国家元首(马来语 Yang Dipertuan Negara,英文 Head of State)尤索夫·伊萨克(Yusof Ishak),他是一名活跃的兰花种植者;他的官邸马来西亚王宫(the Istana)是开幕式和宴会的所在地。大会的会议和讲座设在维多利亚剧院(the Victoria Theatre)。但展览的焦点是赛马会(Turf Club)和武吉知马路,那里展出了"2 500 个花盆,几乎包括了所有的马来西亚兰花种和杂交品种。"这些花盆被分成四个部分,占据了 2 000 多平方英尺(186 平方米)。为了保护"世界上最盛

① Ede and Ede,Living with Orchids,p. 1; John Ede,"Some Commercial Aspects of Orchids in Singapore," MOR 27(1993):77.
② 1893 年至 1957 年间,新加坡登记的杂交兰花累计数量为 102 株,这反映了这种做法在 20 世纪 50 年代发展得有多快。我要感谢约翰·埃利奥特提供了这个信息。
③ John Ede,"Some Commercial Aspects of Orchids in Singapore," MOR 27(1993):77-80.
④ Roy Lazaroo,"1200 Best Orchids Off," SFP,21 May 1960,p. 7; Anonymous,"Orchids:'Help Set Up Big Industry'," ST,26 May 1960,p. 6; Ede and Ede,Living with Orchids,pp. 32-33; Holttum,"Memories of Early Days," p. 16; Elliott,"Mandai Orchid Garden."

大的兰花收藏展",价值"数百万美元",穿着制服的警察、侦探甚至警犬都被用来加强赛马会的安保。当公众蜂拥至赛马会观看展览时,大会的 500 名代表有机会参观了陈云祥等知名栽培者的私家花园以及新加坡植物园的兰花实验室。大会结束时,在"起立鼓掌几分钟"之后,埃里克·霍尔特姆获得了两枚金牌,"以表彰他对世界兰花学的贡献"。①

　　第四届世界兰花大会不仅是兰花学会的一次胜利,也为认可植物学家们在新加坡植物园培育兰花杂交品种方面所做的工作提供了一个舞台。出口商也发挥了作用。作为闭幕式的一部分,学会成员安排将"最上等的马来西亚兰花杂交品种"作为礼物空运给伊丽莎白女王(Queen Elizabeth)和美国总统约翰·F. 肯尼迪(John F. Kennedy),这也反映了空运为未来产业带来的可能性。第二年,也就是1964 年,这就成为现实。当时,德国切花批发进口商西蒙·克舍尔(Simon Kerscher)对万礼兰花园种植的兰花产生了兴趣。不久,欧洲花商开始定期从新加坡进口花卉,尤其是兰花。正如埃米·伊德和她的丈夫约翰所描述的那样,"询盘来了,顾客看到了,兰花盛开也攻克了"。② 扩张发生得很快。

　　1957 年,新加坡出口的兰花价值 3.4 万新元;到 1960 年,这个数字达到了12.8 万新元,并在 20 世纪 60 年代和 70 年代呈指数级增长。到 1981 年,兰花的销售额超过了 1 600 万新元,随后出口花卉转向多个国家,尤其是日本。到 1992 年,兰花切花对新加坡经济的贡献已超过 2 300 万新元,其中兰花植物又贡献了 300 万新元。③ 许多培育这些花卉的苗圃在 21 世纪继续出口花卉。2013 年,新加坡共有75 个兰花和观赏植物苗圃,占地 246 公顷。它在新加坡经济中仍扮演着一个虽小但很重的角色,尽管在快速城市化的新加坡,它面临着许多问题,例如提前数年的

---

① Anonymous,"Orchid Landscape at Big Show," ST,27 Sep. 1963,p. 4;Anonymous,"Detailed Itinerary for 500 Delegates," ST,2 Oct. 1963,p. 16;Anonymous,"Rush Work for Orchids(Worth Millions) Show," ST,3 Oct. 1963,p. 11;Anonymous,"The Greatest Collection of Orchids on Show …," ST,4 Oct. 1964,p. 4;Anonymous,"A Double Orchid Tribute for Dr. Holttum," ST,12 Oct. 1963,p. 11;Elliott,"George Alphonso," p. 38;Arthur George Alphonso,National Archives〔Singapore〕Oral History Centre,002522,Reel 7.

② Ede and Ede,Living with Orchids,p. 1;John Anthony Moore Ede,National Archives〔Singapore〕Oral History Centre,000322,Reel 8 and Reel 9;Judith Yong,"Gifts of Orchids to Jack and Queen E," ST,8 Oct. 1963,p. 18.

③ Goh and Kavaljian,"Orchid Industry of Singapore," p. 250;Ede and Ede,Living with Orchids,p. 87;Yam Tim Wing,Joseph Arditti and Hew Choy Sin,"Several Award-Winning Orchids and the Women behind Them," MOR 37(2003):23.

高额租金、劳动力成本高以及土地短缺。① 尽管存在这些压力,但这个产业仍然对新加坡的经济以及该地区花园的外观做出了贡献,它源于 20 世纪初以来在新加坡植物园工作的专业和业余植物学家的努力。这是"霍尔特姆的工作"的遗产。

非常重要的植物

新加坡植物园的工作奠定了新加坡主要以兰花为主的切花产业的基础。尽管莱科克、加利斯坦和霍尔特姆离开了现场,商业企业和兰花学会的成员追求各自的利益,但在 20 世纪下半叶,植物园继续在当地园艺中推广兰花和创造新的杂交种方面发挥重要作用。自 20 世纪 50 年代以来,兰花学会、商业种植者和新加坡植物园一直保持相互依存的关系。②

这些不同群体之间的交集体现在阿瑟·乔治·阿方索(Arthur George Alphonso)身上,他是植物园的助理园长,在 1965 年成为东南亚兰花学会的主席。阿方索在植物标本馆和兰花实验室接受霍尔特姆的培训,并继续推广兰花,以热情呼应他的导师。20 世纪 70 年代,当阿方索成为植物园的园长时,学会与植物园之间的关系进一步蓬勃发展。这种关系一直持续到 20 世纪 90 年代,这时陈伟杰(Tan Wee Kiat)既是新加坡植物园的园长,也是兰花学会的重要成员。③

在此之前,回想起新加坡植物园将杂交研究和公共园艺的结合是兰花围场(the Orchid Enclosure)的开放,而兰花围场的存在是旨在突出植物园出产的独特杂交品种。在这片围场中种植着以杰出人物命名的杂交兰花。这种命名的做法在第二年,也就是 1956 年,成为政府的一项正式活动,当时蜻蜓兰(*Aranthera*)属的一种杂交兰花以时任新加坡总督罗伯特·布莱克(Robert Black)的妻子安妮·布

① John Ede,"Some Commercial Aspects of Orchids in Singapore," p. 77; Koay Sim Huat,"Overview of the Singapore Orchid Industry," MOR 27(1993):73-75; Cynthia Chou,"Agriculture and the End of Farming in Singapore," in Nature Contained:Environmental Histories of Singapore,ed. Timothy P. Barnard(Singapore:NUS Press,2014),pp. 216-240; Anonymous,Think Fresh:Annual Report 2013 / 2014(Singapore:Agricultural and Veterinary Authority of Singapore,2014),p. 102; Ho Ai Li,"Flowering of S'pore's Most Exotic Exports," ST,20 Sep. 2015,p. B8.

② Elliott,"The Orchid Society of Southeast Asia," p. 9; Humphrey Morrison Burkill,National Archives [Singapore] Oral History Centre,002152,Reel 8.

③ 虽然阿方索在园艺界很受欢迎,但汉弗莱·伯基尔觉得他"肩上有一块筹码……他为土地兰花学会(the Land Orchid Society)工作,而不是为植物园工作。这就是我对他的总结:可惜。" Humphrey Morrison Burkill,National Archives [Singapore] Oral History Centre,002152,Reel 5; Elliott,"George Alphonso," pp. 37-38; Elliott,"The Orchid Society of Southeast Asia," p. 106.

莱克(Anne Black)的名字命名。这就是后来被称为新加坡植物园"贵宾兰花命名"("VIP Orchid Naming")计划的开端，该项活动在 1965 年新加坡独立后达到了新的高度。在新加坡培育的兰花将成为一个可见的、独特的象征，象征着受赠者与这个国家之间的友谊。植物学成了外交的重要工具。[1]

　　使用兰花作为外交工具的做法是可行的，因为新加坡植物园有数百种杂交兰花已经绽放，但尚未命名。在新加坡独立后，贵宾兰花命名计划的正式程序被制定出来。在一位著名政治家来访前几个月，外交部(the Ministry of Foreign Affairs)就会与新加坡植物园联系，并提供一份有关来访者的资料。接着，兰花收藏的负责人会为命名聚集一些候选品，确保有多种颜色和样式可供选择，然后植物园的官员们会讨论哪种兰花最合适，最终把建议发送给外交部以及来访政界人士的代表。[2]

　　它有能力代表新加坡以及与其他国家的象征性关系的一个例子，发生在 20 世纪 60 年代末和 70 年代初。当时，新加坡和印度尼西亚的外交关系很困难，这在很大程度上是对抗(*Konfrontasi* 印尼语，即 Confrontation)的后果。1963 年，印度尼西亚与组成马来西亚的国家之间爆发了一场冲突，涉及西方国家在后殖民时代的影响以及苏加诺(Sukarno)自身崩溃的经济和政治支持等问题。这种困难的关系从 1963 年持续到 1966 年。为了修复持续了七年这种紧张局面的两国关系，李光耀总理于 1973 年 5 月访问了雅加达。[3] 1974 年 8 月底，苏哈托(Suharto)做出了回应。作为外交礼节的一部分，苏哈托的妻子婷(Tien)参观了新加坡植物园，并被邀请从几十种杂交品种中选择一种向她致敬的花卉。她选择了一种后来被称为石斛属婷·苏哈托(*Dendrobium* Tien Soeharto)的黄色兰花(图7-4)。[4]这种兰花是两国政府修复关系的象征，因为它是由石斛属努尔·艾莎(*Dendrobium* Noor Aisha)(以新加坡第一任总统尤索夫·宾·伊萨克(Yusof bin Ishak)的妻子命名)和石斛属*shulleri*(*Dendrobium shulleri*)(起源于印度尼西亚伊里安查

① Yam, Orchids of the Singapore Botanic Gardens, p. 23; Taylor, "The Environmental Relevance of the Singapore Botanic Gardens," p. 129; Anikita Pandey Valikappen, "Orchid Diplomacy," at http://news. asiaone. com/News/AsiaOne＋News/Singapore/Story/A1Story20111111-310102. html [accessed 10 Oct. 2014].
② Evangeline Gamboa, "Celebrity Orchids," ST, 18 Mar. 1984;1,3(the article appears in "Sunday Plus").
③ Lee Khoon Choy, Diplomacy of a Tiny State, second edition(Singapore; World Scientific, 1993), pp. 262-272.
④ 苏哈托 Suharto 和 Soeharto 名字拼写上的差异，是由于 20 世纪 70 年代以来，印度尼西亚的马来语和印尼语的正字法习惯发生了变化。在马六甲 Malacca 和 Melaka 等地名中也可以看到这一点。

图 7-4：印度尼西亚总统夫人婷·苏哈托认为 1974 年以她的名字命名的杂交兰花石斛属婷·苏哈托（*Dendrobrium* Tien Soeharto）是兰花外交政策的一部分。陪同她出席仪式的是 A. G. 阿方索（A. G. Alphonso）和柯玉芝（Kwa Geok Choo）（两人都被部分遮挡）。来源：信息和艺术收藏部（Ministry of Information and Arts Collection），由新加坡国家档案馆提供。

亚省)杂交培育而成。[1] 这只是新加坡政府为外交目的使用兰花的一个例子。为来访的贵宾们命名兰花的做法很快扩展到名人身上，全球知名人士例如演员沙鲁克汗(Shah Rukh Khan)或者歌手迈克尔·杰克逊(Michael Jackson)，在当地媒体重点报道的仪式上接受了这种荣誉。

自 20 世纪 60 年代以来，新加坡植物园的数百种杂交兰花以来访的政要和名人的名字命名。杂交种的命名并不总是这样有规律的。虽然在 20 世纪之前有着各种各样的场所可以发布新杂交种的名字，但从 1906 年开始，随着《兰花杂交品种桑德尔目录》(Sander's List of Hybrid Orchids)的出现，这个命名过程有了一定的秩序。该目录是以"兰花大王"H. F. C. 桑德尔(H. F. C. Sander)和他的儿子弗雷德里克(Frederick)命名，他们拥有一个著名的兰花苗圃。在伦敦召开的 1960 年世界兰花大会上，OSSEA 获得了金奖，弗雷德里克·桑德尔的儿子戴维将注册新兰花的责任转交给皇家园艺学会(the Royal Horticultural Society)。从那以后，一旦某种杂交兰花的名字以及相关信息被批准列入皇家园艺学会持续监督的《国际兰花登记册》(International Orchid Register)，这种杂交兰花就会成为正式品种。[2]

向新加坡普通市民推广杂交技术也是一个很好的平衡因素。在 20 世纪 60 年代之前，兰花种植是社会精英们的一种消遣。兰花很昂贵，很少人能有资源和时间来照顾这些娇嫩的植物。新加坡植物园继续进行高水平的杂交，特别是在允许分生组织繁殖的技术上进行了改进，分生组织繁殖可以产生大量克隆的小植株，从而发展出所需的性状。种子和植物从植物园的研究实验室进入新加坡的兰花爱好者群体以及农业技术行业，这个过程类似于 75 年前橡胶和社会的关系。[3]

兰花杂交在现代新加坡业余和商业园艺师中的普及，以及它对新加坡植物园的超越，是第二次世界大战后开始并持续至今的一种趋势，这可以从兰花杂交品种的官方登记数量上窥知一二。自 1893 年以来，大约有 2600 种来自新加坡的兰花杂交品种在皇家园艺学会登记。从 20 世纪 50 年代开始，登记者开始发生转变，新加坡的个

---

[1] 访问期间，苏哈托还在裕廊种了一棵树。Lee, Diplomacy of a Tiny State, pp. 277, 285.

[2] Julian Shaw, "Watching Names Grow," The Orchid Review(June 2010):80-86; Brent Elliott, The Royal Horticultural Society: A History, 1804-2004(West Sussex: Phillimore, 2004); Yam, Orchids of the Singapore Botanic Gardens, p. 13; Anonymous, "New Orchid Hybrids," Quarterly Supplement to the International Register and Checklist of Orchid Hybrids(Sander's List) 121, 1304(Dec. 2013):65; R. E. Holttum, "Sander's List of Orchid Hybrids to 1. 1. 46," MOR 4, 1(1949):28-32.

[3] Tinsley, Gardens of Perpetual Summer, p. 67.

人登记者在其中发挥的作用越来越大,超过了植物园。例如,在 1950 年,植物园登记了 10 种杂交兰花,而新加坡的其他种植者登记了 6 种。在 40 年后的 1990 年,新加坡的商业种植者和业余植物学家注册了 34 种新的杂交兰花,然而植物园只注册了 5 种。[1]这种趋势几乎每年都在重复,差距往往不断扩大,这不仅代表了兰花种植在新加坡的广泛普及,也代表了新加坡植物园研发的技术和工艺的普及。在过去的半个世纪里,业余园艺师们一直在新加坡的私人花园中精心照料这些花卉,而商业育种者在 21 世纪初期每年产出的利润为 1000 万至 2000 万新元。与此同时,新加坡植物园的植物学家们主要关注象征意义巨大但限量的贵宾命名计划。

虽然自 20 世纪 60 年代以来,植物园一直致力于为外交和偶尔的保护目的开发特定的杂交品种,而商业和业余种植者由于日益受控以及城市化景观的发展已经变得有限,但是这些实体仍然会聚集在一起为新加坡社会中的兰花支持和庆祝。这一点在 2011 年新加坡再次举办世界兰花大会上得到了最好的体现。2005 年,当兰花社团们申办主办权时,OSSEA 获得了主办权,兰花学会与新加坡国家公园委员会(National Parks Board)(一个监督新加坡植物园的行政机构)联合组织了这次会议。[2] 人们对兰花持续感兴趣的另一个迹象是在每季度一期的《登记簿》(the Register)中都会收录来自新加坡的新杂交品种,该杂志仍被亲切地称为"桑德尔目录"(Sander's List)。到 2015 年,新加坡平均每周登记一种兰花。例如,2015 年 1 月,塞蕾娜·威廉斯(Serena Williams)在新加坡举办的网球锦标赛中获胜后,新加坡植物园为她注册了石斛属塞蕾娜·威廉斯(Dendrobium Serena Williams)。[3] 围绕兰花的大部分活动都发生在新加坡植物园,而植物园面临着新的挑战,要从殖民时期的植物园转型为一个以园艺为重点的独立新加坡的植物园。贵宾兰花命名计划只是植物园融入这个独立小国需求的开始,但它是新加坡植物学家为进入复杂的科学、经济和外交网络而做出努力的结果,这些网络并非植根于皇家植物园邱园的监督。

---

[1]　我要感谢约翰·埃利奥特提供这些数字。

[2]　John Elliott(ed.),Conference Proceedings:20th World Orchid Conference,13-20 November 2011:Where New and Old World Orchids Meet(Singapore:National Parks Board; Orchid Society of Southeast Asia, 2013).

[3]　Yam,Orchids of the Singapore Botanic Gardens,pp. 25-27. 我还要感谢约翰·埃利奥特对此信息提供的见解。

第八章　花园城市中的植物园

　　新加坡植物园在其历史的大部分时间里都是作为殖民机构存在的。在 19 世纪，作为皇家植物园邱园监督管辖的植物园网络的组成部分，它在开发利用新环境的自然资源，建立起种植园产业方面发挥了至关重要的作用，同时也为新加坡和马来半岛的森林保护奠定了基础。到 20 世纪早期和中期，植物园的工作开始集中在实验室和植物标本馆，在那里自然世界以一种能满足人们理解和操控景观需求的方式被调控和组织，这对新加坡大规模的园艺面貌以及整个地区的农业都产生了影响。

　　到 20 世纪 50 年代初，新加坡植物园对该地区更大的社会和经济所做出的贡献几乎不受重视。为了提升它的知名度，新上任的园长 J. W. 普塞洛夫（J. W. Purseglove）和其他官员决定在 1955 年举办一次公开研讨会和庆典活动，以纪念植物园历史上的一位关键人物亨利·里德利 100 周年诞辰。普塞洛夫希望借此能让植物园"向新加坡的一些贵宾们展示我们的一些科研工作，为了让他们不再继续认为我们仅仅是一个公共公园，人们来到这里是为了在宜人的环境中观赏猴子。"[1]数百名宾客参加了庆典活动，并在园长之家中举行了欢迎招待会。所有新加坡精英都受到了邀请，首席部长（Chief Minister）戴维·马歇尔（David Marshall）则作为特邀嘉宾出席。

　　里德利百年纪念活动引发了一系列的研讨会和出版物，在四年后的 1959 年，《新加坡植物园通报》(The Gardens' Bullet in Singapore)发行了一期特刊，纪念新加坡花园成立 100 周年。[2]不出所料，百年纪念特刊在内容上是具有历史性意义的。它收录了 20 多篇关于新加坡植物园对当地和区域植物学影响的文章。大多数文章的作者都是与植物园有关的著名植物学家，包括埃里克·霍尔特姆和 I. H. 伯基尔。100 周年纪念特刊甚至登载了郡场宽和哈吉·穆罕默德·努尔·本·穆罕默德·古赛

---

① BUR/1/1:Correspondence, Letter from J. W. Purseglove, 26 Oct. 1955, p. 224; Humphrey Morrison Burkill, National Archives〔Singapore〕Oral History Centre, 002152, Reel 5.
② The Gardens' Bulletin Singapore 17,2(1959).

(Haji Mohammad Nur bin Mohamed Ghous)的讣告。郡场宽是日本占领时期的园长，穆罕默德是里德利手下的标本收藏家，也是伯基尔手下植物标本馆的中流砥柱。然而，1955 年和 1959 年这些对过去的认同，发生在英国统治新加坡的末期，当时很少有人有兴趣研究和庆祝殖民机构的遗产和历史。一个即将独立国家的公民展望未来，但新加坡植物园似乎不能提供什么，只是提醒人们曾经的帝国统治。

1965 年新加坡独立后，大多数新加坡人感觉与新加坡植物园的距离越来越远。这种独立发生在经过 20 年的辩论、讨论和冲突之后，围绕着国家的政治性质、公民资格和基本权利等问题。在此期间，新加坡从一个殖民地变成了马来西亚的一个组成部分，最终成为一个独立的民族国家。虽然新加坡植物园继续进行兰花杂交研究，但它在新加坡的作用发生了很大的变化，就像一个更大的社会。帝国植物学，即开发经济上重要的植物，或获得为帝国服务的景观及其产品的知识，似乎是一个农业潜力极小的岛屿上的一个机构所做的无关紧要的贡献。植物学现在必须迎合发展中工业化国家的需求。① 在这个过程中，新加坡植物园必须从一个服务于殖民经济和社会需求的科学机构转变为一个在注重经济发展和工业化的小国内促进园艺和娱乐机构的组成部分。虽然从未放弃过更大的研究兴趣，但对它们的重视程度有所下降。花园培植和控制的自然现在将转移到整个岛屿更广阔的景观中去。

新加坡植物园在社会中发挥的过渡作用，从帝国植物学到发育植物学恰逢新加坡地方政府的成立，最终在 1959 年至 1965 年的 6 年间，在一个称为"合并"的过渡期间新加坡地方政府加入了大马来亚，并随后成为一个独立的国家。在此期间，植物园在人员配置以及与政府的关系方面也将发生巨大转变。以前，植物园曾作为科学和经济咨询中心服务于马来亚和更大的帝国，主要对伦敦的官员和邱园的植物学精英负责。现在，新加坡植物园必须找到一个让一批新官员满意的角色，他们对植物园如何为社会做出贡献有着不同的理解。这在很大程度上始于为马来亚

① "发展中国家"是国际政治经济学学者发明的一个术语，指的是 20 世纪末在许多亚洲政体中占主导地位的国家主导的宏观经济计划。在新加坡和许多其他国家，它表现为国家对管理经济和社会各个方面的强力干预。Roger Goodman, Huck-Ju Kwon and Gordon White(eds.), The East Asian Welfare Model: Welfare Orientalism and the State(London: Routledge, 1998); Johnny Sung, Explaining the Economic Success of Singapore: The Developmental Worker as the Missing Link(Northampton, MA: Edward Elgar Publishing, 2006).

的独立（merdeka 马来语）做准备，在此期间，行政部门经历了马来亚化（Malaya-nization）的过程，而新独立的政府则考虑如何最好地利用植物园为国家服务。

植物园的本土化

　　马来亚化是使行政部门从英国公民监督的殖民地政府管理转变为马来人为新的民族国家工作。它始于 20 世纪 50 年代中期。政府内的每个部门都被允许保留其英国高级职员一段时间，通常是 6 年，在此期间可以培训当地的替代人员。如果一个有能力的替代者已经存在，那么英国公务员将被要求退休，通常还会享有优厚的福利待遇。

　　对大多数部门来说，这种转变是迅速的，只花了几年时间。在新加坡植物园，马来亚化一直持续到 20 世纪 60 年代末，比大多数政府部门花的时间长，因为当地工作人员必须接受一段时间的海外培训。在第一批替换的人员中，有植物园馆长乔治·艾迪生（George Addison），在阿瑟·乔治·阿方索于 1954 年至 1956 年前往邱园接受培训期间，艾迪生的任期被延长了三年。培训结束归来后，阿方索被任命为生活收藏的馆长（the Curator of the Living Collection），实际上负责管理公共花园、劳工甚至兰花收藏。类似的转变发生在周伟列（Chew Wee Lek）身上，在他从 E. J. H. 科纳的指导下于剑桥大学获得博士学位之后。1965 年周伟列回到新加坡后，他已经有能力担任植物标本馆馆长的职位（现在被称为"管理员"，"Keeper"），詹姆斯·辛克莱（James Sinclair）则回到了英国。①

　　在新加坡植物园转向使用本地出生的工作人员的背景下，汉弗莱·M. 伯基尔成为园长。伯基尔在心态和身份上都是一个英国人，1914 年他在园长之家出生，当时他的父亲艾萨克·亨利·伯基尔从 1912 年至 1925 年一直领导着这个机构。在全家返回英国后，汉弗莱前往剑桥大学学习自然科学，然后从 1938 年开始进入邓洛普马来亚橡胶附属公司（Dunlop's Malayan rubber subsidiary）工作。在日本占领期间被当作战俘关押之后，伯基尔返回邓洛普，直到 1948 年在吉隆坡橡胶研究所（the Rubber Research Institute in Kuala Lumpur）谋得一份工作。1954 年，他成为新加坡植物园的助理园长。1957 年，当普塞洛夫离开时，伯基尔提名自己担任园长职务，将其发送给政府，然后等待批复。三周之后，在没有得到任何回复

---

① 　Humphrey Morrison Burkill, National Archives [Singapore] Oral History Centre, 002152, Reel 4; Elliott, "George Alphonso," pp. 37-38.

的情况下,他便直接接手了这个职位,并在此职位上工作了 12 年,成为直接为政府工作的最后一批离开新加坡的英国人之一。①

马来亚化最终导致新加坡植物园裁员。随着许多英国管理人员回国,当地员工在英国接受培训,伯基尔被任命负责多个部门,例如农业部门。此前,该部门与吉隆坡是分开运营的。这导致许多工作人员必须担负多种与植物学相关的职责。在一次口头采访中,他估计现在三个员工必须完成以前十名工作人员所做的工作。"当时一片混乱,在经过一段时间的努力后,事情开始有了头绪。但这确实使正常的工作陷入停滞,这很可惜。"②

随着新政党和个人开始在新加坡掌权,马来亚化也是一个人们对待政府的态度和关系开始转变的时期。在伯基尔成为代理园长之后不久,便与现代化的地方政府发生了一次冲突。埃里克·霍尔特姆领导下的新加坡植物园在 20 世纪 30 年代重新承担了新加坡森林保护区(现在被称为自然保护区)的责任,因此,园长可以批准如何利用森林资源。20 世纪 50 年代末,在林有福(Lim Yew Hock)领导下的地方政府开始为人口扩展新住房和工业生产寻找用地。在这样的背景下,工商部部长 J. M. 朱玛波(J. M. Jumabhoy)计划将新加坡西部的大部分红树林沼泽变成虾塘。作为自然保护区委员会主席,伯基尔拒绝将乌鲁班丹自然保护区的 1300 英亩(526 公顷)土地交给政府做此用途,这表明了他与 20 世纪 50 年代和 60 年代现代化政府的紧张关系。伯基尔认为虾塘的开发将改变"一个非常特殊的沼泽",同时也指出,这种池塘的产量是不可持续的。《新加坡自由报》(*The Singapore Free Press*)一篇社论援引的基本立场是,"如果同意开放乌鲁班丹做此用途……那么就会有开放武吉知马地区等新的要求。我们森林保护区的巨大国际科学价值将逐渐被商业开发所破坏。"③

---

① 早在 1958 年,官方文件就要求伯基尔留任到 1969 年,那时他 55 岁,这是当时的退休年龄。只有主管港口的高级随员 J. 帕维特(J. Pavitt)待得更久,他在新加坡一直待到 1975 年。CO1030/647:Malayanisation of the Civil Service,Singapore,f. 13; Humphrey Morrison Burkill,National Archives〔Singapore〕Oral History Centre,002152,Reel 4.

② Humphrey Morrison Burkill,National Archives〔Singapore〕Oral History Centre,002152,Reel 4.

③ Anonymous,"Should Be Cherished," SFP,22 July 1957,p. 11; Anonymous,"5 945 Acres Suitable for Prawn Ponds," ST,24 Dec. 1957,p. 5; Anonymous," A Very Special Swamp':Ulu Pandan Reserve Has Educational Uses-Burkill," ST,22 July 1957,p. 5; Anonymous,"Varsity Don Enters Fray," ST,11 Dec. 1957,p. 7.

拒绝将乌鲁班丹自然保护区的土地用于商业开发，这激怒了政府的官员。通信与工程部部长（the Minister for Communications and Works）弗朗西斯·托马斯（Francis Thomas）甚至威胁说，如果植物园的工作人员不服从，"有朝一日可能要把植物园变成某种经济用途"。李光耀当时是立法议会的反对派成员，他呼应了林有福政府的许多观点。李光耀表达了对议会的厌恶之情，反问如果不开放乌鲁班丹的土地和沼泽还如何"保护人类"。最终，议会要求开放 1 000 英亩（404 公顷）的土地养殖对虾，引用支持该计划的人所说，"没有效用的美丽是无用的"。①

生物学家和大自然爱好者主要由渔业官员、马来亚大学的教授和马来亚自然学会（the Malayan Nature Society）的成员组成，他们在立法议会发言之后迅速采取行动，使其成为战后新加坡环境激进主义的第一个实例。他们的论点是"不得不让现实的四处觅钱的新加坡人高度关注，"他们认为，在乌鲁班丹保护区减少自然觅食点会导致对虾产量急剧下降，因为繁殖和产卵地遭到破坏，最终会导致该地区渔民捕捞量的整体下降。他们认为，这些池塘只会支持少数有关系的投资者，而且只会持续几年，直到回报递减导致企业无利可图。朱玛波在"他的技术和管理专家"的支持下拒绝让步。

虽然在 1959 年 5 月林有福政府选举失利后，人们希望这个问题被遗忘，但在李光耀领导的人民行动党（the People's Action Party，PAP）控制立法议会后，对乌鲁班丹自然保护区土地的普遍需求仍在继续。然而，受到威胁的面积减少了，因为新成立的国家发展部（the Ministry of National Development）将虾塘试点改造面积限制为占地 200 英亩（81 公顷）。后来减少到 120 英亩（48.5 公顷）。②

乌鲁班丹的对虾池塘代表了新加坡对待环境的一种新态度。在这个尚处于萌芽状态的民族国家，自然应该得到珍视，但前提是它不会妨碍经济发展。如果所有资源都不是针对这些国家目标，或者不是为服务这些目标而塑造，那么这些资源就会被忽视。新加坡植物园必须为国家的发展模式服务。由于这与它过去作为帝国

---

① 政府最终同意在几周内将改造面积限制在 800 英亩（324 公顷）。Anonymous, "Flora, Fauna or Human? That is the Question," ST, 18 July 1957, p. 2; Anonymous, "Victory Goes to Prawns in Battle of the Ulu Pandan Mangroves," ST, 5 Dec. 1957, p. 4; Anonymous, "Agriculture and Horticulture," ST, 8 Dec. 1957, p. 12.

② Anonymous, "Our Tardy Scientists," SFP, 31 Dec. 1957, p. 4; Anonymous, "Prawn Ponderings," ST, 1 Feb. 1958, p. 6; Anonymous, "Swamps to Give Food, Jobs," ST, 9 Dec. 1959, p. 7; Alan Yang, "Ministry Steps Up Way to Increase Sea Food," SFP, 9 Dec. 1959, p. 5; Anonymous, "Swamp will Be Prawn Ponds," ST, 12 Apr. 1960, p. 4.

植物学站点的作用形成鲜明对比，这些不同的愿景将导致伯基尔与国家发展部官员以及政府其他机构发生冲突，因为他们每个人都试图表明自己对植物学及其在国家中地位的理解。①

在植物标本馆的墙壁上开始出现裂缝的这段时间里，与政府有问题的关系以及与它的官僚机构谈判的陷阱开始变得清晰。最初的植物标本馆建于 1903 年。随着藏品在 I. H. 伯基尔的负责下不断扩大，在 1930 年植物标本馆底层翻修的时候，又增加了一层。在底层砖结构的基础上，用钢桁架支撑着第二层。二楼原本有一个中央开放空间，在 1954 年这个区域被地板覆盖，以容纳更多的储物柜。这对结构造成了额外的压力，到 20 世纪 50 年代末，钢梁无法承受额外的重量。虽然早在 1959 年就出现了裂缝，并且在 1960 年 12 月之前宣布了修缮，但在这个城邦管理人员分配资金的优先事项列表中，植物标本馆的排名靠后。汉弗莱·伯基尔之前对发展计划缺乏支持，这并没有为他争取到盟友来资助修复工作。植物标本馆的裂缝继续扩大。②

为了在政府和新加坡植物园之间建立一种工作关系，政府在 20 世纪 60 年代初引进了外部专家，提出了"让植物园更加有用"的建议。在这些访客中，K. N. 考尔（K. N. Kaul）是植物园和国家之间的调解员，他建立了印度国家植物研究所（National Botanical Research Institute of India）。他建议植物园的重点是培育"经济上重要"的植物，而政府则提供对植物标本馆和图书馆的改善以及更多的财政支持。③ 尽管做出了这些努力，伯基尔仍然被认为在发展计划上不合作，双方多年来一直处于僵持状态。

预算和行政上的僵局使修复植物标本馆的工作拖延了 3 年，为了打破这个僵局，伯基尔于 1963 年 6 月向访问亚洲各地植物标本馆的联合国教科文组织（United Nations Educational，Scientific and Cultural Organization，UNESCO）小组发出呼吁，向政府提出上诉。在看到新加坡植物园植物标本馆的现状后，联合国教科文组织代表会

①　Anonymous，"S'pura Luaskan Pertanian，" Berita Harian，3 Apr. 1961，p. 5；Chia Poteik，"Year of Achievement，Progress，" ST，3 June 1961，p. 9.

②　Ruth Kiew，"The Herbarium Moves ... Again！，" Gardenwise 20（2003）：13；Humphrey Morrison Burkill，National Archives ［Singapore］ Oral History Centre，002152，Reel 6；Anonymous，"Herbarium Repairs，" ST，12 Dec. 1960，p. 7.

③　Anonymous，"He Suggests How to Make Botanic Gardens More Useful，" SFP，15 Sep. 1961，p. 3.

见了新加坡副总理(Deputy Prime Minister)杜进才(Toh Chin Chye)，后者随后下令公共工程部调查此事。当放置在砖墙裂缝中玻璃片破裂时，植物标本室很快就被宣布危险。结构工程师给工作人员三周的时间来搬走所有的材料，"因为这栋建筑有倒塌的危险。"他们把装有标本的沉重橱柜搬到了马来亚大学的植物学系和莱佛士博物馆。尽管采取了这些措施，并且逐渐认识到问题的严重性，但政府仍然不允许建造一座"新建筑"。一个有创意的解决方法是必要的；鉴于这些情况，伯基尔安排对该建筑进行"翻新"。整个植物标本馆被夷为平地，并在原来的位置竖立起一栋新的三层建筑。这栋"翻新"的植物标本馆于 1964 年开放，存储空间增加了 50%（图 8-1）。整个 20 世纪 60 年代，新加坡植物园翻新的植物标本馆和实验室继续进行研究，尽管由于工作人员被裁减或分配到其他部门而受到限制。[①]

图 8-1：1964 年 10 月，汉弗莱·伯基尔（前排右一，深色西装）在"翻新"的植物标本馆开幕仪式上带领政府官员参观。来源：信息和艺术收藏部，由新加坡国家档案馆提供。

---

① Kiew,"The Herbarium Moves … Again!," p. 14; Humphrey Morrison Burkill, National Archives [Singapore] Oral History Centre,002152,Reel 4; Anonymous,"Asia's Second Largest Plant House Opened," ST,25 Oct. 1964,p. 9.

员工配备问题是政府态度的另一种表现,因为政府往往看不到殖民地机构所认为的深奥研究有多大价值,所以认为这个机构对发展中新加坡的潜在需求几乎没有价值。由于不断被政府孤立,伯基尔最终被禁止将人员安排到新的岗位,否则将违反正在制定的行政部门条例。作为应对这个问题的一种解决方案,伯基尔开始将大部分工作人员归类为"植物学家",这是他能使用的最通用的术语。然后,他可以在不引起行政部门人事注意的情况下,把人员安排在植物园适当的位置上。通过这种方式任命员工的一个例子是张娇兰(Chang Kiaw Lan)。从 20 世纪 50 年代末开始,张娇兰在新加坡马来亚大学学习植物学,并在植物园工作了几年。之后,她前往剑桥大学跟随科纳攻读博士学位。1965 年她回到新加坡在植物标本馆工作,同时继续她的真菌学研究。尽管当时她在新加坡植物园身兼数职,但她总是被指定为植物学家,从未接受过任何职位的正式任命,因为这违反了当时的行政人员编制程序。①

新加坡植物园逐渐被认为是一个殖民机构,不适合现代化、独立的国家,最终的结果是它被忽视了,任其枯萎,成为一个与过去无关最好被遗忘的地方。即使植物学研究有可能在工业上应用,它也被认为不适合国家的迫切需要而不予考虑。这样的事发生在伯基尔身上。他的研究聚焦于在新加坡海岸发现的海藻上,这些海藻含有当时一种重要的工业化学物质——藻酸(algaenic acid)。② 当时的国家发展部常务秘书长(the Permanent Secretary in the Ministry of National Development)侯永昌(Howe Yoong Chong)以及伯基尔必须向其汇报的官方,仍然认为此类研究"完全是无稽之谈"。③ 结果就是在这种殖民时代的植物园里做研究会被蔑视,尤其是当它与现有的政府计划没有直接关系的时候。新加坡植物园正在演变成一个娱乐休闲公园,只有像兰花贵宾命名计划这样的项目得到了支持。它只是一个新的现代化民族国家的一片绿地。

在这种情况下,新加坡植物园的科学研究开始受到影响。伯基尔把大部分责

---

① 此外,在周伟列——他从剑桥回来并且在汉弗莱·伯基尔退休后成为植物园园长——抱怨植物园需要植物学家之后,她被允许在植物园工作。K. M. Wong,"Obituary:Dr Chang Kiaw Lan,31 July 1927-1914 August 2003," Gardens' Bulletin Singapore 55,2(2003):309-311; Kiew,"The Singapore Botanic Gardens Herbarium," p. 156.

② 译者注:原书为 algaenic acid,疑应为 alginic acid。

③ Humphrey Morrison Burkill,National Archives[Singapore] Oral History Centre,002152,Reel 4.

任归咎于全岛不断强调园艺计划。在他看来,植物园内工作人员的重点很快就只围绕兰花及其在外交中可以发挥的作用,这对其他任何研究都不利。除了兰花之外任何其他的植物学研究都被分离到其他机构和部门,结果植物园变得更加孤立。对研究减少关注的一个例子是张娇兰,她在 20 世纪 60 年代末被借调到第一生产部(the Primary Production Department),在那里她被指示将真菌学研究的重点放在出口集约化蘑菇栽培的研发上,这将有助于这个城市国家的工业生产。虽然这是植物学研究的一种形式,但它以前一直集中在植物园,许多植物学家可以在那里为实验和思想发展提供支持、帮助和建议。

所有这些不同的行政操作的结果是简化了整个 20 世纪 60 年代新加坡植物园的活动。在它的范围内科学不再被强调;它现在的功能是作为一个休闲公园。伯基尔认为,这在很大程度上要归咎于阿方索作为生活收藏馆长所起的作用。阿方索把他的工作重点放在了花园的种植上,伯基尔认为他是一个可怜的植物学家,"为土地兰花学会工作,而不是为植物园工作"。伯基尔甚至否定了他的下属在兰花杂交领域所做的任何贡献,声称阿方索对杂交工作的记录很马虎,因为这些是科学育种的基础,所以说明实验室处于衰退期。①

伯基尔和阿方索之间的紧张关系进一步反映了一个科学机构试图在一个新独立的国家找到自己位置的问题。新加坡植物园现在必须为新当局的利益服务。阿方索凭借他在园艺方面的经验以及与当地兰花种植者的关系,实现了政府的期望。阿方索甚至在 20 世纪 60 年代和 70 年代担任 OSSEA 的主席。相比之下,伯基尔是一个越来越孤立的英国人,他想继续监督一个像 19 世纪一样运作的机构。对于伯基尔而言,重要的是科学研究仍然是植物园的核心功能,而科学研究将会在更大的世界中得到应用。然而,在新独立的新加坡,政府的利益是第一位的。使问题更糟的是,伯基尔根本不信任阿方索,他认为阿方索这个园艺家保留了英国园长的档案,并向国家发展部的侯永昌做了报告。在这个评估报告中包括了新加坡植物园在社会中发挥的作用,以及向独立政府过渡的困难,政府希望植物园贡献的重点放在园艺上,而不是纯粹的科学研究。②

---

①   Humphrey Morrison Burkill, National Archives [Singapore] Oral History Centre, 002152, Reel 5.

②   Humphrey Morrison Burkill, National Archives [Singapore] Oral History Centre, 002152, Reel 5; Elliott, "George Alphonso," pp. 37-38.

由于人们对园艺日益重视,早在 1962 年,伯基尔就推荐周伟列成为新加坡植物园的园长,周伟列是享誉全球的内行植物学家,也是热带新物种识别和编目的主要研究人员。然而,根据伯基尔的说法,这个计划"与员工内斗和部长阴谋相冲突"。上述大部分都是在 1969 年 4 月伯基尔退休之后开始的。尽管周伟列在当年 8 月被确认为园长,但国家发展部——尤其是侯永昌——决定对植物园的管理进行分割。周伟列成为园长,而阿方索担任首席园艺官(the Head Horticultural Of-ficer),并且由他直接向国家发展部汇报。这有效地将新加坡植物园分为两个独立的部门,一个负责研究,另一个负责园艺活动。这导致周伟列向国家发展部抱怨"植物园的植物学家严重短缺";1970 年 3 月,在担任园长仅 8 个月后周伟列突然辞职。据报纸报道,他这样做是因为"工作条件并不完全令人满意"。在离开之际,周伟列批评刚刚独立的新加坡对研究缺乏支持,尽管研究是"新加坡文化遗产"的重要组成部分。周伟列还哀叹,在一个日益注重经济发展的民族国家,"植物学不是一门'赚钱'的学科",他随即离开去了悉尼皇家植物园工作。阿方索成为新加坡植物园的园长。在对这段时期的悲观评估中,伯基尔宣称,"植物园变成了一种罗马马戏团。"①

20 世纪 50 年代和 60 年代是新加坡植物园的过渡时期,在此期间,当地植物学家接管了监督殖民机构的职责,该机构在社会中的作用以及人们对它的看法正在发生变化。虽然关于兰花杂交的植物研究还在继续,植物标本馆也继续记录和编目东南亚植物群的丰富资源,但植物园已经成为一个次要的关注,因为政府要求工作人员为创建一个现代国家的发展计划做出贡献。这些计划的核心是努力将植物园的园艺景观扩展到更大的城市国家层面上。这些计划最终为植物园如何更好地服务于更大的社会带来了很大的压力。正如汉弗莱・伯基尔在采访中抱怨的那样:

　　当国家独立来临时,(植物园)从一个部门转移到另一个部门。我们似乎从来没有找到一个令人满意的定位,这些不同部门的负责人并不了

① Burkill,"The Burkills of Burkill Hall," p. 19; Anonymous,"Post Confirmed," ST,22 Oct. 1962,p. 9; Anonymous,"After 14 Years Botanic Gardens Chief Quits," ST,21 Mar. 1970,p. 11; Wong,"A Hundred Years of the Gardens' Bulletin,Singapore," p. 24; Humphrey Morrison Burkill,National Archives [Singapore] Oral History Centre,002152,Reel 6 and Reel 9; Arthur George Alphonso,National Archives [Singapore] Oral History Centre,002522,Reel 6.

解植物园作为一个研究组织的功能。我认为这就是为什么，我不会称之为破坏，实际上限制了植物园中的植物研究。它发展成为"新加坡花园城市"政策，倾向于提升城市园艺方面而不是研究。①

随着新政府的上台，新加坡植物园将会有新的优先发展事项，其中大部分都围绕着绿化计划（Greening Programs）。

发展中国家的园艺

1963 年，第一次"植树"运动（"Tree Planting" Campaign）开始了，当时李光耀在法勒马戏团（Farrer Circus）种植了一棵黄牛木（*Cratoxylum formosum*，越南黄牛木）。这是一系列计划的开始，这些计划的名称千变万化，其目标是在新加坡各地种植乔木和灌木，创造一个更绿色、更凉爽的环境。许多这样的绿化计划开始影响到政府和新加坡植物园之间的关系，因为公共园艺优先于任何其他类型的活动。由于李光耀总理个人对该计划的成功很感兴趣，越来越多的政府官员和部门参与进来，以支持该计划的成功。与此同时，新加坡植物园的科学研究现在将直接面向国家努力，否则将被取消。② 这种转变并不容易，最初发生在伯基尔以及随后在阿方索领导植物园的期间。

早在人民行动党或李光耀领导下的新加坡政府出现之前，新加坡植物园就在岛屿大部分地区的绿化方面发挥了作用。这在很大程度上始于 19 世纪 80 年代纳撒尼尔·坎特利保护海峡殖民地森林的努力。在那之前，甘蜜和胡椒种植园对这片土地造成了数十年的破坏。到 19 世纪 80 年代中期，树木苗圃每年繁殖 15 万株植物，其中超过 11 万株被送往保护区种植。这些拯救岛屿森林的努力甚至扩展到殖民时期新加坡的城区，因为坎特利还肩负"为了树木文化艺术利益"的任务，在 1883 年维护公共区域。这导致许多苗圃幼树被移植到路边和公园。坎特利影响过的地方包括多美歌（Dhoby Ghaut），他于 1884 年 1 月在那里监督把它改造成了一座公园。他将草地划分成几个区块，开辟沟渠方便排水，种植树木提供荫凉。坎

---

① Humphrey Morrison Burkill, National Archives〔Singapore〕Oral History Centre, 002152, Reel 5.
② 李光耀不仅在他的自传中讨论了他对这些计划的重视和自豪，新加坡还出版了许多其他书籍，表达了对李光耀支持这些计划的认可。Lee Kuan Yew, From Third World to First—The Singapore Story: 1965-2000（New York: Harper Collins, 2000）, pp. 173-184; Aileen Lau Tan（ed.）, Garden City Singapore: The Legacy of Lee Kuan Yew（Singapore: Suntree Media, 2014）; Timothy P. Barnard and Corrine Heng, "A City in a Garden," in Nature Contained: Environmental Histories of Singapore, ed. Timothy P. Barnard（Singapore: NUS Press, 2014）, pp. 281-306.

特利在新加坡负责公共区域的维护工作达 18 个月之久,之后他要求免除这个职位,因为他在植物园的其他工作已经超负荷了。①

　　尽管坎特利被允许不再亲自监督公园的公共维护工作,但从 19 世纪末到第二次世界大战期间,新加坡植物园的所有园长都在向政府提供岛上所有园艺方面的建议(图 8-2)。尽管做出了这些努力,作为城市核心的市政当局在 20 世纪初的大部分时间里仍然是一个相当贫瘠的地方。例如,这可以从 1918 年住房委员会的报告中看出,该报告明确提到开放空间和公园的缺乏。当时市政当局唯一的绿地是新加坡植物园和人民公园(People's Park)。人民公园是一个占地 7 英亩(2.8 公顷)的开放空间,位于人口密集、人满为患的唐人街地段的中心。在20世纪20年代

图 8-2:查尔斯·德阿尔维斯画的植物插图(*Cyrtophyllum fragans*),更广为人知的名称是香灰莉树(Tembusu tree)。早在 1888 年亨利·里德利就认为该物种在新加坡的森林保护计划中具有巨大的潜力。来源:新加坡植物园图书馆和档案馆。

① Cantley,Straits Settlements Report on the Forest Department,1885,p. 2;Anonymous,"Reuter's Telegrams,"ST,13 Jan. 1883,p. 2;Anonymous,"Untitled,"ST,20 Mar. 1884,p. 2;Anonymous,"Latest News from Tonquin,"The Straits Times Weekly Issue,3 Nov. 1883,p. 2;Anonymous,"The Municipality,"The Straits Times Weekly Issue,10 Sep. 1884,p. 9.

初，为了解决这个问题，政府官员在马来亚—婆罗洲展览（the Malaya-Borneo Exhibition）的场地上开辟了一个名为体育场（Stadium）的大型绿地。[①]

　　为了帮助这些在城市中心发展绿化的早期尝试，植物园为市政当局提供了树木，这是该机构在殖民时代为更广泛的社会做出的最明显和最直接的贡献之一。为了帮助解决这些问题，植物园的植物学家会陪同殖民地官员巡视，并就树木方面的问题给他们提供建议。到了 20 世纪 30 年代，园长埃里克·霍尔特姆把这项任务分配给了 J. C. 瑙恩，让他负责陪同市政工程师对整个城市进行每周一次的巡视。当需要树木的时候，瑙恩就联系伍德利苗圃（the Woodleigh Nursery）来提供支持，正如 1936 年的情况一样，当时在巴莱斯蒂尔路（Balestier Road）种植了紫薇（*Lagerstroemia*）和盾柱木（*Peltophorum pterocarpum*），以提供一些遮阴。[②]

　　与新加坡植物园对殖民地新加坡公共种植和绿化计划的支持相关，新加坡植物园的工作人员把重点放在美化岛屿上。除了瑙恩之外，脾气暴躁的 E. J. H. 科纳在 1930 年至 1945 年期间担任植物园助理园长，他也有兴趣对该地区的森林进行更深入的了解和欣赏，尤其是在武吉知马及其沿岸和柔佛州附近的红树林沼泽地带。这种对树木的迷恋在他 1940 年出版的《马来亚路旁的树木》（*The Wayside trees of Malaya*）一书中得到了最明显的体现。这本两卷长达 800 页的书提供了对该地区 900 多种本土和引进树木的综合调查，并且它是基于实地观察，而不是来自植物标本馆的干燥标本。这本书为未来几十年在海峡殖民地和马来亚的路边种植奠定了基础，尽管篇幅和体量巨大，但由于受欢迎而被多次重印。[③]

　　第二次世界大战后，新加坡植物园的殖民官员和工作人员继续努力在路边种植树木。这主要是在公共工程部农村分处（the Rural Branch of the Public Works Department）进行的，重点放在新建的道路上，例如樟宜海岸路（Changi Coast Road）和丹那美拉勿沙路（Tanah Merah Besar Road）。虽然在新加坡农村地区的这些努力相当成功，但该岛的城市中心区基本上仍然贫瘠，这使得 20 世纪 60 年代在路边进行了更加密集的种植。为了解决城市无树的问题，教育部（the Ministry

---

① 市政当局的所有其他绿地，例如巴东（Padang）和高尔夫俱乐部都是私人场地，对公众限制开放。Brenda S. A. Yeoh, Contesting Space: Power Relations and the Urban Built Environment in Colonial Singapore (Kuala Lumpur: Oxford University Press, 1996), pp. 165, 173.

② Holttum, Annual Report of the Director of Gardens, 1936, p. 16.

③ Corner, The Wayside Trees of Malaya; Holttum, Annual Report of the Director of Gardens, 1939, p. 3.

of Education)于 1961 年在所有学校发起了一场"大植树运动"（Big Tree Planting Campaign），由新加坡植物园为该计划提供所有的树木。植树造林和绿化计划 （Tree Planting and Greening Programs）成为现代化政府官员看待他们正在发展的城邦的必要组成部分。然而，与政府从 1963 年开始对此类计划的关注相比，他们的努力规模很快就会显得微不足道。[①]

1963 年 6 月，当李光耀在法勒马戏团种植树木时，植树计划从学校扩展到全社会。当时，所有新加坡人都被敦促种植树木，以便在混凝土高楼和工厂的扩张中创造一个更加宜人的环境。在接下来的几年里，每年多达一万棵树被种植。尽管有政府的支持，但这些在园艺方面的初步努力并未取得成效。公共工程部负责监督这些工作，他们的工作人员对适宜的树种、土壤，甚至一年中什么时候种植树木知之甚少。此外，他们很少尝试求助日益被孤立的新加坡植物园的工作人员。这导致报纸呼吁利用植物园工作人员的专业知识来协助这个计划。"很明显，很少有人关注种植树木的适宜性"，《海峡时报》一封来信的作者抱怨道。作者继续争辩说，"在新加坡，有一半的树木发育不良，许多品种都是不合适的，整体的效果就是贫瘠。"[②]最初的绿化计划没有成功，主要是因为非专业人士在做出决策。

1967 年 5 月引入"花园城市"计划是为了解决早期绿化规划资源配置不当的问题。这项新措施的一个重要方面是在公共工程部内设立了一个公园和树木单元 （Parks and Trees Unit），努力将树木方面的专业知识注入创建一个绿色国家的努力中。在 20 世纪 60 年代余下的时间里，该机构监督了数十个项目，这些项目在新加坡各地种植了数以万计的树木，并在新加坡各地的道路分隔带和运河沿线建造了花卉绿岛。为了支持"花园城市"，新加坡植物园在目前交响乐湖（Symphony Lake）附近的乔木和灌木苗圃被扩建，为该计划提供库存。当证明这样不够充足的时候，在乌鲁班丹和武吉知马路沿线建立了新的苗圃，以及在植物园附近的杜尼安路（Dunearn Road）沿线建立了"模式苗圃"。[③]

---

①   Anonymous, "Trees for Schools Campaign Launched," ST, 21 Mar. 1961, p. 9; Anonymous, "Keen Interest in Tree-Planting," SFP, 5 Jan. 1962, p. 7; Barnard and Heng, "A City in a Garden," p. 286.

②   C. "The Right Kind of Trees," ST, 20 Nov. 1965, p. 15; Barnard and Heng, "A City in a Garden," pp. 287-289.

③   Taylor, "The Environmental Relevance of the Singapore Botanic Gardens," p. 133; Barnard and Heng, "A City in a Garden," pp. 289-290.

　　虽然新加坡植物园的工作人员几十年来一直致力于改善城市地区的美学外观，但是单个的植物学家，例如 20 世纪 30 年代的瑙恩，不足以应付这些不断变化的优先事项。到 20 世纪 60 年代末，随着绿化计划在国家占据了首要地位，政府需要调动所有园林植物学家。植物园的工作人员被重新分配到以园艺而非科学研究为主要任务的机构工作。

　　在此期间，伯基尔与李光耀进行了两次会晤，总理敦促他将资源投入到绿化计划中。当园长伯基尔表示担忧强调绿化计划可能会影响植物园的科学研究时，李光耀重申这些措施不应该削弱植物研究。然而，其他官员传达了不同的信息。植物标本馆的植物学家被告知"将他们的研究应用于更加实际的目的。"[①]政府官员现在要求植物园的工作人员专注于他们能为新加坡园艺做出什么贡献。周伟列在担任园长仅 8 个月后就离开了新加坡，这段争夺植物园工作人员劳动和知识的时期结束了。周伟列抱怨植物学家进行研究的机会日益减少。1970 年 3 月，周伟列被更擅长园艺和政治的 A. G. 阿方索所取代。

　　在整个 20 世纪 70 年代，绿化计划成为全国性的运动，主导着许多政府机构，以及努力推进了工业化和现代化。其中第一个运动是始于 1971 年 11 月的植树节（Tree Planting Day）。虽然在 20 世纪 60 年代后期每年种植数万棵树，但现在这个数量呈指数级增长。在接下来的十年里，数十万棵树木和数百万棵灌木被种植，一位官员吹嘘说，仅在 1978 年和 1979 年初就种植了 5 万棵开花树种和 20 万棵自然开花灌木。虽然这些数字非常惊人，第一个植树日就达到统计极限，这被媒体自豪地宣布了。仅在那一天，新加坡人就种植了 3 万多株植物，副总理吴庆瑞（Goh Keng Swee）带头在花柏山（Mount Faber）上种了一棵雨树（*Samanea saman*）。[②]

　　为了协调这些绿化计划，政府于 1970 年成立了花园城市行动委员会（the Garden City Action Committee）。这是必要的，因为担心每个机构都会保持"孤岛思维"（silo mentality），且不愿分享努力和赞美。公共园艺甚至成为内阁级会议的主题。这导致人员不断调动，各机构被纳入新的配置，以满足眼前的需要。在这种背景下，新加坡

①　Kiew，"The Singapore Botanic Gardens Herbarium，" p. 159；Humphrey Morrison Burkill，National Archives［Singapore］Oral History Centre，002152，Reel 6.

②　Anonymous，"City that Turns You Green with Pride，" ST，30 Aug. 1979，p. 8；Barnard and Heng，"A City in a Garden，" pp. 291，298.

植物园被纳入了不同层次的官僚机构和控制之下,在此期间,它失去了许多传统职责领域的权力,例如自然保护区。作为这些不同措施的一个例子,植物园于 1973 年与公园和树木单元合并,并被纳入公共工程部。两年后,这个新合并的单元成为国家发展部内的公园和游憩部门(the Parks and Recreation Department)。1976 年,植物园在独立新加坡的官僚机构中进一步被重新定位,成为该部的一个部门。[①]

　　作为这些行政调整的一部分,人员从为植物园工作转而被派去直接为公园和游憩部工作,在这十年结束前,公园和游憩部的人员配置增加了两倍。这些变化是如此激进,新加坡植物园在官僚机构中的降级是如此引人注目,甚至连"园长"的头衔都被取消了。新加坡植物园园长阿方索成为"公园和游憩部的副专员"(Deputy Commissioner of the Parks and Recreation Division)。1976 年阿方索退休后,从 1973 年起担任公园和游憩部助理专员的黄寿元(Ng Siew Yin)成为"行政长官"。在 20 世纪 70 年代和 80 年代的大部分时间里,张娇兰负责监管植物标本馆。黄寿元和张娇兰一起在新加坡植物园工作,该植物园正在成为一个休闲公园,迷失在各种绿化计划的官僚主义之中。[②]

　　为了满足维持绿化计划的人力需求,观赏园艺学院(the School of Ornamental Horticulture)于 1972 年在新加坡植物园开设。学校的地理位置具有重要的象征意义。它位于园长之家,这栋房子在 1969 年汉弗莱·伯基尔退休后就空置了。这个家曾经是新加坡植物园科学研究的一位强烈倡导者居住的地方,现在这里会主办园艺家的培训,以支持新加坡的绿化。这所学校模仿了皇家植物园邱园的一个类似项目,开始提供"观赏园艺和景观设计"(Ornamental Horticulture and Land-scape Design)的学位课程,包括理论和实践两部分。[③] 科学研究现在显然退居次要地位,或者被用来改善民族国家的美学。

[①]　Neo Boon Siong, June Gwee and Candy Mak, "Case Study 1: Growing a City in a Garden," in Case Studies in Public Governance: Building Institutions in Singapore, ed. June Gwee(London: Routledge, 2012), pp. 34-35; Anonymous, "New Dept to Develop Garden City," ST, 28 Feb. 1973, p. 7; Bonnie Tinsley, Singapore Green: A History and Guide to the Botanic Gardens(Singapore: Times Book International, 1983), p. 53.

[②]　此外,在这 20 年期间没有聘用新的分类学家。Kiew, "The Singapore Botanic Gardens Herbarium," p. 159; Tinsley, Visions of Delight, p. 39; Barnard and Heng, "A City in a Garden," pp. 290-292.

[③]　Foong Thai Wu, et al., "Roadmap of the School of Horticulture: 1972-1999," Gardenwise 13(1999): 12-13; Taylor, "The Environmental Relevance of the Singapore Botanic Gardens," p. 133; Tinsley, Gardens of Perpetual Summer, pp. 65-66; Neo, Gwee and Mak, "Case Study 1: Growing a City in a Garden," pp. 34-35.

    国家计划对园艺的重视意味着植物学家在政府内部工作的位置发生了转变。这些科学家在一系列领域发挥了至关重要的作用,他们的专业知识在这些领域可以帮助评估树种,以确定哪些树种会在岛上的热带气候中繁茂生长。然而,他们的工作是通过公园和游憩部完成的,而不是通过新加坡植物园。管理人员兼科学家黄尧堃(Wong Yew Kwan)负责监督这次改组,由于对林业的了解,他最初于1970年被第一生产部聘为员工。当新加坡植物园于1973年并入公园和游憩部,而黄尧堃则于翌年出任更大机构的专员时,他的主要职责是管理绿化计划。为了适应新加坡的需要,他聘请了许多植物学家,并让他们致力于把新加坡打造成一个"花园城市"。他回忆道,"我们需要植物学家。我们需要农学家。我们需要了解虫害和疾病控制的人。"[①]

    在整个20世纪70年代和80年代,黄尧堃监督了一项计划,最终创建了一个更加绿色的新加坡。植物学家们开始在新成立的部门工作,并能够解决大规模种植计划带来的各种问题。其中最重要的是他于1979年创立的植物引进部(the Plant Introduction Unit)。它以新加坡植物园为中心,包括用于植物昆虫学和病理学研究的实验室设施,以及翻新的植物苗圃。到20世纪80年代初,爱尔兰植物学家詹姆斯·马克斯韦尔(James Maxwell)成为该部门的负责人。马克斯韦尔的任务是识别能够增加景观多样性和色彩且适用于各种情况的植物群,例如有荫蔽的公园或不同的排水系统。当紫檀(*Pterocarpus indicus*)开始遭受真菌病害,导致树枝脆弱和树木枯萎的时候,这一点变得尤为重要。因易于移植且树冠较大,紫檀最初是新加坡最受欢迎的移植树。最终,雨树和盾柱木取代了新加坡路边"枯萎"的紫檀。[②] 当然,所有这些研究都着眼于开发植物园为绿化计划做出贡献的能力。正如21世纪早期的一位植物园园长对这段时期所做的总结,新加坡植物园现在"是以其园艺的进步来衡量的"。[③]

---

①   Wong Yew Kwan, National Archives [Singapore] Oral History Centre, 001379, Reel 1.

②   Timothy Auger, Living a Garden: The Greening of Singapore(Singapore: National Parks Board and Editions Didier Millet, 2013), pp. 31-34; Wee Yeow Chin, A Guide to Wayside Trees of Singapore(Singapore: The Centre, 1989), p. 7; James Koh Cher Siang, National Archives [Singapore] Oral History Centre, 002847, Reel 4; Barnard and Heng, "A City in a Garden," pp. 292-293.

③   Taylor, "The Environmental Relevance of the Singapore Botanic Gardens," p. 134; Lim Phay-Ling, "The Nursery Nation," ST, 28 Sep. 1980, p. 12; Auger, Living in a Garden, p. 34; Tinsley, Gardens of Perpetual Summer, p. 67.

在 20 世纪 60 年代至 80 年代之间,作为世界上最重要的殖民科学机构之一的新加坡植物园已经成为过去的影子。甚至有人猜测这片土地将被出售给房地产开发商,而作为植物学研究基石的植物标本馆正在出售。① 这种情况给植物园蒙上了一层阴影,导致场地被降级为休闲公园而非研究中心。植物园里的任何资金或人员都是指向改善公共设施。在此期间,瀑布被建造出来让游客惊叹,为仙人掌、多肉植物和温带植物建造了植物房。新加坡植物园在社会中发挥作用的转变,在 1983 年场地扩展到经济花园的重建区域后,表现得最为明显。在这个回归的部分,经济植物学的研究从根本上改变了新加坡和该地区的经济和社会,工人们建造了池塘、树木园、休息区和慢跑道。② 在新加坡独立 20 年后,植物学前沿研究和经济应用的传统已成为过去。新加坡植物园已经成为一个公共公园。

这种对园艺关注的主要结果是大大减少了许多其他植物学分支学科的研究议程。在 20 世纪 80 年代,新加坡植物园的各个部门由于公园和游憩部的不断重组而进一步分裂。与此同时,植物育种、保护和土壤调查现在由研究和咨询处(Research and Advisory Branch)负责,而植物引进和苗圃则由苗圃服务处(Nursery Services Branch)负责。任何与植物学有关的实际应用,例如与农业技术工业的真菌学有关的研究,最终都交给了政府内的其他机构,例如国家发展部内的第一生产部。③

尽管形势如此严峻,但植物学的科学研究,特别是分类学,并没有完全从新加坡消失。除了在公园和游憩部工作的植物学家之外,它的阵地主要转移到了大学,这些大学开始在记录和研究该地区的生物多样性方面发挥更大的作用。在这样的背景下,新加坡植物园的其他工作人员向他们的"好邻居"伸出援手,努力提供一点支持。这导致与新加坡国立大学(the National University of Singapore)植物学系

---

① 此时的公园和游憩部理事黄尧堃,对 20 世纪 70 年代植物标本馆和植物园的整体情况持不同意见。然而,任何出售植物标本馆的尝试,都会与同时期莱佛士博物馆有关自然历史藏品所记录的尝试相似。Timothy P. Barnard,"The Raffles Museum and the Fate of Natural History in Singapore," in Nature Contained:Environmental Histories of Singapore,ed. Timothy P. Barnard(Singapore:NUS Press,2014), pp. 184-211; Melody Zaccheus,"The Man Who Saved Botanic Gardens," ST,National Day Supplement,9 Aug. 2015,p.48; Wong Yew Kwan,"Botanic Gardens in Excellent Shape in the 1970s," ST,13 Aug. 2015,p. A30.

② Taylor,"The Environmental Relevance of the Singapore Botanic Gardens," p. 134; Tinsley,Garden of Perpetual Summer,p. 68.

③ Tinsley,Gardens of Perpetual Summer,p. 68.

以及外国机构的植物学家的关系日益密切,他们经常在参加新加坡和邻近国家的收集远行时进行合作。自然学会(the Nature Society)和园艺学会(the Gardening Society)等非政府组织也通过推广以植物园和自然保护区为中心的活动提供支持。[①]

　　绿化计划和不断扩大的官僚机构导致的最终结果是削减了新加坡植物园在决定岛上植物学和园艺相关政策方面的影响力。植物园已被纳入大政府的一个组成部分。除非专门针对提供实用的园艺建议,否则它在植物学方面的声音很小。政府官员以行政效率的名义为这些举措辩护,因为这将使原先植物园内的植物专家将他们的知识直接应用到新加坡的绿化上,而这已成为内阁级的优先事项。新加坡所有的植物活动现在都是面向园艺的。借用一位政府官员的话来说,新加坡植物园现在支持"自然化"城市的努力。

　　虽然绿化计划对新加坡来说最终是有好处的,植物园的工作人员也支持这些努力,但呈现出来的却是一个非常"非黑即白"(black-and-white)的问题,即必须牺牲科学研究来满足国家更大的需求。这样的结果是对植物学家进行训练,引导他们的研究项目为发展中国家服务,使其水平超越 20 世纪初经济花园的工作。发展植物学,或者更具体地说是园艺学,在这个新时代已经战胜了帝国植物学。这个国家更绿色,但这是被训练的、人造加工的,而新的科学研究是被压制的。[②]

"无形的"效益

　　到 20 世纪 80 年代中期,新加坡植物园处境艰难。在 20 世纪 70 年代和 80 年代推动新加坡发展的各种官僚机构的缩写名称中,植物园并没有给经济和工业化带来任何切实的好处。最终,它只不过是一个李光耀晚上会去散步的公园,而这被认为是一种令人尴尬的向帝国时代的倒退。用历史学家埃玛·赖斯(Emma Reisz)的话来说,新加坡植物园是"一个历史主题公园"。[③] 然而,到了 20 世纪 80 年代末,该机构慢慢开始在新加坡社会中重新发挥作用。当时,它是公园和游憩部的

---

①   Tinsley,Garden of Perpetual Summer,pp. 60-61.

②   Lai Nam Chen,"Changes that Reflect Magnitude of Task of Keeping Garden City," ST,11 Aug. 1979, p. 17;William Campbell,"Pooling Talent to Avoid 'Blooming Mistakes'," ST,25 Sep. 1973,p. 12;Neo, Gwee and Mak,"Case Study 1:Growing a City in a Garden," pp. 33-35;Barnard and Heng "A City in a Garden";Reisz,"City as a Garden," p. 140.

③   Reisz,"City as a Garden," p. 124;Wong,"Botanic Gardens in Excellent Shape in the 1970s."

一个部门,主要隶属于研究和咨询委员会(the Research and Advisory Board)。然而,在 1988 年,委员会将新加坡植物园指定为自己的机构。虽然这在当时看来并不值得注意,但自 20 世纪 50 年代以来经历了多次转变和重组之后,这是恢复其地位的第一步。

1988 年,新加坡植物园新任负责人是陈伟杰,他也承担了恢复"园长"的头衔,而不是副专员。两年后的 1990 年,随着国家公园委员会(the National Parks Board)的发展,新加坡植物园的许多传统职责得到了恢复,情况发生了进一步的变化。例如,陈伟杰和其他植物园的员工重新获得了对自然保护区的一些权力。这种转变在 1995 年得到进一步巩固,当时陈伟杰成为公园和游憩部的专员,公园和游憩部与国家公园委员会合并,并在第二年更名为国家公园(NParks)。为了符合新加坡的企业风格,国家公园的负责人将被称为首席执行官(the Chief Executive Officer,CEO)。陈伟杰是第一位 CEO,因为他被调到(或提升)领导这个新的实体。[①] 在这两个职位上,作为植物园园长和国家公园的首席执行官,他将新加坡植物园作为一个重要的社会实体重新建立起来,使其成为政府有关绿化计划政策的核心。象征着他对这个国家不断变化的愿景以及植物学在其中的作用,陈伟杰宣称:"我们要让新加坡成为我们的花园(We make Singapore our Garden)。"[②]

虽然多位官员都表示支持,例如国家公园办公室的黄尧堃,甚至李光耀,但陈伟杰是推动这些改革的主要力量。他在新加坡长大,并在美国获得了博士学位,父母都是狂热的兰花栽培者。20 世纪 70 年代,陈伟杰在佛罗里达州的一个植物园担任兰花专家和管理员,1983 年回到新加坡,担任公园和游憩部研究和咨询处的助理专员。[③]

陈伟杰到任时的植物园是一个休闲公园,公众尤其是政府官员只是将其视为一个休憩的地方。即使是在这些有限的因素内,它也已经陷入了如此糟糕的境地,以至于陈伟杰回忆说,他看到死狗被冲到植物园内的湖边,而"点缀在湖面上的岩

①　W. G. Huff,"The Development State,Government,and Singapore's Economic Development since 1960," World Development 23,5(1995):1421-1438; Neo Boon Siong,June Gwee and Candy Mak,"Case Study 1:Growing a City in a Garden," in Case Studies in Public Governance:Building Institutions in Singapore, ed. June Gwee(London:Routledge,2012),pp. 38-39.

②　Tan Wee Kiat,"Message from the CEO … ." Gardenwise 9(1997):2; Zaccheus,"The Man Who Saved Botanic Gardens. "

③　Tinsley,Gardens of Perpetual Summer,p. 70.

石看起来就像伸出来的假牙。"①最初在兰花实验室工作,他促进了与当地企业和植物园的联系,着眼于进一步支持用于商业的兰花种植以及在全国发展园艺。从这个职位上,陈伟杰很快在政府部门崭露头角,直到五年后成为植物园园长。

在振兴新加坡植物园的过程中,陈伟杰以让"新加坡成为我们的花园"计划为核心。正如他在一份政策声明中所论述的那样,这反映了在一个发展中的民族国家为植物学研究辩护的困难:

> 植物园的内在价值是恒定的,但其感知价值在经济气候的冲击下会发生波动。在此期间,植物园管理者必须回归到植物机构管理和发展的基本公式,调整公式中各组成部分的相对权重。这样做是必要的,保持植物园与满足植物园目标客户的当前需要、愿望和需求相适应。②

他现在必须与官僚机构谈判,以实现这个愿景。

陈伟杰认为,植物园在任何社会中都具有四种功能:研究、保护、教育和娱乐。他发起了在新加坡植物园内重建保护、教育和研究的计划。在他被任命为园长后,陈伟杰和一群植物学家同事一起制定了一份长达85页的总体规划来振兴植物园。一旦政府官员接受了该计划,它就会在1989年至2006年之间执行。总体规划的核心是对场地的实际布局进行重新配置和翻新,并创建"核心",以便为植物园内的各个区域提供重点。

在景观设计师稻田纯一(Junichi Inada)以及1996年成为植物园园长的陈诗松(Chin See Chung)的帮助下,陈伟杰负责监督改造工作,其中包括对克兰尼路的改造,使这条路分割形成的各种空间被统一起来,以及维护传统建筑,例如古老的植物标本馆和原先的职工之家(图8-3)。此外,他还负责监督游客中心的建造,该中心也可以作为开展教育外展计划的区域。③

---

①　Zaccheus,"The Man Who Saved Botanic Gardens. "

②　Tan Wee Kiat,"Keeping Botanical Gardens Relevant:The Singapore Botanic Gardens Experience," Gardenwise 13(1999):3.

③　Taylor,"The Environmental Relevance of the Singapore Botanic Gardens," pp. 135-136; Tinsley,Gardens of Perpetual Summer,pp. 71-77; Zaccheus,"The Man Who Saved Botanic Gardens. "

图 8-3：音乐台凉亭（The Bandstand gazebo）是新加坡植物园内最具标志性的传统构筑物之一，始建于 1930 年。它所在的位置自 19 世纪 60 年代初以来，一直是举办音乐会、游戏活动和许多聚会的场所。来源：克里斯托弗·扬。

　　振兴新加坡植物园的一个重要方面是重新强调植物标本馆和图书馆作为植物学研究的重要组成部分。虽然周伟列在 1965 年至 1970 年期间一直负责植物标本馆，随后从 1970 年开始是张娇兰，但这个职位在 1987 年张娇兰退休后一直处于空缺状态，反映出新加坡的大型官僚机构并不认为新加坡的绿化计划需要强大的植物研究项目作为基础。1987 年至 1993 年期间，黄寿元填补了这个职位空缺，维持了植物标本馆的运作，同时还担任植物园的助理专员。陈伟杰最终在 1993 年任命陈诗松为植物标本馆和图书馆的管理员，他还监督建造了用于放置收藏品的新建筑。陈伟杰还为分类学家设立了三个新职位，其中一个职位专门从事兰花研究。①

　　陈伟杰能够在一个发展中的官僚机构内通过不引人注目的方式实现这些目标，这对于一个精力充沛、固执己见的植物学家来说一定是很困难的。他会出席会议，等待合适的时机来解释在现代民族国家框架内振兴植物园的好处。正如一本关于政府政策的书中所描述的那样，他的目标是解释大自然如何"创造了有利于经

① 　Kiew，"The Singapore Botanic Gardens Herbarium，" pp. 157-160；Kiew，"The Herbarium，" pp. 8-9.

济和社会的无价的附带利益",尽管这些利益"与传统的经济和社会指标相比是无形的……"。[1] 政府高层官员的支持也很有帮助。他的盟友包括李光耀和他的妻子柯玉芝,他们是重建花园的坚定支持者。一旦李光耀公开支持这些举措,陈伟杰就可以在各部委之间更自由地活动,以实现他的目标。到 20 世纪 90 年代,陈伟杰已经获得了翻新场地和建筑的资金,从而重现了尼文、默顿和其他早期主管和园长们所设想的景观,以及用来支持它的研究设施。自 20 世纪 50 年代以来的临时性增补已经不复存在。[2]

　　陈伟杰,尤其是新加坡植物园的官员和公园部门(the Parks Department)的官员也对维护自然保护区感兴趣,这使得植物园能够在新加坡的保护活动中重新发挥有影响力的作用。在这个背景下,陈伟杰监督成立了自然保护分会(the Nature Conservation Branch),按照新加坡的说法,该分会制定了"务实和负责任的自然保护政策"。在这样做的过程中,陈伟杰回顾了一个世纪前坎特利的工作,当时他引用了 1883 年的《关于海峡殖民地森林的报告》(*Report on the Forests of the Straits Settlements*),"第一个重要的步骤……是确保这些值得保留的森林得到保护。"[3]与自然学会等非政府组织合作,吸引了自然保护分会成员们的兴趣,特别是黄尧堃,他草拟了《1990 年保护总体规划》(*the 1990 Master Plan on Conservation*),对新加坡重要的自然保护区给予优先保护。1992 年,新加坡出台了"绿色规划",要求留出 5% 的土地用于自然保护。[4] 该文件导致正式设立了四个自然保护区——中央集水自然保护区(Central Catchment Nature Reserve)、武吉知马自然保护区、双溪布洛湿地保护区(Sungei Buloh Wetland Reserve)和拉布拉多自然保护区(Labrador Nature Reserve)——覆盖了新加坡 3000 多公顷的空间,此外岛上还有许多公园和其他保留绿地。[5]

　　植物园现在正在发挥着作用,将其植物影响力扩展到这个独立民族国家的新

---

① Neo,Gwee and Mak,"Case Study 1:Growing a City in a Garden," p. 33.

② Taylor,"The Environmental Relevance of the Singapore Botanic Gardens," p. 135; Tinsley, Visions of Delight; Zaccheus,"The Man Who Saved Botanic Gardens."

③ Tan,"Keeping Botanical Gardens Relevant," p. 4; Cantley,Report on the Forests; Wong Yew Kwan,National Archives [Singapore] Oral History Centre,001379,Reel 3.

④ Tan,"Keeping Botanical Gardens Relevant," p. 4; Cantley,Report on the Forests; Wong Yew Kwan,National Archives [Singapore] Oral History Centre,001379,Reel 3.

⑤ Neo,Gwee and Mak,"Case Study 1:Growing a City in a Garden," pp. 19-20.

领域,并得到了 20 世纪 90 年代在绿化计划中发挥关键作用的新兴研究机构的支持。新加坡植物园和国家公园委员会在建设中发挥了重要作用的绿色空间包括伊斯塔娜运动场(the Istana Grounds)以及新加坡第一座植物园的所在地坎宁堡山。[①] 每个场地还都以协调一致的教育计划为特色,例如自然保护区的游客中心和庆祝坎宁堡山历史的解释性标识牌。陈伟杰、国家公园和新加坡植物园的工作人员在休闲娱乐之外更强调保护、教育和研究,通过各种各样的项目,突出了植物学的回归以及它能为社会带来的"无形"好处。

兰花在植物学的回归过程中发挥了重要作用,而且也是所有这些计划如何共同影响新加坡人理解自然和新加坡植物园贡献的一个主要例子。根据 1957 年至 1969 年植物园园长汉弗莱·伯基尔的说法,尽管杂交计划仍在继续,但整个 20 世纪 60 年代和 70 年代的兰花研究一直处于摇摇欲坠的状态。[②] 20 世纪 80 年代中期,当陈伟杰负责兰花育种计划时,他开始重视岛上实验室和花园里兰花储备的品质和种类。他继续支持兰花外交的计划,兰花代表着地处热带的新加坡,为受赠国和新加坡之间提供了一种可见且独特的友谊象征,陈伟杰希望将兰花从实验室里的科学实验转变为众多花园的核心装饰,延续埃里克·霍尔特姆及其同事们在 20 世纪上半叶的大部分工作。为此,许多新的科学实验室被开发出来,随着植物园内的主要行政建筑——植物学中心(the Botany Centre)的发展,一个更新的实验室被建立起来。此外,新翻修的国家兰花园(the National Orchid Garden)取代了普塞洛夫在 1955 年开放的兰花围场。国家兰花园里有众多兰花品种以及许多新加坡研发的杂交品种。园内还设有展示贵宾和名人兰花的各种花园,以及一个低温室,里面有来自温带生态系统的兰花,由此预示着滨海湾植物园的未来发展。这种对兰花的重视补充了教育、研究和娱乐。[③]

新加坡植物园在将稀有的本地非杂交兰花重新引入野生环境方面也发挥了重要作用,从而支持了这个民族国家的保护工作。1994 年,《新加坡红皮书》(*Singapore Red Data Book*)汇编了岛上的濒危动植物,将新加坡 200 多种天然物种中的

---

① Foong Thai Wu,"Fort Canning Revitalised," Gardenwise 4(1992):11.

② Humphrey Morrison Burkill,National Archives [Singapore] Oral History Centre,002152,Reel 5.

③ Yam,Orchids of the Singapore Botanic Gardens,pp. 25-27;Yam Tim Wing and Simon Tan,"The National Orchid Garden," Gardenwise 37(2011):4-6;Tinsley,Gardens of Perpetual Summer,p. 70;Valikappen,"Orchid Diplomacy."

85％列为"灭绝"物种,造成这种恶果的主要原因是 19 世纪的森林砍伐和 20 世纪的城市化。从 20 世纪 90 年代末开始,新加坡植物园和新加坡国立大学的科学家们发起了一项计划,内容是记录至今仍能在新加坡找到的兰花。在探索新加坡各个地区的过程中,他们至少发现 10 种"灭绝"物种,这促成了将它们恢复为当地环境的重要组成部分的计划。①

在田炎(Tim Yam)的指导下,植物学家从这些濒危兰花——尤其是鞘叶石豆兰(*Bulbophyllum vaginatum*)和膜叶石豆兰(*Bulbophllum membranaceum*)的自然生境中采集了一些种子。他们使用了许多相同的杂交技术,将这些种子栽种在植物园的实验室里。待发芽后,将幼苗放置在蕨类植物的皮上,并在苗圃里观察六个月直至茎芽长出。2004 年,在新加坡各种自然保护区以及公园里,有 500 多株兰花幼苗被固定在树干上,其中 90％以上生长旺盛。在这些最初的成功之后,田炎和他的团队在新加坡各地恢复了至少 18 个物种,这反映了园艺和科学研究的结合,为振兴新加坡植物园的绿化计划提供了服务。②

到 21 世纪初,新加坡植物园已经重新成为这个岛国植物学和园艺学的重要贡献者。这个过程涉及重新调整和重新评估工作人员的优先事项及其与现代化发展中国家的关系。新加坡植物园仍然必须满足国家和社会的需要和愿望,正如它在整个历史上所做的那样。在殖民时代,植物园原本是精英阶层的休闲公园,但也必须为政府服务。在 19 世纪末,它是一个经济植物学和保护研究中心,因为它的工作人员试图塑造岛上以及附近马来半岛的森林和花园,以满足英国的经济利益和社区的生存需求。当这些功能转移到吉隆坡后,随着林业研究所(Forestry Institute)和农业部在 20 世纪的第一个十年里成立,植物园通过收集、分类和传播殖民知识,继续为英国在该地区的存在发挥作用,工作的重点围绕植物标本馆。从这项工作开始,实验室中出现了植物学研究,特别是通过创造数以千计的兰花杂交品

---

① P. K. L. Ng and Y. C. Wee(eds.),The Singapore Red Data Book:Threatened Plants and Animals of Singapore(Singapore:The Nature Society,1994); Paul Leong, "Rediscovery of Extinct Native Orchids," Gardenwise 24(2005):12-13.

② Yam Tim Wing and Aung Thame, "Re-Introduction of Native Orchids," Gardenwise 23(2004):8; Taylor, "Environmental Relevance of the Singapore Botanic Gardens," p. 136; Yam Tim Wing, et al., "The Re-Discovery and Conservation of Bulbophyllum singaporeanum," Gardenwise 35(2010):14-17; Yam Tim Wing, Peter Ang and Felicia Tay, "Tiger Orchids Planted Along Singapore's Roadsides Flower for the First Time," Gardenwise 41(2013):14-17.

种,使该地区的花园更加丰富,并促进了以生产为基础的农业技术产业的发展。在每个阶段,新加坡植物园都为社会更大的利益服务。

　　独立后新加坡政府的影响继续存在。这个民族国家向园艺和绿化转变是困难的,往往导致长期以来的实践被忽视,一切都以发展和现代化的名义进行,植物园的工作人员被纳入一个庞大的园艺官僚机构。然而,到了20世纪90年代,新加坡植物园再次成为这个官僚机构的重要组成部分,也是植物学家和游客的重要目的地。在陈伟杰以及国家公园委员会的许多其他工作人员的努力下,植物园的作用对于政府来说是合理的。大自然最终被认为是地方认同不可或缺(如果是无形的话)的一个方面。现在是时候在新加坡庆祝这种遗产和大自然的力量了。

权力与遗产

　　在21世纪初期,陈伟杰在新加坡植物学领域发挥的最大作用发生在他提出并监督建造滨海湾植物园(Gardens by the Bay)的时候——新加坡滨海湾地区(the Marina Bay Area of Singapore)的一个巨大的植物园。耗资超过10亿美元建造的滨海湾花园于2012年完工,拥有多种植物和休闲区域。最终,它成了一个权力花园,反映了国家在壮观的园艺展览中控制自然的经济力量,就像望景楼庭院(Belvedere Court)或凡尔赛花园(the Gardens of Versailles)一样。它的位置也在其地位上发挥了作用,因为它位于金融区旁边的填海造地上,使其成为新加坡最有价值的地产之一。在这个园艺综合体内还有大型玻璃温室,重现了更温和的气候以及"超级树",允许这种容纳了藤蔓、蕨类植物和兰花的大型树状结构,使它们从远处看起来就像是一片巨大的森林。在短短的几年内,这些温室和超级树就成为新加坡景观的标志性符号,使这个综合体成为这个小民族国家中人造自然和权力之间关系的压倒性隐喻。①

　　尽管新加坡市中心有一个"权力花园",但新加坡植物园在21世纪初仍然是岛上最重要的植物园(图8-4)。在陈伟杰以一种适合发展中国家的方式复兴了该机构,通过使该岛更加美观,从而为工业化经济作出贡献之后,情况尤其如此。为了庆祝新加坡成为民族国家五十周年,政府计划在2015年举办一系列庆祝活动,以纪念独立以来取得的社会和经济成就。规划工作很早就开始了,并且作为这个过

---

① 　Barnard and Heng,"A City in a Garden."

图 8-4：新加坡植物园的正门。来源：克里斯托弗·扬。

程的一部分，政府官员设定了一个目标，即让新加坡的一处场地获得全球认可和世界遗产地位。作为一个连接殖民主义和独立并影响全世界社会和经济的机构，新加坡植物园是最合理的表彰场地。此外，它还反映了帝国植物学与发育植物学之间的过渡。经过一系列的会议讨论各个场地的优点后，遗产官员决定代表新加坡植物园提交申请。为了协助申请，奈杰尔·P.泰勒（Nigel P. Taylor）于 2011 年被任命为植物园园长。泰勒不仅是一位优秀的植物学家，也是一位对遗产有着浓厚兴趣的人，他的任命使植物园与过去有了象征性的联系。泰勒曾是皇家植物园邱园的馆长，在 2003 年指导其通过官僚程序成功申请到世界遗产地位方面发挥了重要作用。①

　　自 1975 年启动该计划以来，联合国教科文组织一直保持着《世界遗产名录》（the World Heritage Site List）申请和收录的正式结构。获得这个地位的主要障碍是得到教科文组织世界遗产委员会（the UNESCO World Heritage Committee）的批准，该委员会由 21 个成员国轮流组成。该委员会负责维护这份名单，截至

① Nigel P. Taylor，"The UNESCO Journey，" Gardenwise 45（Aug. 2015）：2-5.

2015 年,该名单包含了大约 1000 个场地。虽然接受标准随着时间的推移而变化,但主要方面是该场地具有"突出的普遍价值"。遗址和古迹保护主任(The Director of Preservation of Sites and Monuments)琼·黄(Jean Wee)以及十年前从邱园撰写申请的团队一起,准备了一份 850 页的档案,于 2014 年 1 月提交给了联合国教科文组织。①

申请世界遗产地位反映了该机构自 1859 年成立以来的重要性。最重要的是,这份申请是针对其"文化景观"而进行的,因为这个植物园不是"自然的"。它的场地和在其中进行的科学研究是通过几代植物学家的努力形成的,这些植物学家随后影响了该地区的发展。新加坡植物园散发和触动的力量远远超出它的场地范围。在这样的基础上,新加坡当局继续提交他们的申请。

为确保申请顺利通过,在《1972 年世界文化和自然遗产保护公约》(the 1972 Convention for the Protection of World Cultural and Natural Heritage)提出四十多年后,新加坡还签署了它。他们现在是世界遗产公约(the World Heritage Convention)的成员,有资格获得该机构的认可,并进一步强调其作为一个具有全球影响力的创造实体的作用。申请聚焦于植物园在发展橡胶工业中的历史作用,以及其作为"殖民地热带花园"的留存。然后,琼·黄和泰勒在 2013 年和 2014 年期间继续参加了世界遗产委员会的各种会议,同时还接待了国际古迹遗址理事会(the International Council on Monuments and Sites,ICOMOS)的巡视考察,其评估是审批流程中的一个重要步骤,同时还制定外展教育计划以支持申请。在多哈(Doha)举行的一次会议上,新加坡代表团甚至安排了一种以联合国教科文组织命名的杂交兰花(Dendrobium UNESCO),并在一个公开仪式上把它送给了联合国教科文组织总干事(the Director General)伊琳娜·博科娃(Irina Bokova)。2015 年 5 月,新加坡植物园收到了国际古迹遗址理事会的正面报告,并于当年 7 月被评为世界文化遗产。②

2015 年 8 月 7 日,也就是纪念新加坡脱离马来西亚五十周年庆典的前两天,新

---

① National Heritage Board,Singapore Botanic Gardens:Candidate World Heritage Site Nomination Dossier (Singapore:National Heritage Board,2014); Melody Zaccheus,"Duo's Push for Heritage Site Listing," ST,31 May 2015,p.4.

② Zaccheus,"Duo's Push for Heritage Site Listing"; Taylor,"The UNESCO Journey."

加坡总理李显龙(Lee Hsien Loong)揭幕了一块纪念新加坡植物园成为世界文化遗产的牌匾。除了牌匾外,新加坡邮政还发行了纪念邮票,庆祝植物园的新地位,以及庆祝一种新的杂交兰花凤蝶兰"新加坡金禧庆典"(*Papilionan* the Singapore Golden Jubilee)的亮相。在开幕式上,李显龙发表了演讲,他用新加坡植物园打比方,即辛勤工作和耐心是如何为国家带来长期利益。[1] 这番演讲,庆祝了新加坡植物园对社会、文化、经济和地理的影响,呼应了 19 世纪最杰出的植物学家之一威廉・西塞尔顿-戴尔在 1894 年寄给殖民地办公室的一份关于遥远的东南亚殖民地植物园评估报告中的一段话。在信中,威廉・西塞尔顿-戴尔认为,新加坡植物园的最终影响不会是"几年的工作"。这样一个机构的影响需要几十年的时间才能显现出来。然而,回顾它的贡献,"它的最终价值……将是不可估量的。"[2]

---

[1]　Joy Fan,"PM Rallies S'poreans to Build, Nurture a Nation for the Future," Today, 8 Aug. 2015, pp. 1, 2.

[2]　CO273/200/17398; Forest Department, p. 730.

猩红椰子（*Cyrtostachys renda*）. 插图作者查尔斯·德阿尔维斯，1891 年。来源：新加坡植物园图书馆和档案馆。

参 考 文 献

注释：

　　新加坡植物园相关的档案资料主要可以在新加坡植物园的图书馆和植物标本室以及英国皇家植物园邱园找到。本书大量使用了过去一个半世纪里与植物园有关的许多人物的个人记录和信件。尤其令人感兴趣的是亨利·尼古拉斯·里德利和艾萨克·亨利·伯基尔收集的大量资料，包括他们的个人日记和笔记。在引用方面，本文采用了邱园使用的系统。因此，"HNR"指代亨利·尼古拉斯·里德利的收藏，而"BUR"指的是伯基尔存放在皇家植物园档案馆中的材料。除此之外，任何来自皇家植物园的其他材料都被称为"RBGK"。

报纸

Berita Harian

Eastern Daily Mail and Straits Morning Advertiser

Singapore Chronicle and Commercial Register

The Straits Observer

The Straits Times

The Straits Times Overland Journal

The Singapore Free Press and Mercantile Advertiser

Today (Singapore)

The Weekly Sun (Greater Straits Settlements Edition)

Allen, Peter Lewis. The Wages of Sin: Sex and Disease, Past and Present. Chicago, IL: University of Chicago Press, 2000.

Alphonso, A. G. "A Short History of the Orchid Society of South-East Asia." In Orchids: Commemorating the Golden Anniversary of the Orchid Society of South-East Asia, ed. Teoh Eng Soon. Singapore: Times Periodicals, 1978, pp. 9-14.

Anderson, Warwick. "Climates of Opinion: Acclimatization in Nineteenth-Century France and England." Victorian Studies 35, 2(1992): 135-157.

Anonymous. Think Fresh: Annual Report 2013 / 2014. Singapore: Agricultural and Veterinary Authority of Singapore, 2014.

Anonymous. "In Memoriam: Henry J. Murton." The Journal of the Kew Guild 1,7(1899):32.

Anonymous. "Johor Ipecacuanha." The Chemist and Druggist(19 Oct. 1902):49.

Anonymous. "New Orchid Hybrids." Quarterly Supplement to the International Register and Checklist of Orchid Hybrids(Sander's List) 121,1304(Dec. 2013):65.

Anonymous. " Plants and Seeds Inwards' of the Botanic Gardens,Singapore. " The Gardens' Bulletin,Straits Settlements 2,4(1919):137.

Anderson,John. "Speech by H. E. the Governor." Agricultural Bulletin of the Straits and Federated Malay States 5,9(1906):312-314.

Arnold,David. The Tropics and the Traveling Gaze:India,Landscape and Science,1800-1856. Seattle,WA:University of Washington Press,2006.

Auger,Timothy. Living in a Garden:The Greening of Singapore. Singapore:National Parks Board and Editions Didier Millet,2013.

Barlow,Colin. The Natural Rubber Industry:Its Development,Technology,and Economy in Malaysia. Kuala Lumpur:Oxford University Press,1978.

Barnard,Timothy P. "Noting Occurrences of Every Day Daily:H. N. Ridley's 'Book of Travels'." In Fiction and Faction in the Malay World,ed. Mohamad Rashidi Pakri and Arndt Graf. Newcastle upon Tyne:Cambridge Scholars Publishing,2012,pp. 1-25.

__. "The Raffles Museum and the Fate of Natural History in Singapore." In Nature Contained: Environmental Histories of Singapore,ed. Timothy P. Barnard. Singapore:NUS Press, 2014,pp. 184-211.

__. "The Rafflesia in the Natural and Imperial Imagination of the East India Company in Southeast Asia." In The East India Company and the Natural World,ed. Vinita Damoradaran,Anna Winterbottom and Alan Lester. Basingstoke:Palgrave Macmillan,2014,pp. 147-166.

Barnard,Timothy P. and Mark Emmanuel. "Tigers of Colonial Singapore." In Nature Contained:Environmental Histories of Singapore,ed. Timothy P. Barnard. Singapore:NUS Press,2014,pp. 55-80.

Barnard,Timothy P. and Corinne Heng. "A City in a Garden." In Nature Contained:Environmental Histories of Singapore,ed. Timothy P. Barnard. Singapore:NUS Press, 2014, pp. 281-306.

Barton,Gregory Alan. Empire Forestry and the Origins of Environmentalism. Cambridge:Cambridge University Press,2002.

Basalla,George. "The Spread of Western Science." Science 156(1967):611-622.

Beattie,James. Empire and Environmental Anxiety: Health, Science, Art and Conservation in South Asia and Australasia,1800-1920. Basingstoke:Palgrave Macmillan,2011.

Bennett,Brett M. "The El Dorado of Forestry:The Eucalyptus in India,South Africa,and Thailand,1850-2000. " International Review of Social History 55,S18(2010):27-50.

__. "A Network Approach to the Origins of Forestry Education in India,1855-1885. " In Science and Empire:Knowledge and Networks of Science across the British Empire,1800-1970,ed. Brett M. Bennett and Joseph Hodge. Basingstoke:Palgrave Macmillan,2011,pp. 68-88.

Bennett,Brett M. and Joseph M. Hodge(eds.). Science and Empire:Knowledge and Networks of Science across the British Empire,1800-1970. Basingstoke:Palgrave Macmillan,2011.

Brantz,Dorothee. "The Domestication of Empire:Human-Animal Relations at the Intersection of Civilisation,Evolution,and Acclimatization in the Nineteenth Century. " In A Cultural History of Animals:In the Age of Empire,ed. Kathleen Kete. Oxford:Berg,2011,pp. 73-93.

Brockway,Lucile H. Science and Colonial Expansion:The Role of the British Royal Botanic Gardens. New York:Academic Press,1979.

Brooke,Gilbert E. "Botanic Gardens and Economic Notes. " In One Hundred Years of Singapore, Being an Account of the Capital of the Straits Settlements from its Foundation by Sir Stamford Raffles on the 6th February 1819 to the 6th February 1919,vol. II,ed. Walter Makepeace,Gilbert E. Brooke and Roland St J. Braddell. London: John Murray,1921, pp. 63-78.

__. "The Science of Singapore. " In One Hundred Years of Singapore,Being Some Account of the Capital of the Straits Settlements from Its Foundation by Sir Stamford Raffles on the 6th February 1819 to the 6th February 1919,vol. I,ed. Walter Makepeace,Gilbert E. Brooke and Roland St J. Braddell. London:John Murray,1921,pp. 477-577.

Buckley,Charles Burton. An Anecdotal History of Old Times in Singapore:From the Foundation of the Settlement under the Honourable East India Company on February 6th,1819 to the Transfer to the Colonial Office as Part of the Colonial Possessions of the Crown on April 1st,1867,2 vols. Singapore:Fraser and Neave,1902.

Burbidge,F. W. The Gardens of the Sun:Or,a Naturalist's Journal on the Moun tains and in the Forests and Swamps of Borneo and the Sulu Archipelago. London:J. Murray,1880.

Burkill,H. M. "The Botanic Gardens and Conservation in Malaya. " Gardens' Bulletin Singapore 17,2(1959):201-205.

__. "The Role of the Singapore Botanic Gardens in the Development of Orchid Hybrids. " In Orchids:Commemorating the Golden Anniversary of the Orchid Society of South-East Asia,ed. Teoh Eng Soon. Singapore:Times Periodicals,1978,pp. 38-41.

___. "Murray Ross Henderson,1899-1903,and Some Notes on the Administration of Botanical Research in Malaya." Journal of the Malaysian Branch of the Royal Asiatic Society 56,2 (1983):87-104.

___. "The Burkills of Burkill Hall." Gardenwise 23(2004):16-19.

Burkill,I. H. Annual Report on the Botanic Gardens,Singapore and Penang,for the Year 1912. Singapore:Government Printing Office,1913.

___. "Editor's Note." The Gardens' Bulletin,Straits Settlements 1,6(Dec. 1913):1.

___. Annual Report on the Botanic Gardens,Singapore and Penang,for the Year 1913. Singapore: Government Printing Office,1914.

___. Annual Report of the Director of Gardens,Straits Settlements,for the Year 1914. Singapore: Government Printing Office,1915.

___. "Orchid Notes." Gardens Bulletin,Straits Settlements 1,10(1916):349-353.

___. Annual Report of the Director of Gardens,Straits Settlements,for the Year 1917. Singapore: Government Printing Office,1918.

___. "The Establishment of the Botanic Gardens, Singapore." Gardens' Bulletin, Straits Settlements 2,2(1918):55-72.

___. "The Second Phase in the History of the Botanic Gardens, Singapore." Gardens' Bulletin, Straits Settlements 2,3(1918):93-108.

___. Annual Report of the Director of Gardens,for the Year 1918. Singapore:Government Printing Office,1919.

___. Annual Report of the Director of Gardens for the Year 1920. Singapore:Government Printing Office,1921.

___. Annual Report of the Director of Gardens for the Year 1922. Singapore:Government Printing Office,1923.

___. Annual Report of the Director of Gardens for the Year 1923. Singapore:Government Printing Office,1924.

___. The Botanic Gardens,Singapore:An Illustrated Guide. London:Waterlow and Sons,1925.

___. "Botanical Collectors, Collections and Collecting Places in the Malay Peninsula." The Gardens' Bulletin Straits Settlements 4,4/5(1927):113-202.

___. A Dictionary of Economic Products of the Malay Peninsula,2 vols. Kuala Lumpur:Ministry of Agriculture,1966.

Cantley,N. Annual Report on the Botanical and Zoological Gardens,for 1881. Singapore:Government Printing Office,1882.

__. Report on the Botanic and Zoological Gardens,Singapore,by the Superintendent of the Botanic Gardens,for the Year 1882. Singapore:Government Printing Office,1883.

__. Report on the Forests of the Straits Settlements. Singapore:Singapore and Straits Printing Office,1883.

__. First Annual Report on the Forest Department,Straits Settlements:Its Organization and Working. Singapore:Singapore and Straits Printing Office,1885.

__. Straits Settlements Report on the Forest Department,for the Year 1885. Singapore:Government Printing Office,Straits Settlements,1886.

__. Straits Settlements Report on the Forest Department,for the Year 1886. Singapore:Government Printing Office,Straits Settlements,1887.

Carr,C. E. "Habitats and Collection of Malayan Orchids." The Malayan Orchid Review 1,1 (1931):12-18.

Chambers,David Wade and Richard Gillespie. "Locality in the History of Science:Colonial Science,Technoscience, and Indigenous Knowledge." In Nature and Empire:Science and the Colonial Enterprise,ed. Roy MacLeod,Special Edition of Osiris,15(2000):221-240.

Cheang,K.C. and A. G. Alphonso. "Holttum's Contribution to Horticulture in the Malaysia-Singapore Region." The Gardens' Bulletin,Singapore 30,1(1977):9-12.

Choo,Thereis. "Uncovering the History of the Bandstand ." Gardenwise 39,2(2012):7-8.

Choong,E. T. and S. S. Achmadi. "Utilization Potential of the Dipterocarp Resource in International Trade." In Dipterocarp Forest Ecosystems:Toward Sustainable Management,ed. Andreas Schulte and Dieter Hans-Frierich. River Edge,NJ:World Scientific,1996,pp. 481-525.

Chou,Cynthia. "Agriculture and the End of Farming in Singapore." In Nature Contained:Environmental Histories of Singapore,ed. Timothy P. Barnard. Singapore:NUS Press,2014, pp. 216-240.

Choy Sin Hew,Tim Wing Yam and Joseph Arditti. Biology of Vanda Miss Joaquim. Singapore:Singapore University Press,2002.

Cohn,Bernard. Colonialism and Its Form of Knowledge:The British in India. Princeton,NJ:Princeton University Press,1996.

Collins,James. Report on the Caoutchouc of Commerce:Information on the Plants Yielding It,

Their Geographical Distribution, Climatic Conditions, and the Possibility of Their Cultivation and Acclimatization in India. London: Her Majesty's Stationery Office, 1872.

Corlett, Richard T. "Bukit Timah: The History and Significance of a Small Rain-Forest Reserve." Environmental Conservation 15, 1(1988):37-44.

___. "The Ecological Transformation of Singapore, 1819-1990." Journal of Biogeography 19, 4 (1992):411-420.

Corley Richard H. V. and P. B. Tinker. The Oil Palm. Oxford: Blackwell Science, 2003.

Corner, E. J. H. Annual Report of the Director of the Gardens for the Year 1937. Singapore: Government Printing Office, 1938.

___. The Freshwater Swamp-Forest of South Johore and Singapore. Singapore: Botanic Gardens, Parks and Recreation Department, 1978.

___. The Marquis: A Tale of Syonan-to. Singapore: Heinemann Asia, 1981.

___. The Wayside Trees of Malaya, 2 vols. Singapore: Government Printing Office, 1940.

Corner, John K. My Father in His Suitcase: In Search of E. J. H. Corner, the Relentless Botanist. Singapore: Landmark Books, 2013.

Crawfurd, John. A Descriptive Dictionary of the Indian Islands and Adjacent Countries. London: Bradbury and Evans, 1856.

Crosby, Alfred. Ecological Imperialism: The Biological Expansion of Europe, 900-1900. New York: Cambridge University Press, 1986.

Cunningham, Andrew. "The Culture of Gardens." In Cultures of Natural History, ed. N. Jardine, J. A. Secord and E. C. Spary. Cambridge: Cambridge University Press, 1996, pp. 38-56.

Curtin, P. D. "The White Man's Grave: Image and Reality, 1780-1850." The Journal of British Studies 1, 1(1961):94-110.

D'Aranjo, B. E. A Stranger's Guide to Singapore. Singapore: Sirangoon Press, 1890.

Desmond, Ray. Kew: The History of the Royal Botanic Gardens. London: The Harvill Press, 1995.

Dixon, K. "Underground Orchids on the Edge." Plant Talk 31(2003):34-35.

Drabble, J. H. Rubber in Malaya, 1876-1922: The Genesis of an Industry. Kuala Lumpur: Oxford University Press, 1973.

Drayton, Richard. Nature's Government: Science, Imperial Britain, and the "Improvement" of the World. New Haven, CT: Yale University Press, 2000.

Ede,Mary and John Ede. Living with Orchids. Singapore:MPH Publications,1985.

Ede,John. "Some Commercial Aspects of Orchids in Singapore." Malayan Orchid Review 27 (1993):77-80.

Elliot, Brent. The Royal Horticultural Society: A History, 1804-2004. West Sussex: Phillimore,2004.

Elliott,John. "The Mandai Orchid Gardens—History Made Alive." Malayan Orchid Review 27 (1993):30-34.

__. "George Alphonso—A Brief Biography." Malayan Orchid Review 35(2001):37-38.

__. "The Orchid Society of South East Asia:A 75th Anniversary Retrospect and Prospect." Malayan Orchid Review 37(2003):5-9,106.

__. Orchid Hybrids of Singapore, 1893-2003. Singapore: Orchid Society of South East Asia,2005.

__. (ed.). Conference Proceedings:20th World Orchid Conference,13-20 November 2011:Where New and Old World Orchids Meet. Singapore:National Parks Board; Orchid Society of Southeast Asia,2013.

Findlen,Paula. "Anatomy Theaters,Botanical Gardens,and Natural History Collections." In The Cambridge History of Science, Volume 3: Early Modern Science, ed. Katharine Park and Lorraine Daston. Cambridge:Cambridge University Press,2005,pp. 272-289.

Fleming,Donald. "Science in Australia,Canada,and the United States:Some Comparative Remarks." In Proceedings of the Tenth International Congress of the History of Science,Ithaca 26 Ⅷ-21 Ⅸ 1962. Paris:Hermann,1964,pp. 179-196.

Fox,W. Report on the Gardens and Forests Department,Straits Settlements,for the Year 1894. Singapore:Government Printing Office,1895.

__. Guide to the Botanical Gardens. Singapore:Government Printing Office,1889.

__. Annual Report on the Botanic Gardens and Forest Department for the Year 1901. Singapore: Government Printing Office,1902.

Furtado,C. X. and R. E. Holttum. "I. H. Burkill in Malaya." Gardens' Bulletin Singapore 17,3 (1960):350-356.

Galistan,Emile. "Editorial Notes." Malayan Orchid Review 1,1(1931):1.

Gascoigne,John. Joseph Banks and the English Enlightenment:Useful Knowledge and Polite Culture. Cambridge:Cambridge University Press,1995.

__. Science in the Service of Empire:Joseph Banks,the British State and the Uses of Science in the Age of Revolution. Cambridge:Cambridge University Press,1998.

Gillbank,Linden. "A Paradox of Purposes:Acclimitazation Origins of the Melbourne Zoo." In New Worlds,New Animals:From Menagerie to Zoological Park in the Nineteenth Century, ed. R. J. Hoage and William A. Deiss. Baltimore, MD:The Johns Hopkins University Press,1996,pp. 73-85.

Goh,Chong Jin and Lee G. Kavaljian. "Orchid Industry of Singapore." Economic Botany 43,2 (1989):241-254.

Goodman,Roger,Huck-Ju Kwon and Gordon White(eds.). The East Asian Welfare Model:Welfare Orientalism and the State. London:Routledge,1998.

Goss,Andrew. The Floracrats:State-Sponsored Science and the Failure of the Enlightenment in Indonesia. Madison,WI:University of Wisconsin Press,2010.

__. "Building the World's Supply of Quinine:Dutch Colonialism and the Origins of the Global Pharmaceutical Industry." Endeavour 38,1(2014):8-18.

Grove,Richard. Green Imperialism:Colonial Expansion,Tropical Edens,and the Origins of Environmentalism,1600-1860. New York:Cambridge University Press,1995.

Gullick,J. M. "A Short History of the Society." Journal of the Malaysian Branch of the Royal Asiatic Society 68,2(1995):67-79.

Hall,G. A. "The Agri-Horticultural Exhibition,1906." Agricultural Bulletin of the Straits and Federated Malay States 5,9(1906):309-329.

Hanitsch,R. Guide to the Zoological Collection of the Raffles Museum,Singapore. Singapore: Straits Times Press,1908.

__. "Letters of Nathaniel Wallich Relating to the Establishment of Botanical Gardens in Singapore." Journal of the Straits Branch of the Royal Asiatic Society 65(1913):39-48.

Hardwicke,Thomas and John Edward Gray. Illustrations of Indian Zoology,Chiefly Selected from the Collection of Major-General Hardwicke, 2 vols. London: Treuttel, Wertz, 1830-1834.

Harrison,Mark. "Science and the British Empire." ISIS:A Journal of the History of Science 96 (2005):80-87.

Hays,Samuel P. Conservation and the Gospel of Efficiency:The Progressive Conservation Movement,1890-1920. Cambridge:Harvard University Press,1959.

Headrick,Daniel R. The Tools of Empire:Technology and European Imperialism in the Nineteenth Century. Oxford:Oxford University Press,1982.

Hoage,R. J. ,Anne Roskell and Jane Mansour. "Menageries and Zoos to 1900. " In New Worlds,New Animals:From Menagerie to Zoological Park in the Nineteenth Century,ed. R. J. Hoage and William A. Deiss. Baltimore,MD:The Johns Hopkins University Press,1996,pp. 8-17.

Hodge,Joseph Morgan. Triumph of the Expert:Agrarian Doctrines of Development and the Legacies of British Colonialism. Athens,OH:Ohio University Press,2007.

__. "Science and Empire:An Overview of the Historical Scholarship. " In Science and Empire: Knowledge and Networks of Science across the British Empire, 1800-1970, ed. Brett M. Bennett and Joseph M. Hodge. Basing stoke:Palgrave Macmillan,2011,pp. 3-30.

Hill,H. C. Report on the Present System of Forest Conservancy in the Straits Settlements,with Suggestions for Future Management. Singapore:Government Printing Office,1900.

Holmes,E. M. "Note on Ipecacuanha Cultivation. " Agricultural Bulletin of the Straits and Federated Malay States 8,8(1909):363-364.

Holttum,R. E. Annual Report of the Director of Gardens for the Year 1925. Singapore:Government Printing Office,1926.

__. Annual Report of the Director of Gardens for the Year 1930. Singapore:Government Printing Office,1931.

__. "Cultivation of Orchid Hybrids at the Botanic Gardens,Singapore. " Malayan Orchid Review 1,1(1931):9.

__. "The Scorpion Orchids with a Description of Varieties Now in Cultivation. " Malayan Orchid Review 2,2(1935):64-72.

__. Annual Report of the Director of Gardens for the Year 1935. Singapore:Government Printing Office,1936.

__. "New Hybrid Orchids Raised at Singapore. " Malayan Orchid Review 2,3(1936):100-109.

__. Annual Report of the Director of Gardens for the Year 1936. Singapore:Government Printing Office,1937.

__. Annual Report of the Director of Gardens for the Year 1938. Singapore:Government Printing Office,1939.

__. Annual Report of the Director of Gardens for the Year 1939. Singapore:Government Printing Office,1940.

__. "Arachnis Hybrids and Varieties. " Malayan Orchid Review 3,2(1941):67-69.

__. "The Singapore Botanic Gardens during 1941-1946. " The Gardens' Bulletin,Singapore 11,4 (1947):1-3.

___. "Sander's List of Orchid Hybrids to 1. 1. 46. " Malayan Orchid Review 4,1(1949):28-32.

___. Gardening in the Lowlands of Malaya. Singapore:Straits Times Press,1953.

___. A Revised Flora of Malaya:An Illustrated Systematic Account of the Malayan Flora,including Commonly Cultivated Plants. Singapore:Govern ment Printing Office,1953.

___. "Orchids,Gingers and Bamboos:Pioneer Work at the Singapore Botanic Gardens and its Significance for Botany and Horticulture. " Gardens' Bulletin Singapore 17,2(1959):190-194.

___. "Memories of Early Days. " In Orchids:Commemorating the Golden Anniversary of the Orchid Society of South-East Asia,ed. Teoh Eng Soon. Singapore:Times Periodicals,1978, pp. 14-18.

Holttum,R. E. and C. E. Carr. "Notes on Hybridization of Orchids. " Malayan Orchid Review 1,2(1932):15-17.

Holttum,R. E. and John Laycock. "Editorial Notes. " Malayan Orchid Review 1,2(1932):1.

___. "Editorial. " Malayan Orchid Review 2,3(1936):95.

___. "Editorial. " Malayan Orchid Review 4,1(1949):1.

Hooker,J. D. The Flora of British India,7 vols. Reeve and Co,1875-1897.

Hooker,Joseph Dalton. "A Sketch of the Life and Labours of Sir William Jackson Hooker. " Annals of Botany 16(1902):ix xc.

Huff,W. G. "The Development State,Government,and Singapore's Economic Development since 1960. " World Development 23,5(1995):1421-1438.

Johnson,Harold. "Vanda Miss Joaquim. " Malayan Orchid Review 38(2004):99-107.

___. "Who was Henry Nicholas Ridley?"Gardenwise 25,2(2005):4-5.

Kathirithamby-Wells,Jeyamalar. Nature and Nation:Forests and Development in Peninsular Malaysia. Singapore:NUS Press,2005.

Kiew,Ruth. "The Herbarium Moves ... Again!" Gardenwise 20(2003):13-15.

___. " Kinabalu Diary and Orchid Determinations':C. E. Carr's Kinabalu Field Diary. " Gardenwise 20(2003):8-12.

___. "The Singapore Botanic Gardens Herbarium—125 Years of History. " Gardens' Bulletin Singapore 51,2(1999):151-161.

King,George and J. Sykes Gamble. Materials for a Flora of the Malayan Peninsula,26 vols. London:West,Newman,1889-1936.

Knudson,Lewis. "Nonsymbiotic Germination of Orchid Seeds. " Botanical Gazette 73,1(1922):1-25.

Koay Sim Huat. "Overview of the Singapore Orchid Industry. " Malayan Orchid Review 27

（1993）：73-75.

Krohn，Wm. "Report on the Zoological Department for 1875." In Annual Report on the Botanic Gardens for 1875. Singapore：Government Printing Press，1876，pp. 4-5.

Kumar，Prakash. "Planters and Naturalists：Transnational Knowledge on Colonial Indigo Plantations in South Asia." Modern Asian Studies 48，3（2014）：720-753.

Laycock，John. "Lessons of the Singapore Show of 1931." Malayan Orchid Review 1，2（1932）：36-38.

__. "Picture of a Singapore Collection（1949 A. D）." Malayan Orchid Review 4，1（1949）：3-6.

__. "Vanda Miss Joaquim." Philippine Orchid Review 2，1（1949）：2-5.

Lee Khoon Choy. Diplomacy of a Tiny State. Singapore：World Scientific，1993.

Lee Kuan Yew. From Third World to First—The Singapore Story：1965-2000. New York：HarperCollins，2000.

Leong，Paul. "Rediscovery of Extinct Native Orchids." Gardenwise 24（2005）：12-13.

Lever，Christopher. They Dined on Eland：The Story of Acclimatisation Societies. London：Quiller Press，1992.

Lum，Shawn and Ilsa Sharp. A View from the Summit：The Story of Bukit Timah Nature Reserve. Singapore：Nanyang Technological University，1996.

Luyt，Brendan. "Empire Forestry and its Failure in the Philippines：1901-1941." Journal of Southeast Asian Studies 47，1（2016）：66-87.

McLeod，Roy. "On Visiting the 'Moving Metropolis'：Reflections on the Architecture of Imperial Science." Historical Records of Australian Science 5，3（1980）：1-16.

__. "Reading the Discourse of Colonial Science." In Les Sciences Coloniales：Figures et Institutions，ed. Patrick Petitjean. Paris：ORSTOM，1996，pp. 87-96.

__. （ed.）. Nature and Empire：Science and the Colonial Enterprise. Special Edition of Osiris，15（2000）：i-323.

Makepeace，Walter，Gilbert E. Brooke and Roland St J. Braddell（eds.）. One Hundred Years of Singapore，Being Some Account of the Capital of the Straits Settlements from Its Foundation by Sir Stamford Raffles on the 6th February 1819 to the 6th February 1919，2 vols. London：John Murray，1921.

Mann，Michael and Samiksha Serhrawat. "A City with a View：The Afforestation of the Delhi Ridge，1883-1913." Modern Asian Studies 43，2（2009）：543-570.

Merrill，Elmer D. Botanical Work in the Philippines. Manila：Bureau of Public Printing，1903.

Molesworth Allen,B. "Dr. R. E. Holttum:An Appreciation." The Gardens' Bulletin,Singapore 30,1(1977):1-3.

Murfett,Malcolm H. ,John N. Miksic,Brian P. Farrell and Chian Ming Shun. Between Two O-ceans:A Military History of Singapore from First Settlement to Final British Withdrawal. Singapore:Oxford University Press,1999.

Murton,H. J. Report of the Government Botanic Gardens for 1878. Singapore: Government Printing Office,1879.

__. "Colonial Gardens." The Gardeners' Chronicle 14,2(1880):140.

National Heritage Board. Singapore Botanic Gardens:Candidate World Heritage Site Nomination Dossier. Singapore:National Heritage Board,2014.

Neo Boon Siong,June Gwee and Candy Mak. "Case Study 1:Growing a City in a Garden." In Case Studies in Public Governance:Building Institutions in Singapore,ed. June Gwee. Lon-don:Routledge,2012,pp. 11-63.

Ng P. K. L. and Y. C. Wee(eds.). The Singapore Red Data Book:Threatened Plants and Ani-mals of Singapore. Singapore:The Nature Society(Singapore),1994.

O'Dempsey,Tony. "Singapore's Changing Landscape since c. 1800." In Nature Contained:Envi-ronmental Histories of Singapore,ed. Timothy P. Barnard. Singapore:NUS Press,2014, pp. 17-48.

Osbourne,Michael A. "Acclimatizing the World:A History of Paradigmatic Colonial Science." Osiris:2nd Series—Nature and Empire:Science and Colonial Enterprise,15(2000):601-617.

Oxley,T. "Gutta-Percha." Journal of the Indian Archipelago and Eastern Asia 1(1847):22-27.

Palladino,Paolo and Michael Worboys. "Science and Imperialism." ISIS 84,1(1993):91-102.

Pannu,Paula. "The Production and Transmission of Knowledge in Colonial Malaya." Asian Jour-nal of Social Science 37,3(2009):427-451.

Peckham,Robert. "Hygienic Nature:Afforestation and the Greening of Colonial Hong Kong." Modern Asian Studies 49,4(2015):1177-1209.

Pethiyagoda,Rohan. "The Family De Alwis Seneviratne of Sri Lanka:Pioneers in Biological Illus-tration." Journal of South Asian Natural History 4,2(1998):99-109.

Prain,David. "Some Additional Leguminosae." Journal of the Asiatic Society of Bengal 66,2 (1897):347-518.

Purseglove,J. W. "History and Functions of Botanic Gardens with Special Reference to Singa-pore." Gardens' Bulletin Singapore 17,2(1959):125-154.

Pyenson, Lewis and Susan Sheets-Pyenson. Servants of Nature: A History of Scientific Institutions, Enterprises and Sensibilities. New York: W. W. Norton and Company, 1999.

Raffles, Lady Sophia. Memoir of the Life and Public Service of Sir Thomas Stamford Raffles. Singapore: Oxford University Press, 1991.

Rain, Patricia. Vanilla: A Cultural History of the World's Favorite Flavor and Fragrance. New York: Penguin Books, 2004.

Raj, Kapil. Relocation Modern Science: Circulation and the Construction of Knowledge in South Asia and Europe, 1650-1900. Basingstoke: Palgrave Macmillan, 2007.

Reinikka, Merle A. A History of the Orchid. Portland, OR: Timber Press, 1995.

Reisz, Emma. "City as a Garden: Shared Space in the Urban Botanic Gardens of Singapore and Malaysia, 1786-2000." In Postcolonial Urbanism: Southeast Asian Cities and Global Processes, ed. Ryan Bishop, John Phillips and Wei-Wei Yeo. New York: Routledge, 2003, pp. 123-150.

Reith, G. M. Handbook to Singapore, with Map, and a Plan of the Botanic Gardens. Singapore: The Singapore and Straits Printing Office, 1892.

Ridley, H. N. "A New Bornean Orchid." The Journal of Botany, British and Foreign 22 (1884):333.

___. "A New Dendrobium from Siam." The Journal of Botany, British and Foreign 23(1885):123.

___. Annual Report on the Botanic Gardens, Singapore, for the Year 1888. Singapore: Government Printing Office, 1889.

___. Annual Reports on the Forests Department Singapore, Penang and Malacca for the Year 1888. Singapore: Government Printing Office, 1889.

___. "Report on the Destruction of Coco-Nut Palms by Beetles." The Journal of the Straits Branch of the Royal Asiatic Society 20(1889):1-11.

___. Annual Report on the Botanic Gardens and Forest Department, for the Year 1889. Singapore: Government Printing Office, 1890.

___. Annual Reports on the Forests Department Singapore, Penang and Malacca for the Year 1890. Singapore: Government Printing Office, 1891.

___. Annual Report on the Botanic Gardens and Forest Department, for the Year 1891. Singapore: Government Printing Office, 1892.

___. Reports on the Gardens and Forest Departments, Straits Settlements. Singapore: Government Printing Office, 1892.

___. Annual Reports on the Forests Department Singapore, Penang and Malacca for the Year 1892. Singapore: Government Printing Office, 1893.

___. Reports on the Gardens and Forest Departments, Straits Settlements. Singapore: Government Printing Office, 1893.

___. "Vanda Miss Joaquim." The Gardeners' Chronicle, A Weekly Illustrated Journal of Horticulture and Allied Subjects, series 3, 13(1893):740.

___. Reports on the Gardens and Forest Departments, Straits Settlements. Singapore: Government Printing Office, 1894.

___. Annual Report on the Botanic Gardens and Forest Department for the Year 1895. Singapore: Government Printing Office, 1896.

___. Annual Reports on the Botanic Gardens and Forest Department for the Year 1895. Singapore: Government Printing Office, 1896.

___. Annual Report on the Botanic Gardens and Forest Department for the Year 1896. Singapore: Government Printing Office, 1897.

___. "Vanilla." Agricultural Bulletin of the Malay Peninsula, 6(1897):124-126.

___. "Nutmegs." Agricultural Bulletin of the Malay Peninsula, 6(1897):98-112.

___. Annual Report on the Botanic Gardens for the Year 1898. Singapore: Government Printing Office, 1899.

___. Annual Report on the Botanic Gardens for the Year 1899. Singapore: Government Printing Office, 1900.

___. Annual Report on the Botanic Gardens and Forest Department for the Year 1900. Singapore: Government Printing Office, 1901.

___. Annual Report on the Botanic Gardens and Forest Department for the Year 1902. Singapore: Government Printing Office, 1903.

___. Annual Report on the Botanic Gardens and Forest Department for the Year 1903. Singapore: Government Printing Office, 1904.

___. "India-Rubber." The Straits Chinese Magazine 9, 4(1905):140.

___. "The History and Development of Agriculture in the Malay Peninsula." Agricultural Bulletin of the Straits and Federated Malay States 4, 8(1905):292-317.

___. Annual Report on the Botanic Gardens and Forest Department for the Year 1905. Singapore: Government Printing Office, 1906.

___. Annual Report on the Botanic Gardens Singapore and Penang, for the Year 1905. Singapore:

Government Printing Office,1906.

___. "The Menagerie at the Botanic Gardens. " Journal of the Straits Branch of the Royal Asiatic
　　Society 46(1906):133-194.

___. Annual Report on the Botanic Gardens Singapore and Penang,for the Year 1906. Singapore:
　　Kelly and Walsh,1907.

___. "Lalang as a Paper Material. " Agricultural Bulletin of the Straits and Federated Malay States
　　6,11(1907):379-382.

___. Materials for a Flora of the Malay Peninsula,Part I. Singapore:Methodist Publishing House,
　　1907.

___. "The Herbarium. " Agricultural Bulletin of the Straits and Federated Malay States 6,10
　　(1907):329-333.

___. "The Oil Palm. " Agricultural Bulletin of the Straits and Federated Malay States 6,2(1907):
　　37-40.

___. Annual Report on the Botanic Gardens and Forest Department for the Year 1907. Singapore:
　　Government Printing Office,1908.

___. "Obituary. Sir George King. " Agricultural Bulletin of the Straits and Federated Malay States
　　8,4(1909):169.

___. Annual Report on the Botanic Gardens and Forest Department for the Year 1908. Singapore:
　　Government Printing Office,1909.

___. Annual Report on the Botanic Gardens Singapore and Penang,for the Year 1909. Singapore:
　　Government Printing Office,1910.

___. Annual Report on the Botanic Gardens Singapore,for the Year 1911. Singapore:Government
　　Printing Office,1912.

___. Spices. London:Macmillan,1912.

___. The Flora of the Malay Peninsula,vol. I-IV. London:L. Reeve,1922-1925.

___. The Dispersal of Plants throughout the World. Kent:L. Reeve,1930.

Ritvo,Harriet. "The Order of Nature:Constructing the Collections of Victorian Zoos. " In New
　　Worlds,New Animals:From Menagerie to Zoological Park in the Nineteenth Century,ed. R.
　　J. Hoage and William A. Deiss. Baltimore,MD:The Johns Hopkins University Press,1996,
　　pp. 43-50.

Rothfels,Nigel. Savages and Beasts:The Birth of the Modern Zoo. Baltimore,MD:The Johns
　　Hopkins University Press,2002.

Salisbury,Edward J. "Henry Nicholas Ridley. 1855-1956." Biographical Memoirs of Fellows of the Royal Society,3(Nov. 1957):149-159.

Santapau,H. "I. H. Burkill in India". Gardens' Bulletin Singapore 17,3(1960):341-349.

Scherren,Henry. The Zoological Society of London. London:Cassell and Company,1905.

Skaria,Ajay. Hybrid Histories:Forests,Frontiers and Wilderness in Western India. Delhi:Oxford University Press,1999.

Soh,Christina. "A Zoo in the Gardens." Gardenwise,42(2014):42.

Steenis,C. G. G. J. Van. "Singapore and Flora Malesiana." The Gardens' Bulletin Singapore 17, 1(1958):161-165.

Sung,Johnny. Explaining the Economic Success of Singapore:The Developmental Worker as the Missing Link. Northampton,MA:Edward Elgar Publishing,2006.

Tan,Aileen Lau(ed.). Garden City Singapore:The Legacy of Lee Kuan Yew. Singapore:Suntree Media,2014.

Tan,Fiona L. P. "The Beastly Business of Regulating the Wildlife Trade in Colonial Singapore." In Nature Contained:Environmental Histories of Singapore,ed. Timothy P. Barnard. Singapore:NUS Press,2014,pp. 145-178.

Tan,Margaret. "From the Archives." Gardenwise 37(2011):42.

Tan Wee Kiat. "Keeping Botanical Gardens Relevant:The Singapore Botanic Gardens Experience." Gardenwise 13(1999):3-5.

__. "Message from the CEO ." Gardenwise 9(1997):2.

Taylor,Nigel P. "What Do We Know about Lawrence Niven,the Man Who First Developed SBG?" Gardenwise 41(Aug. 2013):2-3.

__. "SBG during the First World War."Gardenwise 42(Feb. 2014):17-20.

__. "The Environmental Relevance of the Singapore Botanic Gardens." In Nature Contained:Environmental Histories of Singapore,ed. Timothy P. Barnard. Singapore:NUS Press,2014, pp. 115-137.

__. "An Old Tiger Caged." Gardenwise 45(Aug. 2015):8-11.

__. "The UNESCO Journey." Gardenwise 45(Aug. 2015):2-5.

Taylor,Paul Michael. "A Collector and His Museum:William Louis Abbott(1860-1936) and the Smithsonian." In Treasure Hunting?:Collectors and Collections of Indonesian Artefacts,ed. Reimer Schefold and Han F. Vermeulen. Leiden:Research School CNWS/National Museum of Ethnology,2002,pp. 221-240.

Thomson, J. T. "General Report on the Residency of Singapore, Drawn Principally with a View of Illustrating Its Agricultural Statistics." Journal of the Indian Archipelago and Eastern Asia 4 & 5(1850):27-41,102-106,134-143,206-221.

__. Some Glimpses of Life in the Far East. London:Richardson and Company,1864.

Tiew, Wai Sin. "History of Journal of the Malaysian Branch of the Royal Asiatic Society(JM-BRAS) 1878-1997:An Overview." Malaysian Journal of Library and Information Science 3, 1(1998):43-60.

Tinsley, Bonnie. Singapore Green:A History and Guide to the Botanic Gardens. Singapore: Times Book International,1983.

__. Visions of Delight:The Singapore Botanic Gardens through the Ages. Singapore:The Gardens,1989.

__. Gardens of Perpetual Summer:Singapore Botanic Gardens. Singapore:National Parks Board, Singapore Botanic Gardens,2009.

Tully, John. "A Victorian Ecological Disaster:Imperialism, the Telegraph and Gutta-Percha." Journal of World History 20,4(2009):559-579.

__. The Devil's Milk:A Social History of Rubber. New York:Monthly Review Press,2011.

Turner, Roger. Capability Brown and the Eighteenth-Century English Landscape. London:Weidenfeld and Nicolson,1985.

Van Wyhe, John. "Wallace in Singapore." In Nature Contained:Environmental Histories of Singapore, ed. Timothy P. Barnard. Singapore:NUS Press,2014,pp. 85-109.

Veltre, Thomas. "Menageries, Metaphors and Meanings." In New Worlds, New Animals:From Menagerie to Zoological Park in the Nineteenth Century, ed. R. J. Hoage and William A. Deiss. Baltimore, MD:The Johns Hopkins University Press,1996,pp. 19-32.

Wagoner, Phillip B. "Precolonial Intellectuals and the Production of Colonial Knowledge." Comparative Studies in Society and History 45,4(2003):783-814.

Walker, Sally. "From Colonial Menageries to Quantum Leap:A History of Singapore's Zoos." International Zoo News 47,1(2000):17-23.

Wallace, Alfred Russel. The Malay Archipelago:The Land of the Orang-utan, and the Bird of Paradise. A Narrative of Travel, with Studies of Man and Nature. London:Macmillan and Co.,1869.

Wee Yeow Chin. A Guide to Wayside Trees of Singapore. Singapore:Singapore Science Centre,1989.

Winstedt,R. O. "Isaac Henry Burkill." Journal of the Royal Asiatic Society of Great Britain and Ireland 97,1(1965):88.

Wong,K. M. "The Herbarium and Arboretum of the Forest Research Institute of Malaysia at Kepong—A Historical Perspective." Gardens' Bulletin Singapore 40,1(1987):15-30.

__. "Obituary:Dr Chang Kiaw Lan,31 July 1927-14 August 2003." Gardens' Bulletin Singapore 55,2(2003):309-315.

__. "A Hundred Years of the Gardens' Bulletin,Singapore." Gardens' Bulletin Singapore 64,1 (2012):1-32.

Wood,W. L. "The Singapore Orchid Show of 1931." Malayan Orchid Review 2,1(1932):32-35.

Worboys,Michael. "Science and British Colonial Imperialism,1895-1940." Unpublished PhD dissertation. Brighton:University of Sussex,1979.

Worster,Donald. American Environmentalism:The Formative Period,1860-1915. London:Wiley and Sons,1973.

Wright,Arnold. Twentieth Century Impressions of British Malaya:Its History,People,Commerce Industries, and Resources. London: Lloyd's Greater Britain Publishing Company,1908.

Wright,Nadia H. "Emile Lawrence Galistan:A Tribute." Malayan Orchid Review 37(2003): 72-76.

Wu,Foong Thai. "Fort Canning Revitalised." Gardenwise 4(1992):11.

Wu,Foong Thai,Tan Choon Hoi,Nashita Mustafa and Janice Yau. "Road map of the School of Horticulture:1972-1999." Gardenwise 13(1999):12-13.

Wycherley,P. R. "The Singapore Botanic Gardens and Rubber in Malaya." Gardens' Bulletin Singapore 17,2(1959):175-186.

Yam Tim Wing. Orchids of the Singapore Botanic Gardens. Singapore:National Parks Board,1995.

__. "The Legacy of Cedric Errol Carr(1892-1936)." Malayan Orchid Review 29(1995):52-56.

Yam Tim Wing,Peter Ang and Felicia Tay. "Tiger Orchids Planted along Singapore's Roadsides Flower for the First Time." Gardenwise 41(2013):14-17.

Yam Tim Wing,Joseph Arditti and Hew Choy Sin. "Several Award-Winning Orchids and the Women behind Them." Malayan Orchid Review 37(2003):21-26.

__. "The Origin of Vanda Miss Joaquim." Malayan Orchid Review 38(2004):86-95.

Yam Tim Wing,Aung Thame. "Re-introduction of Native Orchids." Gardenwise 23(2004):8.

Yam Tim Wing,Paul K. F. Leong,Derek Liew,Chew Ping Ting and William Ng Kar Huat. "The Re-Discovery and Conservation of Bulbophyllum singaporeanum." Gardenwise 35 (2010): 14-17.

Yam Tim Wing, Simon Tan. "The National Orchid Garden." Gardenwise 37(2011):4-6.

Yeoh Bok Choon. "After The War." In Orchids:A Publication Commemorating the Golden Anniversary of the Orchid Society of South East Asia,ed. Teoh Eng Soon. Singapore:Times Periodicals,1978,pp. 18-23.

Yeoh,Brenda S. A. Contesting Space:Power Relations and the Urban Built Environment in Colonial Singapore. Kuala Lumpur:Oxford University Press,1996.